应用型本科高校建设示范教材

高等数学（下册）

主　编　李爱芹　胡　雷　尹金生

副主编　刘吉晓　刘菲菲　李文婧　陈艳艳

中国水利水电出版社
www.waterpub.com.cn
·北京·

内 容 提 要

本教材由山东交通学院高等数学教研室组织编写修订，参照教育部非数学专业数学基础课教学指导委员会新制定的“工科类本科数学基础课程教学基本要求”，充分吸收高等数学课程教学实践和教学改革的成果。

本次编写修订对教材内容的深度和广度进行了适度调整，有利于服务专业课程，适应分层次教学的需要，难度适宜，注重应用，密切联系实际；调整充实习题的类型和数量，增强掌握运用数学工具解决实际问题的能力，提高学习效率与合格率。

本教材分上下两册，包括函数与极限、一元函数微积分学、微分方程、空间解析几何与向量代数、多元函数微积分学、无穷级数等内容。

本教材内容全面，结构严谨，详略得当，题量丰富，难易适度，注重数学知识的应用性，可作为普通高等院校“高等数学”课程的教材。

图书在版编目（ＣＩＰ）数据

高等数学. 下册 / 李爱芹, 胡雷, 尹金生主编. -- 北京 : 中国水利水电出版社, 2022.5
应用型本科高校建设示范教材
ISBN 978-7-5226-0670-5

Ⅰ. ①高… Ⅱ. ①李… ②胡… ③尹… Ⅲ. ①高等数学－高等学校－教材 Ⅳ. ①013

中国版本图书馆CIP数据核字(2022)第071726号

策划编辑：杜威　责任编辑：陈红华　加工编辑：王玉梅　封面设计：梁燕

书　名	应用型本科高校建设示范教材 高等数学（下册） GAODENG SHUXUE
作　者	主　编　李爱芹　胡　雷　尹金生 副主编　刘吉晓　刘菲菲　李文婧　陈艳艳
出版发行	中国水利水电出版社 （北京市海淀区玉渊潭南路 1 号 D 座　100038） 网址：www.waterpub.com.cn E-mail：mchannel@263.net（万水） sales@mwr.gov.cn 电话：（010）68545888（营销中心）、82562819（万水）
经　售	北京科水图书销售有限公司 电话：（010）68545874、63202643 全国各地新华书店和相关出版物销售网点
排　版	北京万水电子信息有限公司
印　刷	三河市航远印刷有限公司
规　格	170mm×240mm　16 开本　15 印张　277 千字
版　次	2022 年 5 月第 1 版　2022 年 5 月第 1 次印刷
印　数	0001－6000 册
定　价	40.00 元

前　言

人类社会的进步与数学这门基础学科的广泛应用是分不开的，尤其是现代社会，电子计算机的出现和普及使得数学的应用领域进一步拓宽，现代数学正成为科技发展的强大动力，同时也广泛深入地渗透到了社会生活的各个领域. 宇宙之大，粒子之微，火箭之速，化工之巧，地球之变，生物之谜，日用之繁，几乎无时无处不用到数学.

高等数学是由微积分学、代数学、几何学以及它们之间的交叉内容所形成的基础学科，是工科院校一门非常重要的基础课. 在现阶段大学的大众化教育中，学生的数学基础参差不齐，面对高等数学高度抽象和逻辑严密的特点，普遍出现了“学不会，用不了”的尴尬局面.

本次教材编写修订针对大众化教育阶段出现的这种现实状况，以教育部非数学专业数学基础课教学指导委员会新制定的“工科类本科数学基础课程教学基本要求”为依据，结合当下教育部调整教育机构工作的主要思路，引导部分地方本科高校以社会需求为导向转型发展，本着“难度适宜，注重实用”的原则，确定了高等数学课程的内容框架和深度，以培养应用型人才为目标，将数学基本知识和实际应用有机地结合起来.“高等数学”这门课程不但为学生学习后续课程提供基础保障，而且在培养提高学生的抽象思维能力、逻辑思维能力、综合分析能力等方面具有非常重要的作用.

本教材主要特点如下：

（1）充分体现基础应用型本科院校特色，根据工科各专业对数学知识的不同需求，本着“轻理论，重应用”的原则制定内容体系；在内容安排上由浅入深，循序渐进，与中学数学知识体系进行了科学合理的衔接.

（2）采用“发现问题－讨论问题－解决问题”的科学思路，引入概念时注意概念产生的实际背景，逐步展开知识点，激发学习兴趣，使学生思考问题能从实际出发，增强应用数学工具解决问题的意识和能力.

（3）例题和习题的选择本着学以致用的原则，难易适度、层次分明，各节均配有实际应用型习题，而且每章后配有总复习题，强化训练学生对本章知识点的综合应用能力.

（4）每章最后选编一位有杰出贡献的数学家的生平和事迹，让学生从中认识数学发展的基本过程，特别是学习数学家坚韧不拔追求和维护真理的科学精神，体现“榜样育人”的思想政治教学原则.

（5）本教材结构严谨、逻辑严密、语言准确、解析详细，内容突出理论的应用和方法的介绍，弱化抽象理论的解释，深度和广度适当，贴近教学实际，既便于教师教也便于学生学.

（6）本教材上册包括函数与极限、导数与微分、微分中值定理与导数的应用、不定积分、定积分及其应用、常微分方程 6 章，下册包括空间解析几何与向量代数、多元函数微分法及其应用、重积分、曲线积分与曲面积分、无穷级数 5 章.

（7）附录Ⅰ汇总常见的三角函数公式，附录Ⅱ简单介绍二阶和三阶行列式，附录Ⅲ列举几种常见的曲线，附录Ⅳ积分表包含各种类型的不定积分结果，附录Ⅴ为习题答案与提示，供学生查阅参考.

本教材的主要编写修订人员为尹金生、刘吉晓、刘菲菲、李文婧、李爱芹、陈艳艳、胡雷（按姓氏笔画排序），具体分工如下：李文婧负责第 1 章至第 4 章，刘菲菲负责第 5 章和第 6 章，李爱芹负责第 7 章，陈艳艳负责第 8 章至第 11 章. 全书由尹金生、刘吉晓、胡雷审稿，由李爱芹统稿和定稿. 在教材编写过程中，编者参考借鉴了国内外相关文献资料，采用黄玉娟和李爱芹主编版本的体系风格，同时得到诸多同事同行的帮助和指导，尤其是山东交通学院理学院各位领导和黄玉娟教授的鼎力支持，在此一并表示感谢.

限于编者水平，书中不足之处在所难免，恳请读者批评指正.

编 者

2022 年 3 月

目　　录

第 7 章　空间解析几何与向量代数

解析几何是用代数的方法来研究几何问题．空间解析几何是多元函数微积分的基础．在研究空间解析几何时，向量代数是一个有力的工具．

本章首先简单介绍向量的概念及向量的线性运算，然后再建立空间直角坐标系，利用坐标讨论向量的运算，并以向量为工具讨论空间解析几何的有关内容．

7.1　向量及其线性运算

7.1.1　向量的概念

在日常生活中有这样一类量，它们既有大小，又有方向，例如位移、速度、加速度、力、力矩等，这一类量称为**向量**（或**矢量**）．

在数学上，常用一条有方向的线段，即有向线段来表示向量．有向线段的长度表示向量的大小，有向线段的方向表示向量的方向．以 A 为起点，B 为终点的有向线段所表示的向量记作 $\overrightarrow{AB}$（图 7.1）．有时也用一个粗体字母或者用一个上面加箭头的字母来表示向量，例如 $\boldsymbol{a}$，$\boldsymbol{b}$，$\boldsymbol{F}$ 或 $\vec{a}$，$\vec{b}$，$\vec{F}$ 等．需要特别说明的是，我们只研究与起点无关的向量，并称这种向量为**自由向量**．

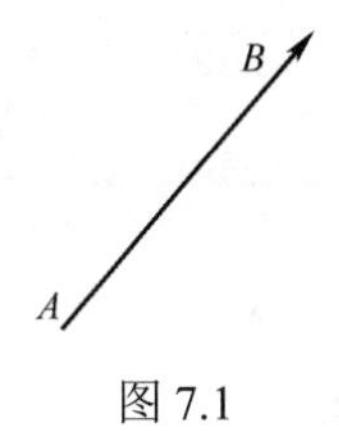

图 7.1

如果两个向量 $\boldsymbol{a}$ 和 $\boldsymbol{b}$ 的大小相等，且方向相同，则称向量 $\boldsymbol{a}$ 和 $\boldsymbol{b}$ 是**相等**的，记作 $\boldsymbol{a}=\boldsymbol{b}$．这就是说，经过平行移动后能完全重合的向量是相等的．

向量的大小叫作向量的**模**．用 $|\boldsymbol{a}|$ 或 $|\overrightarrow{AB}|$ 表示．特别地，模为1的向量称为**单位向量**．模为0的向量称为**零向量**，记作 $\boldsymbol{0}$ 或 $\vec{0}$．规定零向量的方向为任意方向．

设有两个非零向量 $\boldsymbol{a}$，$\boldsymbol{b}$，任取空间一点 O，作 $\overrightarrow{OA}=\boldsymbol{a}$，$\overrightarrow{OB}=\boldsymbol{b}$．规定不超

过π的$\angle AOB$称为向量$\boldsymbol{a}$与$\boldsymbol{b}$的**夹角**（图 7.2），记作$(\widehat{\boldsymbol{a},\boldsymbol{b}})$或$(\widehat{\boldsymbol{b},\boldsymbol{a}})$．如果向量$\boldsymbol{a}$与$\boldsymbol{b}$中有一个是零向量，规定它们的夹角可以在0到π之间任意取值．特别地，当$(\widehat{\boldsymbol{a},\boldsymbol{b}})=0$或π时，称向量$\boldsymbol{a}$与$\boldsymbol{b}$**平行**，记作$\boldsymbol{a}/\!/\boldsymbol{b}$；当$(\widehat{\boldsymbol{a},\boldsymbol{b}})=\dfrac{\pi}{2}$时，称向量$\boldsymbol{a}$与$\boldsymbol{b}$**垂直**，记作$\boldsymbol{a}\perp\boldsymbol{b}$．

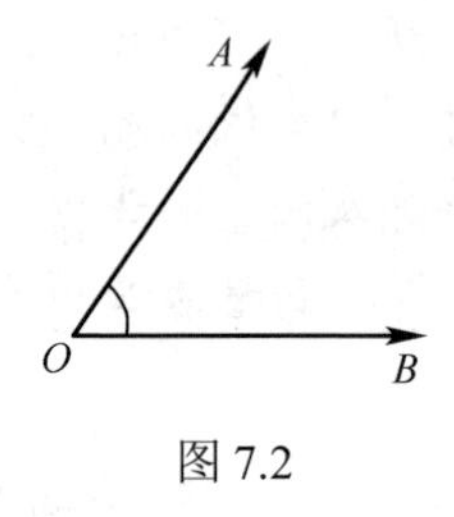

图 7.2

7.1.2 向量的线性运算

1．向量的加减法

向量的加法运算规定如下：设有两个向量$\boldsymbol{a}$与$\boldsymbol{b}$，任取一点A，作$\overrightarrow{AB}=\boldsymbol{a}$，再以$B$为起点，作$\overrightarrow{BC}=\boldsymbol{b}$，连接$AC$（图 7.3），那么向量$\overrightarrow{AC}=\boldsymbol{c}$称为向量$\boldsymbol{a}$与$\boldsymbol{b}$的**和**，记作$\boldsymbol{a}+\boldsymbol{b}$，即$\boldsymbol{c}=\boldsymbol{a}+\boldsymbol{b}$．这种作出两向量之和的方法叫作向量相加的**三角形法则**.

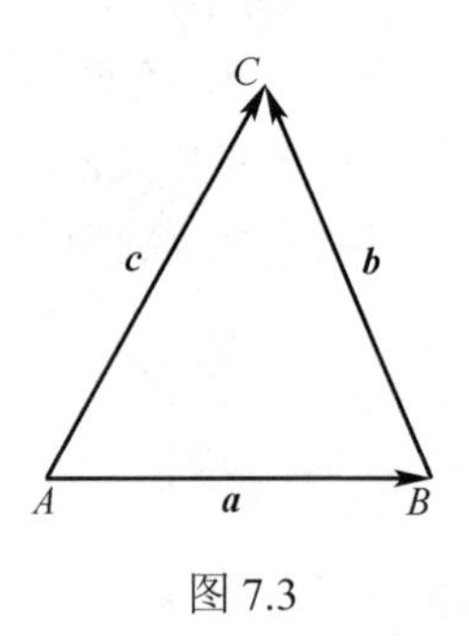

图 7.3

向量的加法符合下列运算规律：

（1）交换律　$\boldsymbol{a}+\boldsymbol{b}=\boldsymbol{b}+\boldsymbol{a}$．

（2）结合律　$(\boldsymbol{a}+\boldsymbol{b})+\boldsymbol{c}=\boldsymbol{a}+(\boldsymbol{b}+\boldsymbol{c})$．

设$\boldsymbol{a}$为一向量，与$\boldsymbol{a}$的模相同而方向相反的向量叫作$\boldsymbol{a}$的**负向量**，记作$-\boldsymbol{a}$．由此，我们规定两个向量$\boldsymbol{b}$与$\boldsymbol{a}$的差$\boldsymbol{b}-\boldsymbol{a}=\boldsymbol{b}+(-\boldsymbol{a})$．

2．向量与数的乘法

向量$\boldsymbol{a}$与实数λ的乘积是一个向量，记作$\lambda\boldsymbol{a}$，并且规定：它的模$|\lambda\boldsymbol{a}|=|\lambda||\boldsymbol{a}|$；

它的方向当$\lambda>0$时与$\boldsymbol{a}$相同，当$\lambda<0$时与$\boldsymbol{a}$相反，当$\lambda=0$时为零向量.

向量与数的乘法符合下列运算规律：

（1）结合律　$\lambda(\mu\boldsymbol{a})=\mu(\lambda\boldsymbol{a})=(\lambda\mu)\boldsymbol{a}$；

（2）分配律　$(\lambda+\mu)\boldsymbol{a}=\lambda\boldsymbol{a}+\mu\boldsymbol{a}$； $\lambda(\boldsymbol{a}+\boldsymbol{b})=\lambda\boldsymbol{a}+\lambda\boldsymbol{b}$.

向量的加减运算及向量与数的乘法运算统称为**向量的线性运算**.

设$\boldsymbol{a}$是一个非零向量，把与$\boldsymbol{a}$同向的单位向量记为$\boldsymbol{e}_a$，则$\boldsymbol{e}_a=\dfrac{\boldsymbol{a}}{|\boldsymbol{a}|}$.

例 7.1.1　在平行四边形$ABCD$中，设$\overrightarrow{AB}=\boldsymbol{a}$，$\overrightarrow{AD}=\boldsymbol{b}$，试用$\boldsymbol{a}$和$\boldsymbol{b}$表示向量$\overrightarrow{MA}$，$\overrightarrow{MB}$，$\overrightarrow{MC}$，$\overrightarrow{MD}$，这里$M$表示平行四边形对角线的交点（图 7.4）.

解　因为平行四边形的对角线互相平分，

所以
$$\boldsymbol{a}+\boldsymbol{b}=\overrightarrow{AC}=2\overrightarrow{MC},$$
于是
$$\overrightarrow{MC}=\frac{1}{2}(\boldsymbol{a}+\boldsymbol{b}).$$
由于　$\overrightarrow{MA}=-\overrightarrow{MC}$，所以 $\overrightarrow{MA}=-\dfrac{1}{2}(\boldsymbol{a}+\boldsymbol{b})$.

又　$-\boldsymbol{a}+\boldsymbol{b}=\overrightarrow{BD}=2\overrightarrow{MD}$，所以 $\overrightarrow{MD}=\dfrac{1}{2}(\boldsymbol{b}-\boldsymbol{a})$.

由于　$\overrightarrow{MB}=-\overrightarrow{MD}$，所以 $\overrightarrow{MB}=\dfrac{1}{2}(\boldsymbol{a}-\boldsymbol{b})$.

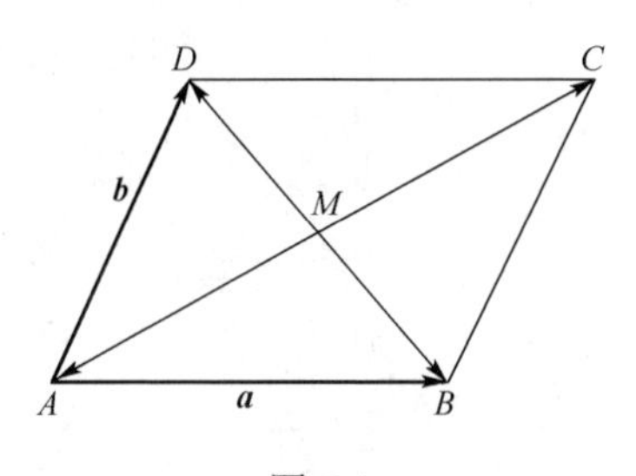

图 7.4

由向量与数的乘法，可以得到两向量平行的充要条件，即有定理 7.1.1.

定理 7.1.1　设向量$\boldsymbol{a}\neq\boldsymbol{0}$，那么向量$\boldsymbol{b}$平行于$\boldsymbol{a}$的充分必要条件是：存在唯一的实数$\lambda$，使得$\boldsymbol{b}=\lambda\boldsymbol{a}$.

证明略.

定理 7.1.1 是建立数轴的理论依据. 我们知道，确定一条数轴，需要给定一个点、一个方向及单位长度. 由于一个单位向量既确定了方向，又确定了单位长度，因此只需给定一个点及一个单位向量就能确定一条数轴. 设点O及单位向量$\boldsymbol{e}$确定了数轴Ox（图 7.5），则对于数轴上任一点P，对应着一个向量$\overrightarrow{OP}$. 由于$\overrightarrow{OP}/\!/\boldsymbol{e}$，

故存在唯一的实数 x，使得 $\overrightarrow{OP}=x\boldsymbol{e}$，$\overrightarrow{OP}$ 与实数 x 一一对应．于是

$$点 P \leftrightarrow 向量 \overrightarrow{OP}=x\boldsymbol{e} \leftrightarrow 实数 x,$$

从而数轴上的点 P 与实数 x 有一一对应的关系．据此定义实数 x 为数轴 Ox 上点 P 的坐标．

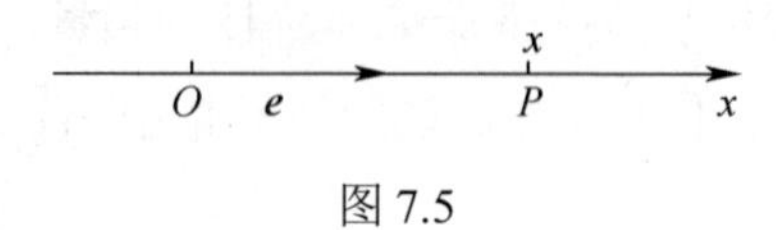

图 7.5

7.1.3 空间直角坐标系

在平面解析几何中，通过平面直角坐标系，把平面上的点与有序数组对应起来．同样，为了把空间中的任一点与有序数组对应起来，我们来建立空间直角坐标系．

在空间选定一点 O 作为原点，过原点 O 作三条两两垂直的数轴，分别记为 x 轴（横轴）、y 轴（纵轴）、z 轴（竖轴），统称为**坐标轴**．它们构成一个空间直角坐标系 $Oxyz$（图 7.6）．通常把 x 轴和 y 轴配置在水平面上，而 z 轴是铅垂线．它们的正向通常符合右手规则，即以右手握住 z 轴，当右手的四个手指从正向 x 轴以 $\frac{\pi}{2}$ 的角度转向 y 轴正向时，大拇指的指向就是 z 轴的正向．

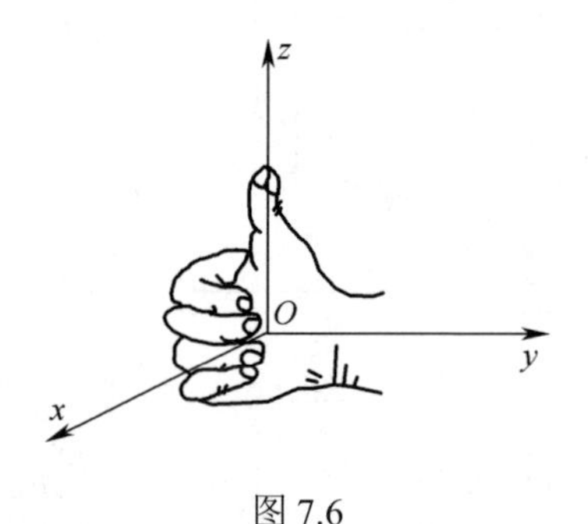

图 7.6

三条坐标轴中每两条坐标轴所确定的平面称为**坐标面**，分别记为 xOy 面，yOz 面和 zOx 面．三个坐标面把空间分成八个部分，每个部分都称为一个**卦限**．其中，含有 x 轴、y 轴、z 轴正半轴的卦限称为第Ⅰ卦限，第Ⅱ，Ⅲ，Ⅳ卦限在 xOy 面的上方，按逆时针方向确定．第Ⅴ，Ⅵ，Ⅶ，Ⅷ卦限在 xOy 面的下方，由第Ⅰ卦限正下方的第Ⅴ卦限按逆时针方向确定（图 7.7）．

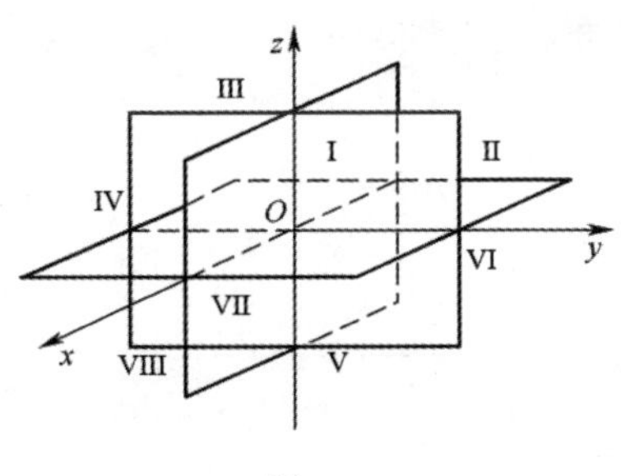

图 7.7

定义了空间直角坐标系后，就可以建立空间中的点和有序数组之间的对应关系. 设点 M 是空间中任意一点（图 7.8)，过点 M 分别作垂直于 x 轴、 y 轴、 z 轴的平面，与 x 轴、 y 轴、 z 轴分别交于 P , Q , R 三点. 设 P , Q , R 三点在三条坐标轴上的坐标分别为 x ， y ， z ， 那么点 M 就唯一地确定了一个有序数组 (x,y,z) . 反过来，给定一个有序数组 (x,y,z) ，可依次在 x 轴、 y 轴、 z 轴上找到坐标分别为 x , y , z 的三点 P , Q , R . 过这三点分别作垂直于 x 轴、 y 轴、 z 轴的平面，这三个平面的交点就是有序数组所确定的唯一的点 M .

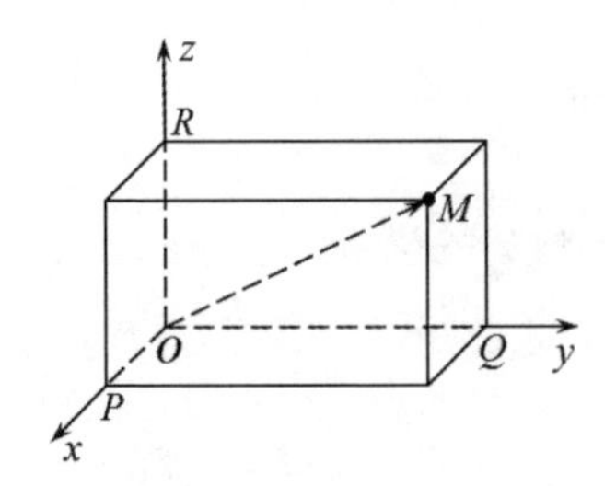

图 7.8

这样，通过空间直角坐标系，在空间中的点 M 和有序数组 (x,y,z) 之间就建立了一一对应的关系，这组数 x ， y ， z 称为**点 M 的坐标**，记作 $M(x,y,z)$. 其中 x ， y ， z 依次称为点 M 的**横坐标、纵坐标和竖坐标**.

坐标面和坐标轴上的点，其坐标各有一定的特征. 例如：如果点 M 在 xOy 面上，则其坐标为 $(x,y,0)$; 同样， yOz 面上的点的坐标为 $(0,y,z)$ ； zOx 面上的点的坐标为 $(x,0,z)$. 如果点 M 在 x 轴上，此时点 M 既在 xOy 面上，又在 zOx 面上，所以其坐标为 $(x,0,0)$ ； 同样， y 轴上的点的坐标为 $(0,y,0)$ ； z 轴上的点的坐标为 $(0,0,z)$. 如果点 M 为原点，则其坐标为 $(0,0,0)$.

7.1.4　向量的坐标表示

任意给定空间一向量 $\boldsymbol{r}$ ，作向量 $\overrightarrow{OM}=\boldsymbol{r}$ ，设点 M 的坐标为 (x,y,z) . 过点 M

作垂直于三条坐标轴的平面，与 x 轴、y 轴、z 轴的交点分别为 P，Q，R（图 7.9）. 由向量的加法法则，有

$$\boldsymbol{r}=\overrightarrow{OM}=\overrightarrow{OP}+\overrightarrow{PN}+\overrightarrow{NM}=\overrightarrow{OP}+\overrightarrow{OQ}+\overrightarrow{OR}.$$

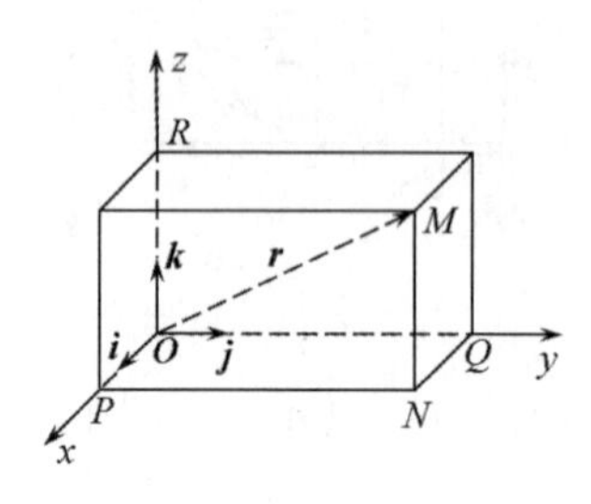

图 7.9

用 $\boldsymbol{i}$，$\boldsymbol{j}$，$\boldsymbol{k}$ 分别表示沿 x 轴、y 轴、z 轴正向的单位向量，所以

$$\overrightarrow{OP}=x\boldsymbol{i}，\ \overrightarrow{OQ}=y\boldsymbol{j}，\ \overrightarrow{OR}=z\boldsymbol{k}，$$

从而 $\boldsymbol{r}=\overrightarrow{OM}=x\boldsymbol{i}+y\boldsymbol{j}+z\boldsymbol{k}$，称为**向量 $\boldsymbol{r}$ 的坐标分解式**. $x\boldsymbol{i}$，$y\boldsymbol{j}$，$z\boldsymbol{k}$ 分别称为向量 $\boldsymbol{r}$ 沿 x 轴、y 轴、z 轴方向的**分向量**.

可以看出，给定向量 $\boldsymbol{r}$，就确定了点 M 与 $\overrightarrow{OP}$，$\overrightarrow{OQ}$，$\overrightarrow{OR}$ 三个分向量，从而确定了 x，y，z 三个有序数；反之，给定三个有序数 x，y，z，也就确定了点 M 与向量 $\boldsymbol{r}$. 于是，点 M、向量 $\boldsymbol{r}$ 与三个有序数 x,y,z 之间存在一一对应关系，我们称有序数 x，y，z 为**向量 $\boldsymbol{r}$ 的坐标**，记作 $\boldsymbol{r}=(x,y,z)$. 向量 $\boldsymbol{r}=\overrightarrow{OM}$ 称为点 M 关于原点 O 的**向径**. 上述定义表明，一个点与该点的向径有相同的坐标. 记号 (x,y,z) 既表示点 M，又表示向量 $\overrightarrow{OM}$.

如果在空间直角坐标系 $Oxyz$ 中，任意给定两点 $M_1(x_1,y_1,z_1)$，$M_2(x_2,y_2,z_2)$，则有

$$\begin{aligned}\overrightarrow{M_1M_2}&=\overrightarrow{OM_2}-\overrightarrow{OM_1}\\&=(x_2\boldsymbol{i}+y_2\boldsymbol{j}+z_2\boldsymbol{k})-(x_1\boldsymbol{i}+y_1\boldsymbol{j}+z_1\boldsymbol{k})\\&=(x_2-x_1)\boldsymbol{i}+(y_2-y_1)\boldsymbol{j}+(z_2-z_1)\boldsymbol{k}\\&=(x_2-x_1,y_2-y_1,z_2-z_1).\end{aligned}$$

即 $\overrightarrow{M_1M_2}$ 的坐标等于终点 M_2 的坐标减去起点 M_1 的对应坐标.

7.1.5 利用坐标做向量的线性运算

利用向量在直角坐标系中的坐标表达式，就可以把向量的加法、减法以及向量与数的乘法运算用坐标来表示.

设 $$\boldsymbol{a}=(a_x,a_y,a_z)，\ \boldsymbol{b}=(b_x,b_y,b_z)，$$

即
$$\boldsymbol{a}=a_x\boldsymbol{i}+a_y\boldsymbol{j}+a_z\boldsymbol{k}, \quad \boldsymbol{b}=b_x\boldsymbol{i}+b_y\boldsymbol{j}+b_z\boldsymbol{k}.$$
利用向量加法的交换律与结合律以及向量数乘运算的结合律与分配律，有
$$\boldsymbol{a}+\boldsymbol{b}=(a_x+b_x)\boldsymbol{i}+(a_y+b_y)\boldsymbol{j}+(a_z+b_z)\boldsymbol{k},$$
$$\boldsymbol{a}-\boldsymbol{b}=(a_x-b_x)\boldsymbol{i}+(a_y-b_y)\boldsymbol{j}+(a_z-b_z)\boldsymbol{k},$$
$$\lambda\boldsymbol{a}=\lambda a_x\boldsymbol{i}+\lambda a_y\boldsymbol{j}+\lambda a_z\boldsymbol{k} \text{（}\lambda\text{ 为实数）}.$$
即
$$\boldsymbol{a}+\boldsymbol{b}=(a_x+b_x, a_y+b_y, a_z+b_z),$$
$$\boldsymbol{a}-\boldsymbol{b}=(a_x-b_x, a_y-b_y, a_z-b_z),$$
$$\lambda\boldsymbol{a}=(\lambda a_x, \lambda a_y, \lambda a_z).$$
由此可见，对向量进行加、减运算及与数的乘法运算，只需对向量的各个坐标分别进行相应的数量运算即可.

由定理 7.1.1，$\boldsymbol{a}\neq\boldsymbol{0}$ 时，$\boldsymbol{a}/\!/\boldsymbol{b}\Leftrightarrow\boldsymbol{b}=\lambda\boldsymbol{a}$，利用向量的坐标可得如下等式：
$$b_x=\lambda a_x,\ b_y=\lambda a_y,\ b_z=\lambda a_z,$$
即
$$\frac{b_x}{a_x}=\frac{b_y}{a_y}=\frac{b_z}{a_z}.$$

例 7.1.2　已知 $\boldsymbol{m}=3\boldsymbol{i}+5\boldsymbol{j}+8\boldsymbol{k}$，$\boldsymbol{n}=2\boldsymbol{i}-4\boldsymbol{j}-7\boldsymbol{k}$，$\boldsymbol{p}=5\boldsymbol{i}+\boldsymbol{j}-4\boldsymbol{k}$，求向量 $\boldsymbol{a}=4\boldsymbol{m}+3\boldsymbol{n}-\boldsymbol{p}$ 在 x 轴上的坐标及在 y 轴上的分向量.

解　因为
$$\begin{aligned}\boldsymbol{a}&=4\boldsymbol{m}+3\boldsymbol{n}-\boldsymbol{p}\\&=4(3\boldsymbol{i}+5\boldsymbol{j}+8\boldsymbol{k})+3(2\boldsymbol{i}-4\boldsymbol{j}-7\boldsymbol{k})-(5\boldsymbol{i}+\boldsymbol{j}-4\boldsymbol{k})\\&=13\boldsymbol{i}+7\boldsymbol{j}+15\boldsymbol{k},\end{aligned}$$
因此向量 $\boldsymbol{a}$ 在 x 轴上的坐标为 13，在 y 轴上的分向量为 $7\boldsymbol{j}$.

7.1.6　向量的模与方向余弦

1. 向量的模与两点间的距离公式

设向量 $\boldsymbol{r}=(x,y,z)$，作 $\overrightarrow{OM}=\boldsymbol{r}$，如图 7.9 所示，有 $\boldsymbol{r}=\overrightarrow{OM}=\overrightarrow{OP}+\overrightarrow{OQ}+\overrightarrow{OR}$，由勾股定理可得
$$|\boldsymbol{r}|=|\overrightarrow{OM}|=\sqrt{|OP|^2+|OQ|^2+|OR|^2}.$$
由于 $\overrightarrow{OP}=x\boldsymbol{i}$，$\overrightarrow{OQ}=y\boldsymbol{j}$，$\overrightarrow{OR}=z\boldsymbol{k}$，得 $|OP|=|x|$，$|OQ|=|y|$，$|OR|=|z|$，于是**向量 $\boldsymbol{r}$ 的模为** $|\boldsymbol{r}|=\sqrt{x^2+y^2+z^2}$.

设有点 $A(x_1,y_1,z_1)$ 和点 $B(x_2,y_2,z_2)$，则点 A 与点 B 间的距离 $|AB|$ 就是向量 $\overrightarrow{AB}$ 的模. 由 $\overrightarrow{AB}=(x_2-x_1,y_2-y_1,z_2-z_1)$，即得 **$A$ 与 B 两点间的距离**
$$|AB|=|\overrightarrow{AB}|=\sqrt{(x_2-x_1)^2+(y_2-y_1)^2+(z_2-z_1)^2}.$$

例 7.1.3 在 y 轴上求一点，使得与 $A(1,-2,1)$ 和 $B(2,1-2)$ 两点的距离相等.

解 因为所求的点在 y 轴上，设该点的坐标为 $M(0,y,0)$，由题意得

$$|MA|=|MB|,$$

即 $$\sqrt{(1-0)^2+(-2-y)^2+(1-0)^2}=\sqrt{(2-0)^2+(1-y)^2+(-2-0)^2},$$

解得 $$y=\frac{1}{2},$$

因此所求的点为 $$M\left(0,\frac{1}{2},0\right).$$

例 7.1.4 已知两点 $A(1,2,3)$ 和 $B(4,2,6)$，求与向量 $\overrightarrow{AB}$ 同方向的单位向量 $\boldsymbol{e}_{\overrightarrow{AB}}$.

解 由于 $$\overrightarrow{AB}=(3,0,3),$$

$$\left|\overrightarrow{AB}\right|=\sqrt{3^2+0^2+3^2}=3\sqrt{2},$$

所以 $$\boldsymbol{e}_{\overrightarrow{AB}}=\frac{\overrightarrow{AB}}{\left|\overrightarrow{AB}\right|}=\frac{(3,0,3)}{3\sqrt{2}}=\frac{\sqrt{2}}{2}(1,0,1).$$

例 7.1.5 已知力 $\boldsymbol{F}$ 的大小为4，且力 $\boldsymbol{F}$ 平行于向量 $\boldsymbol{a}=2\boldsymbol{i}+\boldsymbol{j}-2\boldsymbol{k}$，求力 $\boldsymbol{F}$.

解 已知力 $\boldsymbol{F}$ 平行于向量 $\boldsymbol{a}=2\boldsymbol{i}+\boldsymbol{j}-2\boldsymbol{k}$，

所以 $$\boldsymbol{e}_F=\pm\boldsymbol{e}_a=\pm\frac{\boldsymbol{a}}{|\boldsymbol{a}|}=\pm\frac{1}{3}(2,1,-2),$$

又已知 $|\boldsymbol{F}|=4$，故 $\boldsymbol{F}=|\boldsymbol{F}|\cdot\boldsymbol{e}_F=\pm4\cdot\frac{1}{3}(2,1,-2)=\pm\frac{4}{3}(2,1,-2)$.

2. *方向角与方向余弦*

设非零向量 $\boldsymbol{r}=(x,y,z)$，作 $\overrightarrow{OM}=\boldsymbol{r}$，向量 $\boldsymbol{r}$ 与三条坐标轴的夹角 α，β，γ 称为向量 $\boldsymbol{r}$ 的**方向角**（图 7.10），称 $\cos\alpha$，$\cos\beta$，$\cos\gamma$ 为向量 $\boldsymbol{r}$ 的**方向余弦**.

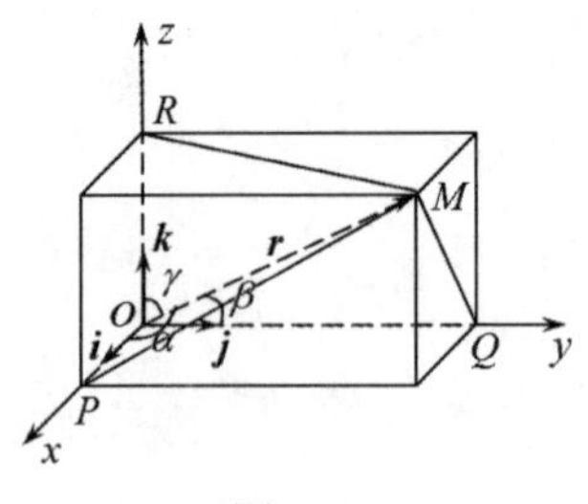

图 7.10

在 $\triangle OPM$，$\triangle OQM$，$\triangle ORM$（它们都是直角三角形）中，有

$$\cos\alpha=\frac{x}{|\boldsymbol{r}|}=\frac{x}{\sqrt{x^2+y^2+z^2}},$$

$$\cos\beta=\frac{y}{|\boldsymbol{r}|}=\frac{y}{\sqrt{x^2+y^2+z^2}},$$

$$\cos\gamma=\frac{z}{|\boldsymbol{r}|}=\frac{z}{\sqrt{x^2+y^2+z^2}}.$$

显然$\cos^2\alpha+\cos^2\beta+\cos^2\gamma=1$．这说明方向余弦$\cos\alpha$，$\cos\beta$，$\cos\gamma$（或方向角$\alpha$，$\beta$，$\gamma$）不是相互独立的．又

$$(\cos\alpha,\cos\beta,\cos\gamma)=\frac{1}{|\boldsymbol{r}|}(x,y,z)=\frac{\boldsymbol{r}}{|\boldsymbol{r}|}=\boldsymbol{e}_r,$$

即向量$(\cos\alpha,\cos\beta,\cos\gamma)$是一个与非零向量$\boldsymbol{r}$同方向的单位向量．

例 7.1.6　已知空间两点$M(2,2,\sqrt{2})$和$N(1,3,0)$，计算向量$\overrightarrow{MN}$的模、方向余弦和方向角．

解

$$\overrightarrow{MN}=(1-2,3-2,0-\sqrt{2})=(-1,1,-\sqrt{2}),$$

$$\left|\overrightarrow{MN}\right|=\sqrt{(-1)^2+1^2+(-\sqrt{2})^2}=2;$$

$$\cos\alpha=-\frac{1}{2},\quad\cos\beta=\frac{1}{2},\quad\cos\gamma=-\frac{\sqrt{2}}{2};$$

$$\alpha=\frac{2\pi}{3},\quad\beta=\frac{\pi}{3},\quad\gamma=\frac{3\pi}{4}.$$

例 7.1.7　已知三个力$\boldsymbol{F}_1=-\boldsymbol{i}+2\boldsymbol{k}$，$\boldsymbol{F}_2=\boldsymbol{i}+3\boldsymbol{j}-2\boldsymbol{k}$，$\boldsymbol{F}_3=3\boldsymbol{i}+\boldsymbol{j}$作用于同一点，求合力$\boldsymbol{F}$的大小及方向余弦．

解　合力 $\boldsymbol{F}=\boldsymbol{F}_1+\boldsymbol{F}_2+\boldsymbol{F}_3=(-\boldsymbol{i}+2\boldsymbol{k})+(\boldsymbol{i}+3\boldsymbol{j}-2\boldsymbol{k})+(3\boldsymbol{i}+\boldsymbol{j})=3\boldsymbol{i}+4\boldsymbol{j}$,

所以合力的大小　$|\boldsymbol{F}|=\sqrt{3^2+4^2+0^2}=5$.

其方向余弦为　$\cos\alpha=\frac{3}{5}$，$\cos\beta=\frac{4}{5}$，$\cos\gamma=0$.

7.1.7　向量在轴上的投影

设点O及单位向量$\boldsymbol{e}$确定了u轴（图 7.11)，任意给定向量$\boldsymbol{r}$，作$\overrightarrow{OM}=\boldsymbol{r}$，再过点$M$作与$u$轴垂直的平面，交$u$轴于点$M'$（点$M'$叫作点$M$在$u$轴上的**投影**)，则向量$\overrightarrow{OM'}$称为向量$\boldsymbol{r}$在$u$轴上的**分向量**．设$\overrightarrow{OM'}=\lambda\boldsymbol{e}$，则数$\lambda$称为向量$\boldsymbol{r}$在$u$轴上的**投影**，记作$\mathrm{Prj}_u\boldsymbol{r}$或$(\boldsymbol{r})_u$．显然，$\mathrm{Prj}_u\boldsymbol{r}=|\boldsymbol{r}|\cos\varphi$（$\varphi$为向量$\overrightarrow{OM}$与$u$轴的夹角)．

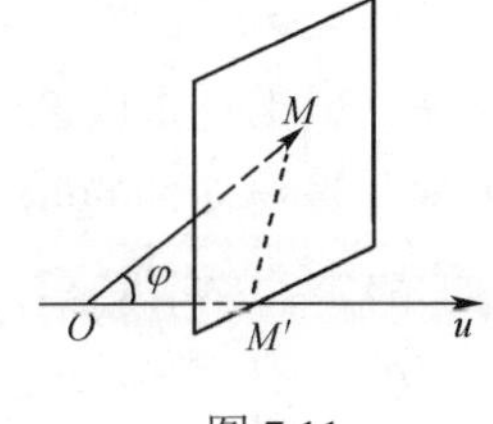

图 7.11

按照定义，向量$\boldsymbol{a}$在空间直角坐标系$Oxyz$中的坐标a_x，a_y，a_z分别是向量$\boldsymbol{a}$在x轴、y轴、z轴上的投影．即

$a_x = \mathrm{Prj}_x \boldsymbol{a}$，$a_y = \mathrm{Prj}_y \boldsymbol{a}$，$a_z = \mathrm{Prj}_z \boldsymbol{a}$，或记作 $a_x = (\boldsymbol{a})_x$，$a_y = (\boldsymbol{a})_y$，$a_z = (\boldsymbol{a})_z$.

由此可知，向量的投影具有与坐标相同的性质：

性质 7.1.1 $\mathrm{Prj}_u \boldsymbol{a} = |\boldsymbol{a}|\cos\varphi$，其中 φ 为向量 $\boldsymbol{a}$ 与 u 轴的夹角.

性质 7.1.2 $\mathrm{Prj}_u(\boldsymbol{a}+\boldsymbol{b}) = \mathrm{Prj}_u \boldsymbol{a} + \mathrm{Prj}_u \boldsymbol{b}$.

性质 7.1.3 $\mathrm{Prj}_u(\lambda \boldsymbol{a}) = \lambda \mathrm{Prj}_u \boldsymbol{a}$.

例 7.1.8 一向量的终点为 $B(2,-1,7)$，它在 x 轴、y 轴和 z 轴上的投影依次为 4,−4 和 7，求该向量的起点 A 的坐标.

解 由投影的定义可知，$\overrightarrow{AB} = (4,-4,7)$.

设 A 的坐标为 (x,y,z)，则 $\begin{cases} 2-x=4, \\ -1-y=-4, \\ 7-z=7, \end{cases}$ 即 $\begin{cases} x=-2, \\ y=3, \\ z=0, \end{cases}$

即点 A 的坐标为 $(-2,3,0)$.

习题 7.1

1．设向量 $\boldsymbol{a},\boldsymbol{b}$ 均为非零向量，给出下列等式成立的条件：

（1）$|\boldsymbol{a}+\boldsymbol{b}| = |\boldsymbol{a}-\boldsymbol{b}|$；（2）$|\boldsymbol{a}+\boldsymbol{b}| = |\boldsymbol{a}|+|\boldsymbol{b}|$；

（3）$|\boldsymbol{a}+\boldsymbol{b}| = \big||\boldsymbol{a}|-|\boldsymbol{b}|\big|$；（4）$\dfrac{\boldsymbol{a}}{|\boldsymbol{a}|} = \dfrac{\boldsymbol{b}}{|\boldsymbol{b}|}$.

2．设 $\boldsymbol{u} = 3\boldsymbol{a}-2\boldsymbol{b}+\boldsymbol{c}$，$\boldsymbol{v} = \boldsymbol{a}+\boldsymbol{b}-\boldsymbol{c}$．试用 $\boldsymbol{a}$，$\boldsymbol{b}$，$\boldsymbol{c}$ 表示向量 $3\boldsymbol{u}-2\boldsymbol{v}$.

3．已知菱形 $ABCD$ 的对角线 $\overrightarrow{AC} = \boldsymbol{a}$，$\overrightarrow{BD} = \boldsymbol{b}$，试用向量 $\boldsymbol{a}$，$\boldsymbol{b}$ 表示 $\overrightarrow{AB}$，$\overrightarrow{BC}$，$\overrightarrow{CD}$，$\overrightarrow{DA}$.

4．在空间直角坐标系中，下列各点在哪个卦限？

$$A(4,-2,3),\quad B(5,1,-4),\quad C(-1,3,2),\quad D(-6,-3,-1).$$

5．下列各点在哪个坐标面上或坐标轴上？

$$A(1,4,0),\quad B(0,5,3),\quad C(1,0,0),\quad D(0,-1,0).$$

6．已知 $A(-1,2,3)$，$B(5,-3,4)$，$C(2,1,6)$，试求向量 $\overrightarrow{AB}$，$\overrightarrow{BC}$，$\overrightarrow{CA}$ 的坐标，并验证：$\overrightarrow{AB}+\overrightarrow{BC}+\overrightarrow{CA} = \boldsymbol{0}$.

7．设 $\boldsymbol{a} = 3\boldsymbol{i}+5\boldsymbol{j}-4\boldsymbol{k}$，$\boldsymbol{b} = 2\boldsymbol{i}+\boldsymbol{j}+8\boldsymbol{k}$，求 $\boldsymbol{a}-\boldsymbol{b}$ 及 $3\boldsymbol{a}+2\boldsymbol{b}$.

8．求平行于向量 $\boldsymbol{a} = (6,7,-6)$ 的单位向量.

9．设已知两点 $M_1(4,\sqrt{2},1)$ 和 $M_2(3,0,2)$，计算向量 $\overrightarrow{M_1M_2}$ 的模、方向余弦和方向角.

10．求与 z 轴反向，模为 3 的向量 $\boldsymbol{a}$ 的坐标.

11．点 M 的向径与 x 轴成 45° 角，与 y 轴成 60° 角，长度为 6，若在 z 轴上的

坐标是负值，求点 M 的坐标.

12．已知三个力 $\boldsymbol{F}_1=\boldsymbol{i}+2\boldsymbol{j}+3\boldsymbol{k}$ ，$\boldsymbol{F}_2=-2\boldsymbol{i}+3\boldsymbol{j}-4\boldsymbol{k}$ ，$\boldsymbol{F}_3=3\boldsymbol{i}-4\boldsymbol{j}+5\boldsymbol{k}$ 作用于同一点，求合力 $\boldsymbol{F}$ 的大小及方向余弦.

7.2　数量积与向量积

7.2.1　两向量的数量积

如果一物体沿着某直线移动，其位移为 $\boldsymbol{s}$（图 7.12），则作用在物体上的常力 $\boldsymbol{F}$ 所做的功为 $W=|\boldsymbol{F}||\boldsymbol{s}|\cos\theta$ ，其中 θ 为 $\boldsymbol{F}$ 与 $\boldsymbol{s}$ 的夹角.

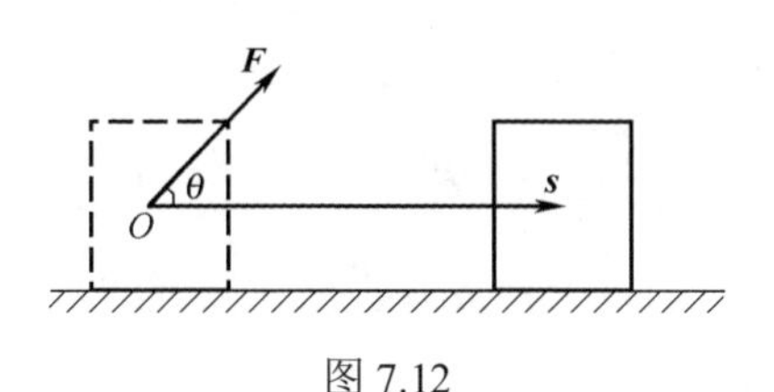

图 7.12

由此可见，功是由 $\boldsymbol{F}$ 与 $\boldsymbol{s}$ 这两个向量所唯一确定的. 在物理学和力学的其他问题中，也常常会遇到此类情况. 为此，在数学中，我们把这种运算抽象成两个向量的数量积的概念.

定义 7.2.1　设有向量 $\boldsymbol{a}$ ，$\boldsymbol{b}$ ，它们的夹角为 θ ，乘积 $|\boldsymbol{a}||\boldsymbol{b}|\cos\theta$ 称为向量 $\boldsymbol{a}$ 与 $\boldsymbol{b}$ 的**数量积**（或称为**内积**、**点积**），记作 $\boldsymbol{a}\cdot\boldsymbol{b}$ ，即 $\boldsymbol{a}\cdot\boldsymbol{b}=|\boldsymbol{a}||\boldsymbol{b}|\cos\theta$.

这样，上述常力所做的功就是力 $\boldsymbol{F}$ 与位移 $\boldsymbol{s}$ 的数量积，即 $W=\boldsymbol{F}\cdot\boldsymbol{s}$.

显然，当 $\boldsymbol{a}\neq\boldsymbol{0}$ 时，$\boldsymbol{a}\cdot\boldsymbol{b}=|\boldsymbol{a}|\mathrm{Prj}_{\boldsymbol{a}}\boldsymbol{b}$ ；当 $\boldsymbol{b}\neq\boldsymbol{0}$ 时，$\boldsymbol{a}\cdot\boldsymbol{b}=|\boldsymbol{b}|\mathrm{Prj}_{\boldsymbol{b}}\boldsymbol{a}$.

由数量积的定义，可以得出下列结论：

（1）$\boldsymbol{a}\cdot\boldsymbol{a}=|\boldsymbol{a}|^2$.

证明　因为夹角 $\theta=0$ ，所以 $\boldsymbol{a}\cdot\boldsymbol{a}=|\boldsymbol{a}|^2\cos 0=|\boldsymbol{a}|^2$.

（2）非零向量 $\boldsymbol{a}\perp\boldsymbol{b}$ 的充分必要条件是 $\boldsymbol{a}\cdot\boldsymbol{b}=0$.

证明　如果 $\boldsymbol{a}\cdot\boldsymbol{b}=0$ ，由 $|\boldsymbol{a}|\neq 0$ ，$|\boldsymbol{b}|\neq 0$ ，所以 $\cos\theta=0$ ，从而 $\theta=\dfrac{\pi}{2}$ ，即 $\boldsymbol{a}\perp\boldsymbol{b}$ ；如果 $\boldsymbol{a}\perp\boldsymbol{b}$ ，那么 $\theta=\dfrac{\pi}{2}$ ，于是 $\boldsymbol{a}\cdot\boldsymbol{b}=|\boldsymbol{a}||\boldsymbol{b}|\cos\theta=0$.

由于零向量的方向是任意的，可认为零向量与任意向量都垂直，从而上述结论可以叙述为：向量 $\boldsymbol{a}\perp\boldsymbol{b}$ 的充分必要条件是 $\boldsymbol{a}\cdot\boldsymbol{b}=0$.

（3）数量积符合下列运算规律：

交换律：$\boldsymbol{a}\cdot\boldsymbol{b}=\boldsymbol{b}\cdot\boldsymbol{a}$；

分配律：$(\boldsymbol{a}+\boldsymbol{b})\cdot\boldsymbol{c}=\boldsymbol{a}\cdot\boldsymbol{c}+\boldsymbol{b}\cdot\boldsymbol{c}$；

结合律：$\lambda(\boldsymbol{a}\cdot\boldsymbol{b})=(\lambda\boldsymbol{a})\cdot\boldsymbol{b}=\boldsymbol{a}\cdot(\lambda\boldsymbol{b})$，其中$\lambda$为实数.

例 7.2.1 已知$|\boldsymbol{a}|=2$，$|\boldsymbol{b}|=1$，$(\widehat{\boldsymbol{a},\boldsymbol{b}})=\dfrac{\pi}{3}$，求：

（1）$(2\boldsymbol{a}+\boldsymbol{b})\cdot(\boldsymbol{a}-4\boldsymbol{b})$；（2）$|\boldsymbol{a}+\boldsymbol{b}|$.

解 （1）
$$\begin{aligned}(2\boldsymbol{a}+\boldsymbol{b})\cdot(\boldsymbol{a}-4\boldsymbol{b})&=2\boldsymbol{a}\cdot\boldsymbol{a}-8\boldsymbol{a}\cdot\boldsymbol{b}+\boldsymbol{b}\cdot\boldsymbol{a}-4\boldsymbol{b}\cdot\boldsymbol{b}\\&=2|\boldsymbol{a}|^2-7|\boldsymbol{a}||\boldsymbol{b}|\cos\frac{\pi}{3}-4|\boldsymbol{b}|^2\\&=2\times2^2-7\times2\times1\times\frac{1}{2}-4\times1^2=-3.\end{aligned}$$

（2）
$$\begin{aligned}|\boldsymbol{a}+\boldsymbol{b}|^2&=(\boldsymbol{a}+\boldsymbol{b})\cdot(\boldsymbol{a}+\boldsymbol{b})=\boldsymbol{a}\cdot\boldsymbol{a}+2\boldsymbol{a}\cdot\boldsymbol{b}+\boldsymbol{b}\cdot\boldsymbol{b}\\&=|\boldsymbol{a}|^2+2|\boldsymbol{a}||\boldsymbol{b}|\cos\frac{\pi}{3}+|\boldsymbol{b}|^2=2^2+2\times2\times1\times\frac{1}{2}+1^2=7,\end{aligned}$$

故
$$|\boldsymbol{a}+\boldsymbol{b}|=\sqrt{7}.$$

下面利用数量积的性质和运算规律来推导数量积的坐标表达式.

设 $\boldsymbol{a}=a_x\boldsymbol{i}+a_y\boldsymbol{j}+a_z\boldsymbol{k}$，$\boldsymbol{b}=b_x\boldsymbol{i}+b_y\boldsymbol{j}+b_z\boldsymbol{k}$，则

$$\begin{aligned}\boldsymbol{a}\cdot\boldsymbol{b}&=(a_x\boldsymbol{i}+a_y\boldsymbol{j}+a_z\boldsymbol{k})\cdot(b_x\boldsymbol{i}+b_y\boldsymbol{j}+b_z\boldsymbol{k})\\&=a_xb_x\boldsymbol{i}\cdot\boldsymbol{i}+a_xb_y\boldsymbol{i}\cdot\boldsymbol{j}+a_xb_z\boldsymbol{i}\cdot\boldsymbol{k}\\&\quad+a_yb_x\boldsymbol{j}\cdot\boldsymbol{i}+a_yb_y\boldsymbol{j}\cdot\boldsymbol{j}+a_yb_z\boldsymbol{j}\cdot\boldsymbol{k}\\&\quad+a_zb_x\boldsymbol{k}\cdot\boldsymbol{i}+a_zb_y\boldsymbol{k}\cdot\boldsymbol{j}+a_zb_z\boldsymbol{k}\cdot\boldsymbol{k}.\end{aligned}$$

由于$\boldsymbol{i},\boldsymbol{j},\boldsymbol{k}$是两两垂直的单位向量，从而有

$$\boldsymbol{i}\cdot\boldsymbol{j}=\boldsymbol{j}\cdot\boldsymbol{k}=\boldsymbol{k}\cdot\boldsymbol{i}=0,$$
$$\boldsymbol{i}\cdot\boldsymbol{i}=\boldsymbol{j}\cdot\boldsymbol{j}=\boldsymbol{k}\cdot\boldsymbol{k}=1.$$

因此得到数量积的坐标表达式

$$\boldsymbol{a}\cdot\boldsymbol{b}=a_xb_x+a_yb_y+a_zb_z.$$

由于$\boldsymbol{a}\cdot\boldsymbol{b}=|\boldsymbol{a}||\boldsymbol{b}|\cos\theta$，因此当$\boldsymbol{a},\boldsymbol{b}$为两非零向量时，有

$$\cos\theta=\cos(\widehat{\boldsymbol{a},\boldsymbol{b}})=\frac{\boldsymbol{a}\cdot\boldsymbol{b}}{|\boldsymbol{a}||\boldsymbol{b}|}=\frac{a_xb_x+a_yb_y+a_zb_z}{\sqrt{a_x^{\ 2}+a_y^{\ 2}+a_z^{\ 2}}\cdot\sqrt{b_x^{\ 2}+b_y^{\ 2}+b_z^{\ 2}}}.$$

由此进一步得到，向量$\boldsymbol{a}\perp\boldsymbol{b}$的充分必要条件是$a_xb_x+a_yb_y+a_zb_z=0$.

例 7.2.2 已知$\boldsymbol{a}=(1,1,-4)$，$\boldsymbol{b}=(1,-2,2)$，求

（1）$\boldsymbol{a}\cdot\boldsymbol{b}$；（2）$\boldsymbol{a}$与$\boldsymbol{b}$的夹角$\theta$；（3）$\boldsymbol{a}$在$\boldsymbol{b}$上的投影.

解 （1）$\boldsymbol{a}\cdot\boldsymbol{b}=1\times1+1\times(-2)+(-4)\times2=-9$.

（2）因为 $\cos\theta=\dfrac{a_xb_x+a_yb_y+a_zb_z}{\sqrt{a_x^{\ 2}+a_y^{\ 2}+a_z^{\ 2}}\cdot\sqrt{b_x^{\ 2}+b_y^{\ 2}+b_z^{\ 2}}}=-\dfrac{1}{\sqrt{2}}$，所以 $\theta=\dfrac{3}{4}\pi$．

（3）由 $\boldsymbol{a}\cdot\boldsymbol{b}=|\boldsymbol{b}|\mathrm{Prj}_b\boldsymbol{a}$，得 $\mathrm{Prj}_b\boldsymbol{a}=\dfrac{\boldsymbol{a}\cdot\boldsymbol{b}}{|\boldsymbol{b}|}=-3$．

例 7.2.3　设有一质点位于点 $P(1,2,-1)$，今有一方向角分别为 60°，60°，45°，大小为 100 N 的力 $\boldsymbol{F}$ 作用于该质点，求质点从点 P 做直线运动至点 $M(2,5,-1+3\sqrt{2})$ 时，力 $\boldsymbol{F}$ 所做的功（坐标轴的单位为 m）.

解　由于力 $\boldsymbol{F}$ 的方向角分别为 60°，60°，45°，大小为 100 N，所以

$$\boldsymbol{F}=100(\cos60^\circ,\cos60^\circ,\cos45^\circ)=(50,50,50\sqrt{2}).$$

又因为

$$\overrightarrow{PM}=(2-1,5-2,-1+3\sqrt{2}+1)=(1,3,3\sqrt{2}),$$

所以力 $\boldsymbol{F}$ 所做的功

$$W=\boldsymbol{F}\cdot\overrightarrow{PM}=(50,50,50\sqrt{2})\cdot(1,3,3\sqrt{2})=500 \text{（J）}.$$

7.2.2　两向量的向量积

类似于两向量的数量积，两向量的向量积的概念也是从力学及物理学中的某些概念中抽象出来的.

例如，在研究物体的转动问题时，不但要考虑此物体所受的力，还要分析这些力所产生的力矩．设 O 为一根杠杆 L 的支点，有一力 $\boldsymbol{F}$ 作用于该杠杆上点 P 处．力 $\boldsymbol{F}$ 与 $\overrightarrow{OP}$ 的夹角为 θ（图 7.13），力 $\boldsymbol{F}$ 对支点 O 的力矩是一向量 $\boldsymbol{M}$，它的大小为

$$|\boldsymbol{M}|=|OQ||\boldsymbol{F}|=|\overrightarrow{OP}||\boldsymbol{F}|\sin\theta.$$

而力矩 $\boldsymbol{M}$ 的方向垂直于 $\overrightarrow{OP}$ 与 $\boldsymbol{F}$ 所决定的平面，并且其指向与 $\overrightarrow{OP}$、$\boldsymbol{F}$ 符合右手规则，即当右手的四个手指从 $\overrightarrow{OP}$ 以不超过 π 的角度转向 $\boldsymbol{F}$ 时，大拇指的指向就是力矩 $\boldsymbol{M}$ 的方向．由此，在数学中我们根据这种运算抽象出两向量的向量积的概念.

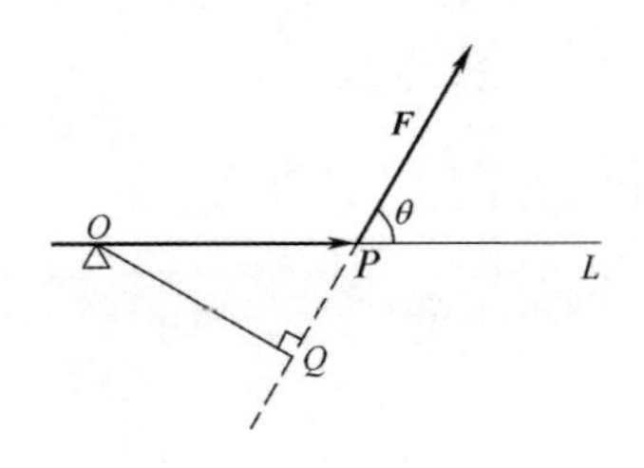

图 7.13

定义 7.2.2 若由向量 $\boldsymbol{a}$ 与 $\boldsymbol{b}$ 所确定的向量 $\boldsymbol{c}$ 满足下列条件：

（1）$\boldsymbol{c}$ 的模 $|\boldsymbol{c}|=|\boldsymbol{a}||\boldsymbol{b}|\sin\theta$，其中 θ 为 $\boldsymbol{a}$ 与 $\boldsymbol{b}$ 的夹角；

（2）$\boldsymbol{c}$ 的方向既垂直于 $\boldsymbol{a}$ 又垂直于 $\boldsymbol{b}$，$\boldsymbol{c}$ 的指向按右手规则从 $\boldsymbol{a}$ 转向 $\boldsymbol{b}$ 来确定（图 7.14），则称向量 $\boldsymbol{c}$ 为向量 $\boldsymbol{a}$ 与 $\boldsymbol{b}$ 的**向量积**（或称**外积**、**叉积**），记作 $\boldsymbol{a}\times\boldsymbol{b}$，即

$$\boldsymbol{c}=\boldsymbol{a}\times\boldsymbol{b}.$$

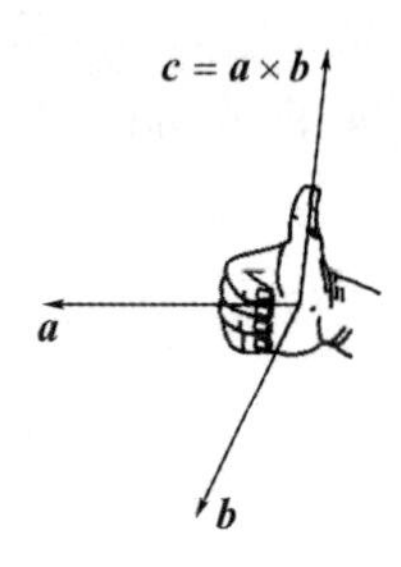

图 7.14

按此定义，前面的力矩 $\boldsymbol{M}$ 等于 $\overrightarrow{OP}$ 与 $\boldsymbol{F}$ 的向量积，即 $\boldsymbol{M}=\overrightarrow{OP}\times\boldsymbol{F}$.

根据向量积的定义，我们可以推得以下结论：

（1）$\boldsymbol{a}\times\boldsymbol{a}=\boldsymbol{0}$.

证明 因为夹角 $\theta=0$，所以 $|\boldsymbol{a}\times\boldsymbol{a}|=|\boldsymbol{a}|^2\sin 0=0$，$\boldsymbol{a}\times\boldsymbol{a}=\boldsymbol{0}$.

（2）设 $\boldsymbol{a},\boldsymbol{b}$ 为两非零向量，则 $\boldsymbol{a}/\!/\boldsymbol{b}$ 的充分必要条件是 $\boldsymbol{a}\times\boldsymbol{b}=\boldsymbol{0}$.

证明 如果 $\boldsymbol{a}\times\boldsymbol{b}=\boldsymbol{0}$，由于 $|\boldsymbol{a}|\neq 0$，$|\boldsymbol{b}|\neq 0$，则有 $\sin\theta=0$，从而 $\theta=0$ 或 $\theta=\pi$，即 $\boldsymbol{a}/\!/\boldsymbol{b}$；反之，如果 $\boldsymbol{a}/\!/\boldsymbol{b}$，则有 $\theta=0$ 或 $\theta=\pi$，从而 $\sin\theta=0$，于是

$$|\boldsymbol{a}\times\boldsymbol{b}|=|\boldsymbol{a}||\boldsymbol{b}|\sin\theta=0,$$

即

$$\boldsymbol{a}\times\boldsymbol{b}=\boldsymbol{0}.$$

（3）$\boldsymbol{a}\times\boldsymbol{b}$ 的模在数值上等于以 $\boldsymbol{a}$，$\boldsymbol{b}$ 为邻边的平行四边形的面积.

（4）向量积满足下列运算规律：

反交换律：$\boldsymbol{a}\times\boldsymbol{b}=-(\boldsymbol{b}\times\boldsymbol{a})$；

分配律：$(\boldsymbol{a}+\boldsymbol{b})\times\boldsymbol{c}=\boldsymbol{a}\times\boldsymbol{c}+\boldsymbol{b}\times\boldsymbol{c}$；

结合律：$\lambda(\boldsymbol{a}\times\boldsymbol{b})=(\lambda\boldsymbol{a})\times\boldsymbol{b}=\boldsymbol{a}\times(\lambda\boldsymbol{b})$.

例 7.2.4 求 $\boldsymbol{i}\times\boldsymbol{i}$，$\boldsymbol{j}\times\boldsymbol{j}$，$\boldsymbol{k}\times\boldsymbol{k}$，$\boldsymbol{i}\times\boldsymbol{j}$，$\boldsymbol{j}\times\boldsymbol{k}$，$\boldsymbol{k}\times\boldsymbol{i}$.

解 根据向量积的定义，得 $|\boldsymbol{i}\times\boldsymbol{i}|=|\boldsymbol{j}\times\boldsymbol{j}|=|\boldsymbol{k}\times\boldsymbol{k}|=0$，

从而

$$\boldsymbol{i}\times\boldsymbol{i}=\boldsymbol{j}\times\boldsymbol{j}=\boldsymbol{k}\times\boldsymbol{k}=\boldsymbol{0};$$

由 $|\boldsymbol{i}\times\boldsymbol{j}|=|\boldsymbol{i}||\boldsymbol{j}|\sin\dfrac{\pi}{2}=1$，且方向与 $\boldsymbol{k}$ 相同，从而 $\boldsymbol{i}\times\boldsymbol{j}=\boldsymbol{k}$；

同理　$\boldsymbol{j}\times\boldsymbol{k}=\boldsymbol{i}$，$\boldsymbol{k}\times\boldsymbol{i}=\boldsymbol{j}$.

下面利用向量积的性质和运算规律来推导向量积的坐标表达式.

设 $\boldsymbol{a}=a_x\boldsymbol{i}+a_y\boldsymbol{j}+a_z\boldsymbol{k}$，$\boldsymbol{b}=b_x\boldsymbol{i}+b_y\boldsymbol{j}+b_z\boldsymbol{k}$，则

$$\begin{aligned}\boldsymbol{a}\times\boldsymbol{b}&=(a_x\boldsymbol{i}+a_y\boldsymbol{j}+a_z\boldsymbol{k})\times(b_x\boldsymbol{i}+b_y\boldsymbol{j}+b_z\boldsymbol{k})\\&=a_xb_x\boldsymbol{i}\times\boldsymbol{i}+a_xb_y\boldsymbol{i}\times\boldsymbol{j}+a_xb_z\boldsymbol{i}\times\boldsymbol{k}\\&\quad+a_yb_x\boldsymbol{j}\times\boldsymbol{i}+a_yb_y\boldsymbol{j}\times\boldsymbol{j}+a_yb_z\boldsymbol{j}\times\boldsymbol{k}\\&\quad+a_zb_x\boldsymbol{k}\times\boldsymbol{i}+a_zb_y\boldsymbol{k}\times\boldsymbol{j}+a_zb_z\boldsymbol{k}\times\boldsymbol{k}.\end{aligned}$$

再由例 7.2.4 可得到向量积的坐标表达式

$$\boldsymbol{a}\times\boldsymbol{b}=(a_yb_z-a_zb_y)\boldsymbol{i}+(a_zb_x-a_xb_z)\boldsymbol{j}+(a_xb_y-a_yb_x)\boldsymbol{k}.$$

利用行列式可将上式表示成方便记忆的形式：

$$\boldsymbol{a}\times\boldsymbol{b}=\begin{vmatrix}a_y&a_z\\b_y&b_z\end{vmatrix}\boldsymbol{i}-\begin{vmatrix}a_x&a_z\\b_x&b_z\end{vmatrix}\boldsymbol{j}+\begin{vmatrix}a_x&a_y\\b_x&b_y\end{vmatrix}\boldsymbol{k}=\begin{vmatrix}\boldsymbol{i}&\boldsymbol{j}&\boldsymbol{k}\\a_x&a_y&a_z\\b_x&b_y&b_z\end{vmatrix}.$$

例 7.2.5　已知 $\boldsymbol{a}=(1,2,3)$，$\boldsymbol{b}=(3,-2,4)$，求 $\boldsymbol{a}\times\boldsymbol{b}$.

解　$$\boldsymbol{a}\times\boldsymbol{b}=\begin{vmatrix}\boldsymbol{i}&\boldsymbol{j}&\boldsymbol{k}\\1&2&3\\3&-2&4\end{vmatrix}=14\boldsymbol{i}+5\boldsymbol{j}-8\boldsymbol{k}.$$

例 7.2.6　求与 $\boldsymbol{a}=3\boldsymbol{i}-2\boldsymbol{j}+4\boldsymbol{k}$，$\boldsymbol{b}=\boldsymbol{i}+\boldsymbol{j}-2\boldsymbol{k}$ 都垂直的单位向量.

解　令 $\boldsymbol{c}=\boldsymbol{a}\times\boldsymbol{b}$，则 $\boldsymbol{c}$ 与 $\boldsymbol{a}$，$\boldsymbol{b}$ 均垂直. 因为

$$\boldsymbol{c}=\boldsymbol{a}\times\boldsymbol{b}=\begin{vmatrix}\boldsymbol{i}&\boldsymbol{j}&\boldsymbol{k}\\3&-2&4\\1&1&-2\end{vmatrix}=10\boldsymbol{j}+5\boldsymbol{k},\quad|\boldsymbol{c}|=\sqrt{10^2+5^2}=5\sqrt{5},$$

故所求的单位向量为 $\boldsymbol{e}=\pm\dfrac{\boldsymbol{c}}{|\boldsymbol{c}|}=\pm\left(\dfrac{2}{\sqrt{5}}\boldsymbol{j}+\dfrac{1}{\sqrt{5}}\boldsymbol{k}\right)$.

例 7.2.7　设三角形 ABC 的顶点分别为 $A(1,2,3)$，$B(3,4,5)$，$C(2,4,7)$，求三角形 ABC 的面积.

解　根据向量积的定义，可知三角形 ABC 的面积

$$S_{\triangle ABC}=\frac{1}{2}|\overrightarrow{AB}||\overrightarrow{AC}|\sin\angle A=\frac{1}{2}|\overrightarrow{AB}\times\overrightarrow{AC}|.$$

由于 $\overrightarrow{AB}=(2,2,2)$，$\overrightarrow{AC}=(1,2,4)$，故

$$\overrightarrow{AB}\times\overrightarrow{AC}=\begin{vmatrix}\boldsymbol{i}&\boldsymbol{j}&\boldsymbol{k}\\2&2&2\\1&2&4\end{vmatrix}=4\boldsymbol{i}-6\boldsymbol{j}+2\boldsymbol{k},$$

因此 $S_{\triangle ABC}=\dfrac{1}{2}|4\boldsymbol{i}-6\boldsymbol{j}+2\boldsymbol{k}|=\dfrac{1}{2}\sqrt{4^2+(-6)^2+2^2}=\sqrt{14}$.

习题 7.2

1．已知 $\boldsymbol{a}=2\boldsymbol{i}-3\boldsymbol{j}+\boldsymbol{k}$ ，$\boldsymbol{b}=\boldsymbol{i}-\boldsymbol{j}+3\boldsymbol{k}$ ，求：

（1）$\boldsymbol{a}\cdot\boldsymbol{b}$；（2）$(\boldsymbol{a}+2\boldsymbol{b})\cdot\boldsymbol{a}$；（3）$\boldsymbol{a}\times\boldsymbol{b}$；（4）$\cos(\widehat{\boldsymbol{a},\boldsymbol{b}})$.

2．设力 $\boldsymbol{F}=2\boldsymbol{i}-3\boldsymbol{j}+5\boldsymbol{k}$ 作用在一质点上，质点由 $M_1(1,1,2)$ 沿直线移动到 $M_2(3,4,5)$，求此力所做的功（设力的单位为N，位移的单位为m).

3．已知 $M_1(1,-1,2)$，$M_2(3,3,1)$ 和 $M_3(3,1,3)$，求同时与 $\overrightarrow{M_1M_2}$，$\overrightarrow{M_2M_3}$ 垂直的单位向量.

4．求向量 $\boldsymbol{a}=(4,-3,4)$ 在向量 $\boldsymbol{b}=(2,2,1)$ 上的投影.

5．求与向量 $\boldsymbol{a}=(1,2,2)$ 平行，且满足 $\boldsymbol{a}\cdot\boldsymbol{b}=12$ 的向量 $\boldsymbol{b}$.

6．已知向量 $\boldsymbol{a}=(2,-3,1)$，$\boldsymbol{b}=(1,-1,3)$，$\boldsymbol{c}=(1,-2,0)$，求 $(\boldsymbol{a}\times\boldsymbol{b})\cdot\boldsymbol{c}$.

7．已知 $|\boldsymbol{a}|=3$，$|\boldsymbol{b}|=26$，$|\boldsymbol{a}\times\boldsymbol{b}|=72$，求 $\boldsymbol{a}\cdot\boldsymbol{b}$.

8．试用向量证明直径所对的圆周角是直角.

9．求以 $A(3,0,2)$，$B(5,2,1)$，$C(0,-1,3)$ 为顶点的三角形的面积.

10．求以 $\boldsymbol{a}=(1,0,-1)$，$\boldsymbol{b}=(0,1,2)$ 为邻边的平行四边形的面积.

7.3 曲面及其方程

7.3.1 曲面方程的概念

在生产实践和科学实验中，常常会遇到各种曲面，例如球面、反光镜的镜面等．本节将讨论空间中常见的曲面及其方程.

在平面解析几何中，把平面曲线看作动点的轨迹．在空间解析几何中，曲面也可看作有某种性质的动点的轨迹．下面给出曲面及其方程的定义.

定义 7.3.1 在空间直角坐标系中，若曲面 S 上任一点的坐标都满足方程 $F(x,y,z)=0$，而不在曲面 S 上的点的坐标都不满足该方程，则方程 $F(x,y,z)=0$ 称为**曲面 S 的方程**，而曲面 S 就称为**方程 $F(x,y,z)=0$ 的图形**（图 7.15).

建立了空间曲面与其方程的联系后，我们就可以通过研究方程的解析性质来研究曲面的几何性质．空间曲面研究的两个基本问题是：

（1）已知曲面上的点所满足的几何轨迹，建立曲面的方程；

（2）已知曲面方程，研究曲面的几何形状.

例 7.3.1　建立球心在 $M_0(x_0,y_0,z_0)$，半径为 R 的球面的方程.

解　设 $M(x,y,z)$ 是球面上任一点（图 7.16），根据题意有

$$|MM_0|=R,$$

因为 $$|MM_0|=\sqrt{(x-x_0)^2+(y-y_0)^2+(z-z_0)^2},$$

所以 $$(x-x_0)^2+(y-y_0)^2+(z-z_0)^2=R^2. \tag{7.3.1}$$

这就是球面上点的坐标所满足的方程. 而不在球面上的点的坐标都不满足这个方程，所以方程（7.3.1）就是球心在 $M_0(x_0,y_0,z_0)$，半径为 R 的球面的方程.

特别地，当球心在坐标原点时，球面方程为 $x^2+y^2+z^2=R^2$.

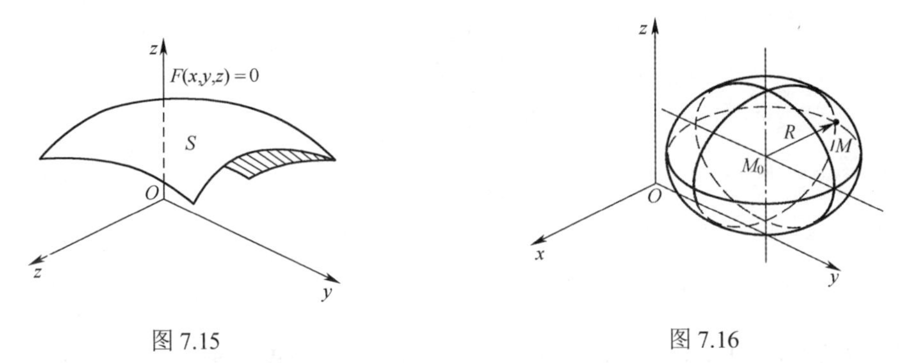

图 7.15　　图 7.16

例 7.3.2　求与坐标原点 O 及点 $(2,3,4)$ 的距离之比为 $1:2$ 的点的全体所组成的曲面的方程，它表示怎样的曲面？

解　设 $M(x,y,z)$ 是所求曲面上的一点，根据题意，有

$$\frac{\sqrt{x^2+y^2+z^2}}{\sqrt{(x-2)^2+(y-3)^2+(z-4)^2}}=\frac{1}{2},$$

化简整理得 $$\left(x+\frac{2}{3}\right)^2+(y+1)^2+\left(z+\frac{4}{3}\right)^2=\frac{116}{9}.$$

显然，所求曲面上点的坐标都满足这个方程. 而不在曲面上的点的坐标都不满足这个方程，从而此方程为所求曲面的方程. 它表示以 $\left(-\frac{2}{3},-1,-\frac{4}{3}\right)$ 为球心，以 $\frac{2}{3}\sqrt{29}$ 为半径的球面.

一般地，设三元二次方程 $Ax^2+Ay^2+Az^2+Dx+Ey+Fz+G=0$（$A\neq 0$），这个方程的特点是缺 xy，yz，zx 各项，而且二次项系数相同. 可以通过配方研究它的图形，其图形可能是一个球面、一个点，也可能是虚轨迹.

7.3.2 旋转曲面

定义 7.3.2 一条平面曲线绕该平面内的一条定直线旋转一周所生成的曲面称为**旋转曲面**. 这条平面曲线和定直线分别称为旋转曲面的**母线**和**旋转轴**.

设在 yOz 坐标面上有一曲线 C，其方程为

$$f(y,z)=0\text{，}\tag{7.3.2}$$

把这条曲线绕 z 轴旋转一周，就得到一个以 z 轴为轴的旋转曲面（图 7.17），下面我们来推导这个旋转曲面的方程.

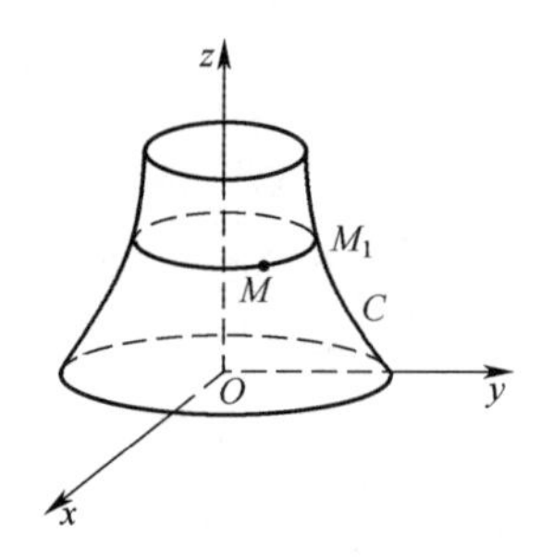

图 7.17

设 $M(x,y,z)$ 为旋转曲面上任一点，由旋转曲面的定义知，它是曲线 C 上某点 $M_1(0,y_1,z_1)$ 绕 z 轴旋转过程中所经过的一个位置，于是 $z=z_1$，点 M 到 z 轴的距离与 M_1 到 z 轴的距离相等，即 $\sqrt{x^2+y^2}=|y_1|$. 由于

$$f(y_1,z_1)=0\text{，}$$

则有

$$f(\pm\sqrt{x^2+y^2},z)=0\text{ .}\tag{7.3.3}$$

这就是所求旋转曲面的方程.

由此可见，在曲线 C 的方程 $f(y,z)=0$ 中将 y 改写为 $\pm\sqrt{x^2+y^2}$，便得到曲线 C 绕 z 轴旋转所生成的旋转曲面的方程.

同理，曲线 C 绕 y 轴旋转所生成的旋转曲面的方程为

$$f(y,\pm\sqrt{x^2+z^2})=0\text{ .}\tag{7.3.4}$$

xOy 坐标面上的曲线绕 x 轴或 y 轴旋转，zOx 坐标面上的曲线绕 x 轴或 z 轴旋转，都可以用类似的方法进行讨论.

例 7.3.3 直线 L 绕另一条与 L 相交的直线旋转一周，所得旋转曲面叫作**圆锥面**. 两直线的交点叫作圆锥面的**顶点**，两直线的夹角 α $\left(0<\alpha<\dfrac{\pi}{2}\right)$ 叫作圆锥面的**半顶**

角. 试建立顶点在坐标原点 O，旋转轴为 z 轴，半顶角为 α 的圆锥面（图 7.18）的方程.

解　在 yOz 坐标面上，直线 L 的方程为

$$z = y\cot\alpha\ . \tag{7.3.5}$$

因为旋转轴是 z 轴，所以只要把方程（7.3.5）中的 y 改写为 $\pm\sqrt{x^2+y^2}$，便得到圆锥面的方程

$$z = \pm\sqrt{x^2+y^2}\cot\alpha\ ,$$

或

$$z^2 = a^2(x^2+y^2)\text{，其中}\ \ a = \cot\alpha\ . \tag{7.3.6}$$

例 7.3.4　将 xOz 坐标面上的抛物线 $z = ax^2$（$a > 0$）绕 z 轴旋转一周，求所生成的旋转曲面的方程.

解　绕 z 轴旋转一周所生成的旋转曲面的方程为

$$z = a(x^2+y^2)\ , \tag{7.3.7}$$

这个旋转曲面称为**旋转抛物面**（图 7.19）.

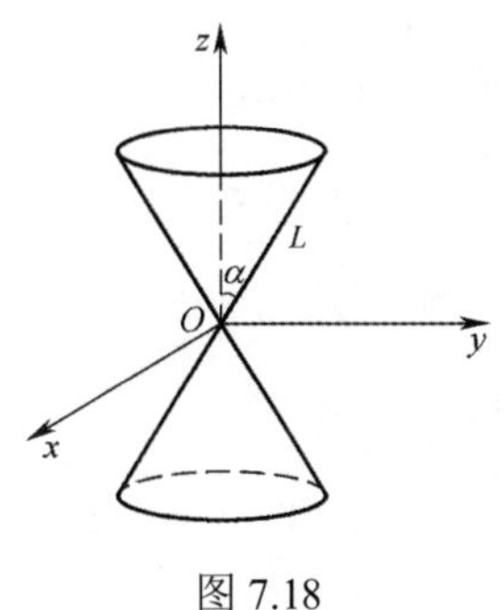

图 7.18

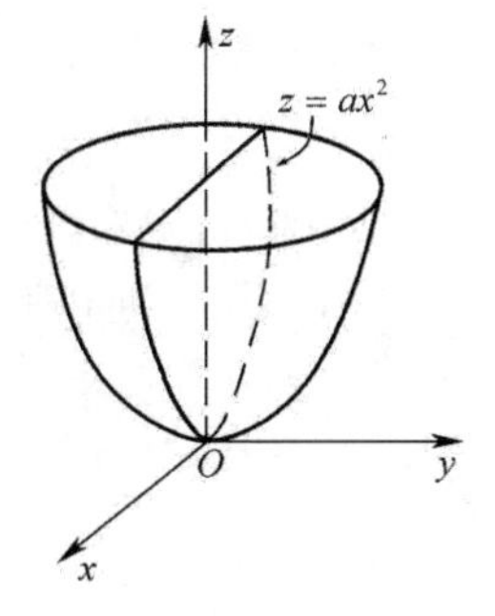

图 7.19

例 7.3.5　将 xOz 坐标面上的双曲线 $\dfrac{x^2}{a^2}-\dfrac{z^2}{c^2}=1$ 分别绕 z 轴或 x 轴旋转一周，求所生成的旋转曲面的方程.

解　绕 z 轴旋转一周所生成的旋转曲面的方程为

$$\frac{x^2+y^2}{a^2}-\frac{z^2}{c^2}=1\ ,$$

这个旋转曲面称为**旋转单叶双曲面**（图 7.20）.

绕 x 轴旋转一周所生成的旋转曲面的方程为

$$\frac{x^2}{a^2}-\frac{y^2+z^2}{c^2}=1\ ,$$

这个旋转曲面称为**旋转双叶双曲面**（图 7.21）.

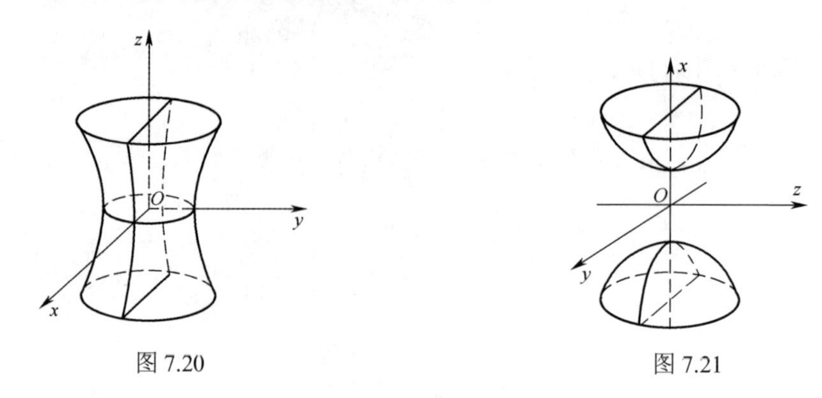

图 7.20　　　　图 7.21

7.3.3 柱面

考察方程 $x^2+y^2=R^2$ 在空间中表示怎样的曲面.

在 xOy 面上，它表示圆心在原点 O，半径为 R 的圆. 在空间直角坐标系中，由于方程不含竖坐标 z，因此，对空间一点 (x,y,z)，不论其竖坐标 z 是什么，只要它的横坐标 x 和纵坐标 y 能满足方程 $x^2+y^2=R^2$，这一点就在此曲面上. 即凡是通过 xOy 面内圆 $x^2+y^2=R^2$ 上一点 $M(x,y,0)$，且平行于 z 轴的直线 L 都在该曲面上. 因此，该曲面可以看作平行于 z 轴的直线 L 沿着 xOy 面上的圆 $x^2+y^2=R^2$ 移动而形成的，称该曲面为**圆柱面**（图 7.22）.

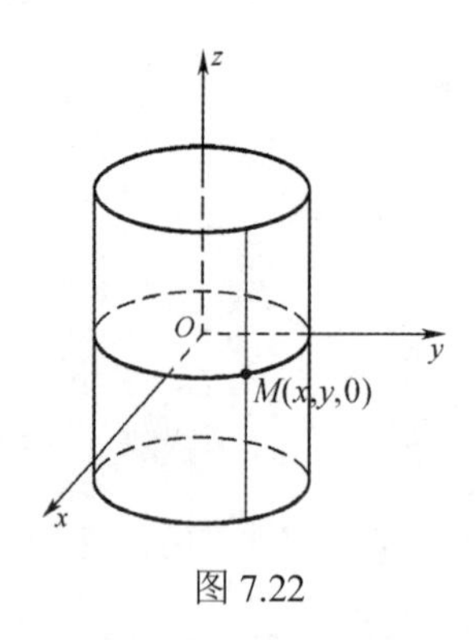

图 7.22

定义 7.3.3 平行于定直线的直线 L 沿曲线 C 平行移动所形成的轨迹称为**柱面**. 曲线 C 称为柱面的**准线**，直线 L 称为柱面的**母线**.

这里只讨论母线平行于坐标轴的柱面.

一般地，在空间解析几何中，不含 z 而仅含 x，y 的方程 $F(x,y)=0$ 表示母线平行于 z 轴的柱面，xOy 面上的曲线 $F(x,y)=0$ 是这个柱面的一条准线.

同理，不含 y 而仅含 x, z 的方程 $G(x,z)=0$ 表示母线平行于 y 轴的柱面；不含 x 而仅含 y, z 的方程 $H(y,z)=0$ 表示母线平行于 x 轴的柱面.

例如，方程 $y^2=2x$ 表示母线平行于 z 轴的柱面，准线为 xOy 面上的抛物线 $y^2=2x$，这个柱面称为**抛物柱面**（图 7.23）.

又如，方程 $y-z=0$ 表示母线平行于 x 轴的柱面，准线为 yOz 面上的直线 $y-z=0$，这个柱面是一个平面（图 7.24）.

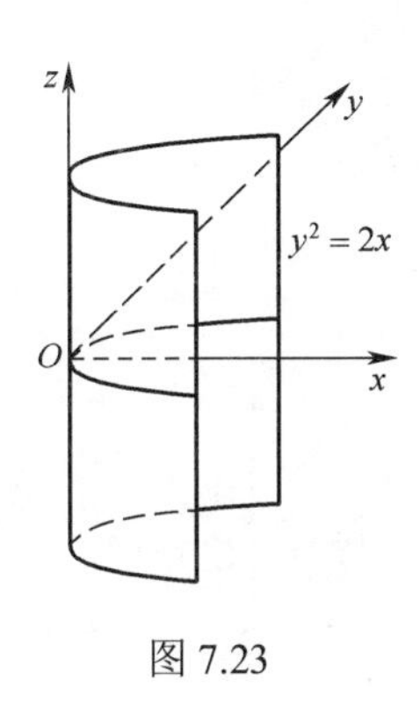

图 7.23

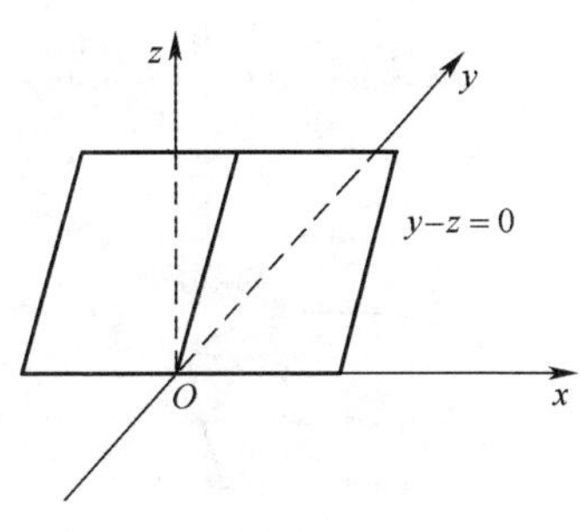

图 7.24

7.3.4　二次曲面

与平面解析几何中规定的二次曲线相类似，我们把三元二次方程所表示的曲面称为**二次曲面**. 把三元一次方程所表示的曲面称为**一次曲面**，也就是平面.

二次曲面有九种，适当选取空间直角坐标系，可得它们的标准方程如下：

（1）**椭圆锥面**　$\dfrac{x^2}{a^2}+\dfrac{y^2}{b^2}=z^2$（图 7.25）.

（2）**椭球面**　$\dfrac{x^2}{a^2}+\dfrac{y^2}{b^2}+\dfrac{z^2}{c^2}=1$（图 7.26）.

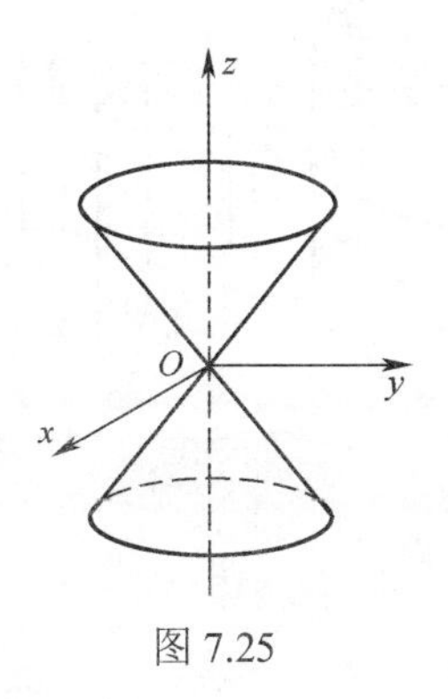

图 7.25

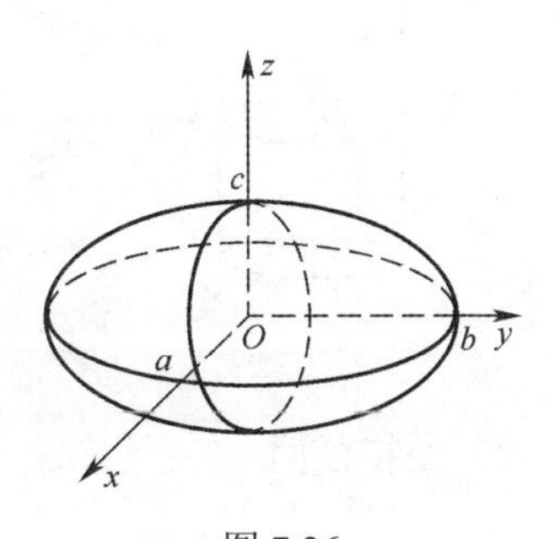

图 7.26

特别地，当$a=b=c=R$时，方程为$x^2+y^2+z^2=R^2$，它是球心在坐标原点的球面方程.

（3）**单叶双曲面** $\dfrac{x^2}{a^2}+\dfrac{y^2}{b^2}-\dfrac{z^2}{c^2}=1$（图 7.20）.

（4）**双叶双曲面** $\dfrac{x^2}{a^2}-\dfrac{y^2}{b^2}-\dfrac{z^2}{c^2}=1$（图 7.21）.

（5）**椭圆抛物面** $\dfrac{x^2}{a^2}+\dfrac{y^2}{b^2}=z$（图 7.27）.

（6）**双曲抛物面（马鞍面）** $\dfrac{x^2}{a^2}-\dfrac{y^2}{b^2}=z$（图 7.28）.

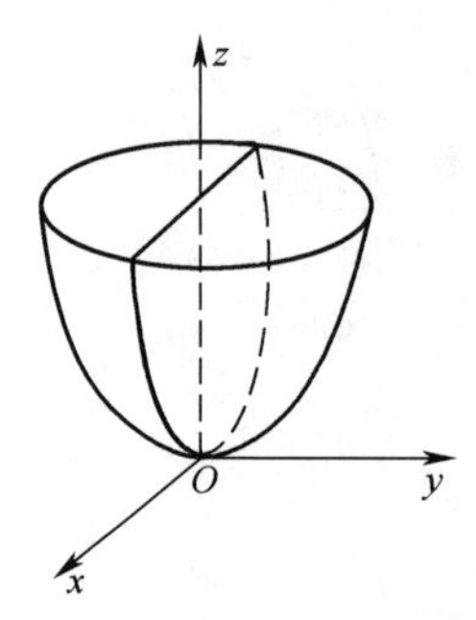

图 7.27

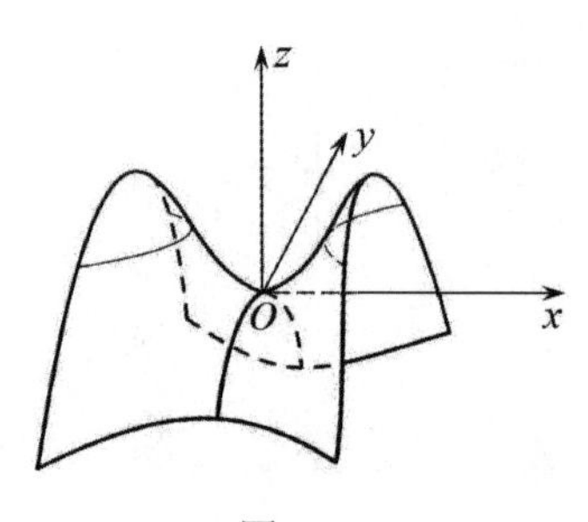

图 7.28

（7）**椭圆柱面** $\dfrac{x^2}{a^2}+\dfrac{y^2}{b^2}=1$（图 7.29）.

（8）**双曲柱面** $\dfrac{x^2}{a^2}-\dfrac{y^2}{b^2}=1$（图 7.30）.

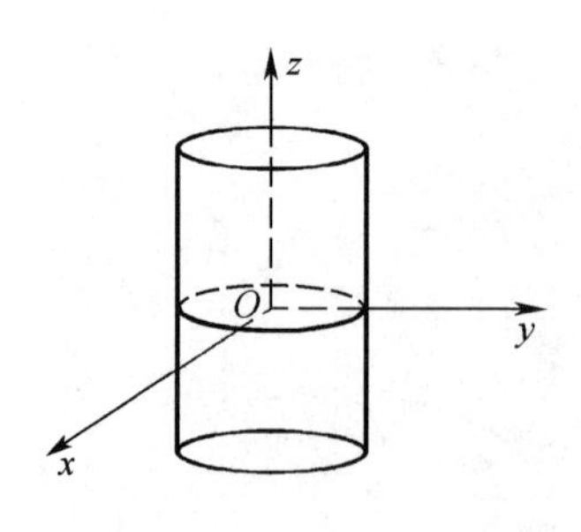

图 7.29

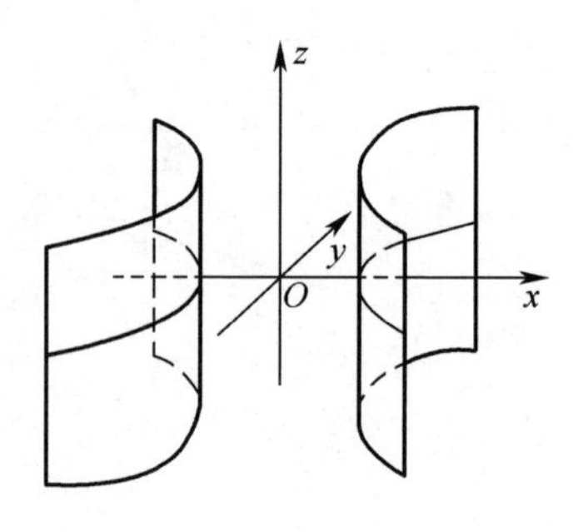

图 7.30

（9）**抛物柱面** $y^2=ax$（图 7.23）.

习题 7.3

1．求以点 $(3,-2,5)$ 为球心，半径为 3 的球面方程．

2．方程 $x^2+y^2+z^2-2x+4y=0$ 表示什么曲面？

3．一动点与两定点 $A(1,2,3)$ 和 $B(2,-1,4)$ 等距离，求该动点的轨迹方程．

4．将 xOz 坐标面上的抛物线 $z=4x^2$ 绕 z 轴旋转一周，求所生成的旋转曲面的方程．

5．将 xOy 坐标面上的直线 $y=2x$ 绕 x 轴旋转一周，求所生成的旋转曲面的方程．

6．指出下列方程在平面解析几何中和空间解析几何中分别表示什么图形：

（1）$y=0$；（2）$y=2x+1$；

（3）$x^2+y^2=9$；（4）$x^2-y^2=4$．

7．说明下列旋转曲面是怎样形成的：

（1）$\dfrac{x^2}{4}+\dfrac{y^2}{9}+\dfrac{z^2}{9}=1$；（2）$x^2-\dfrac{y^2}{4}+z^2=1$；

（3）$x^2+y^2-z^2=1$．

8．指出下列方程各表示什么曲面：

（1）$\dfrac{x^2}{4}+\dfrac{y^2}{8}+\dfrac{z^2}{4}=1$；（2）$3x^2+5y^2=z^2$；

（3）$z=\sqrt{x^2+y^2}$；（4）$y=2x^2$；

（5）$x^2+y^2-2z=0$；（6）$\dfrac{x^2}{2}-\dfrac{y^2}{4}-\dfrac{z^2}{5}=1$．

9．画出下列方程所表示的曲面：

（1）$\left(x-\dfrac{a}{2}\right)^2+y^2=\left(\dfrac{a}{2}\right)^2$；（2）$z=4-\sqrt{x^2+y^2}$；

（3）$z=x^2+y^2$；（4）$\dfrac{z}{3}=\dfrac{x^2}{4}+\dfrac{y^2}{9}$．

7.4　空间曲线及其方程

7.4.1　空间曲线的一般方程

任何空间曲线都可以看作两曲面的交线．设

$$F(x,y,z)=0 \text{ 和 } G(x,y,z)=0$$

是两个曲面的方程，它们的交线为C（图 7.31）. 因为曲线C上任何点的坐标应同时满足这两个曲面的方程，所以应满足方程组

$$\begin{cases} F(x,y,z)=0, \\ G(x,y,z)=0. \end{cases} \tag{7.4.1}$$

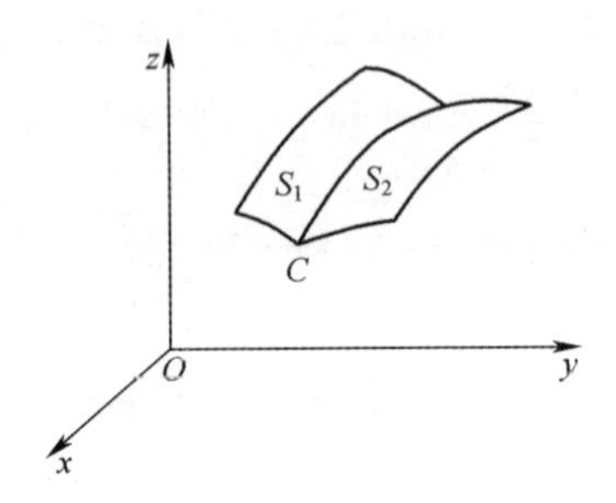

图 7.31

反之，如果点M不在曲线C上，那么它不可能同时在两个曲面上，所以它的坐标不满足方程组（7.4.1）. 因此，曲线C可以用方程组（7.4.1）来表示. 方程组（7.4.1）叫作**空间曲线C的一般方程**.

例 7.4.1 方程组

$$\begin{cases} x^2+y^2+z^2=2, \\ z=1, \end{cases}$$

表示怎样的曲线？

解 方程组中第一个方程表示球心在原点O，半径为$\sqrt{2}$的球面；第二个方程表示平面$z=1$. 方程组就表示上述球面与平面的交线，如图 7.32 所示.

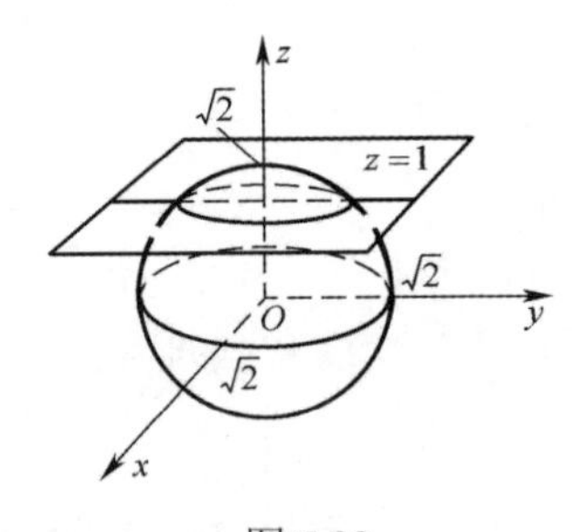

图 7.32

例 7.4.2 方程组

$$\begin{cases} z=\sqrt{a^2-x^2-y^2}, \\ \left(x-\dfrac{a}{2}\right)^2+y^2=\dfrac{a^2}{4},\ (a>0) \end{cases}$$

表示怎样的曲线?

解　方程组中的第一个方程表示球心在原点 O，半径为 a 的上半球面；第二个方程表示母线平行于 z 轴的圆柱面，其准线是 xOy 面上的圆，圆心在点 $\left(\frac{a}{2},0\right)$，半径为 $\frac{a}{2}$．方程组就表示上半球面与圆柱面的交线，如图 7.33 所示.

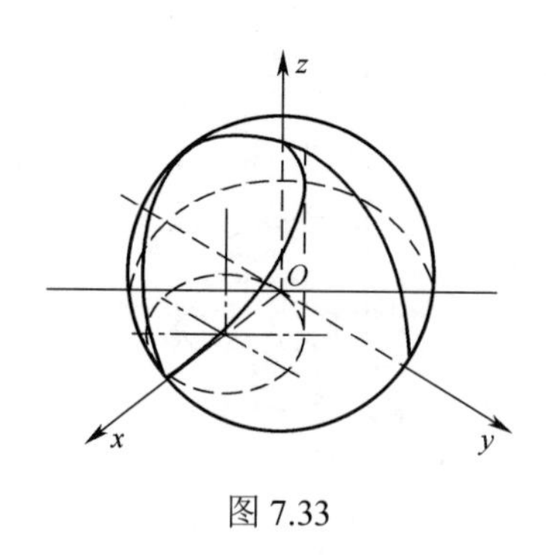

图 7.33

7.4.2　空间曲线的参数方程

在平面解析几何中，平面曲线可以用参数方程表示．同样，在空间直角坐标系中，空间曲线也可以用参数方程来表示，即把曲线上的点的直角坐标 x，y，z 分别表示为参数 t 的函数，其一般形式为

$$\begin{cases} x = x(t), \\ y = y(t), \\ z = z(t). \end{cases} \tag{7.4.2}$$

这个方程组称为**空间曲线的参数方程**．当给定 $t = t_1$ 时，就得到曲线上的一个点 (x_1, y_1, z_1)，随着参数 t 的变化就可得到曲线上全部的点.

例 7.4.3　若空间一点 M 在圆柱面 $x^2 + y^2 = a^2$ 上以角速度 ω 绕 z 轴旋转，同时又以线速度 v 沿平行于 z 轴的正方向上升（其中 ω , v 都是常数)，那么点 M 的运动轨迹叫作**螺旋线**．试建立其参数方程.

解　取时间 t 为参数．设当 $t = 0$ 时，动点位于 x 轴上的一点 $A(a,0,0)$ ．经过时间 t，动点由 A 运动到 $M(x,y,z)$，如图 7.34 所示．记点 M 在 xOy 面上的投影为点 M'，则点 M' 的坐标为 $(x,y,0)$ ．由于动点在圆柱面上以角速度 ω 绕 z 轴旋转，因此经过时间 t， $\angle AOM' = \omega t$ ．从而

$$x = |OM'|\cos\angle AOM' = a\cos\omega t \text{ ,}$$

$$y = |OM'|\sin\angle AOM' = a\sin\omega t \text{ .}$$

由于动点同时以线速度v沿平行于z轴的正方向上升，所以

$$z = M'M = vt .$$

因此，螺旋线的参数方程为

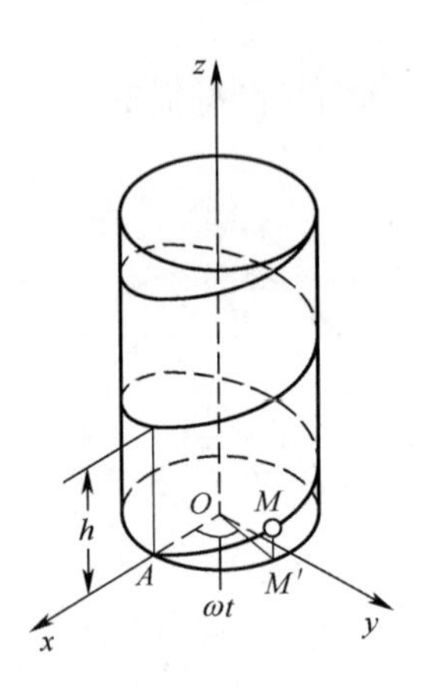

图 7.34

$$\begin{cases} x = a\cos\omega t, \\ y = a\sin\omega t, \\ z = vt. \end{cases}$$

螺旋线是生产实践中常用的曲线．例如，螺钉的外缘曲线就是螺旋线．如果取$\theta = \omega t$作为参数，便有$\begin{cases} x = a\cos\theta, \\ y = a\sin\theta, \\ z = k\theta. \end{cases}$其中$k = \dfrac{v}{\omega}$.

螺旋线有个重要性质：当$\theta = 2\pi$时，$z = 2\pi k$，这表示点M从点A开始绕z轴运动一周后在z轴方向上所移动的距离，这个距离$h = 2\pi k$称为**螺距**.

7.4.3 空间曲线在坐标面上的投影

设空间曲线C的一般方程为

$$\begin{cases} F(x,y,z) = 0, \\ G(x,y,z) = 0. \end{cases} \tag{7.4.3}$$

定义 7.4.1 以曲线C为准线、母线平行于z轴的柱面称为曲线C关于xOy面的**投影柱面**．投影柱面与xOy面的交线称为空间曲线C在xOy面上的**投影曲线**，简称**投影**.

现在来研究投影柱面和投影的求法.

由方程组（7.4.3）消去变量z后所得的方程为

$$H(x,y)=0\ .\tag{7.4.4}$$

当 x，y 和 z 满足方程组（7.4.3）时，前两个数 x，y 必定满足方程（7.4.4)，这说明曲线 C 上所有点都在由方程（7.4.4）所表示的曲面上，从而方程（7.4.4）表示包含曲线 C，且母线平行于 z 轴的柱面，故方程（7.4.4）一定包含曲线 C 关于 xOy 面的投影柱面．而方程组 $\begin{cases}H(x,y)=0,\\z=0,\end{cases}$ 所表示的曲线必定包含着曲线 C 在 xOy 面上的投影曲线．

类似地，从方程组（7.4.3）中消去 x 或 y，再分别和 $x=0$ 或 $y=0$ 联立，就可以分别得到包含曲线 C 在 yOz 面或 xOz 面上的投影曲线的方程：

$$\begin{cases}R(y,z)=0,\\x=0,\end{cases}\quad 或 \quad \begin{cases}T(x,z)=0,\\y=0.\end{cases}$$

例 7.4.4　求曲线 $C\begin{cases}x^2+y^2+z^2=1,\\z=\dfrac{1}{2},\end{cases}$ 在三个坐标面上的投影方程．

解　从已知方程组中消去变量 z 后，得 $x^2+y^2=\dfrac{3}{4}$，于是 $\begin{cases}x^2+y^2=\dfrac{3}{4},\\z=0,\end{cases}$ 为曲线 C 在 xOy 面上的投影方程．

由于曲线 C 在平面 $z=\dfrac{1}{2}$ 上，故在 yOz 面上的投影为线段：

$$\begin{cases}z=\dfrac{1}{2},\\x=0,\end{cases}\quad |y|\leqslant\frac{\sqrt{3}}{2}\ .$$

同理，在 xOz 面上的投影也为线段：

$$\begin{cases}z=\dfrac{1}{2},\\y=0,\end{cases}\quad |x|\leqslant\frac{\sqrt{3}}{2}\ .$$

在重积分和曲面积分的计算中，往往需要确定一个立体或曲面在坐标面上的投影，这时需要利用投影柱面和投影曲线．

例 7.4.5　设一个立体由上半球面 $z=\sqrt{4-x^2-y^2}$ 和圆锥面 $z=\sqrt{3(x^2+y^2)}$ 所围成（含 z 轴部分）（图 7.35)．求它在 xOy 面上的投影．

解　上半球面和圆锥面的交线为

$$C:\ \begin{cases}z=\sqrt{4-x^2-y^2},\\z=\sqrt{3(x^2+y^2)}\ .\end{cases}$$

从这个方程组中消去 z 得投影柱面的方程：$x^2+y^2=1$．从而交线 C 在 xOy 面上的投影曲线为 $\begin{cases}x^2+y^2=1,\\ z=0,\end{cases}$ 这是 xOy 面上的一个单位圆．于是所求立体在 xOy 面上的投影，就是该圆在 xOy 面上所围的部分：$x^2+y^2\leqslant 1$．

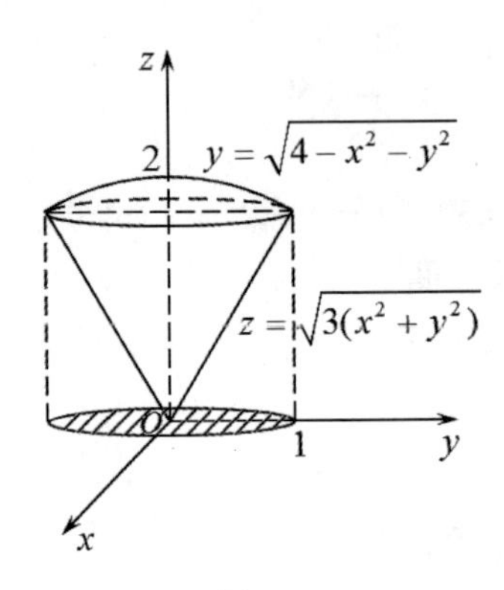

图 7.35

习题 7.4

1．下列方程组在平面解析几何和空间解析几何中各表示什么图形：

（1）$\begin{cases}y=5x+3,\\ y=2x-1;\end{cases}$　　（2）$\begin{cases}\dfrac{x^2}{9}+\dfrac{y^2}{4}=1,\\ x=3.\end{cases}$

2．画出下列曲线在第一卦限内的图形：

（1）$\begin{cases}x=1,\\ y=4;\end{cases}$　　（2）$\begin{cases}z=\sqrt{1-x^2-y^2},\\ x-y=0;\end{cases}$　　（3）$\begin{cases}x^2+y^2=1,\\ x^2+z^2=1.\end{cases}$

3．求通过曲线 $\begin{cases}2x^2+y^2+z^2=16,\\ x^2-y^2+z^2=0,\end{cases}$ 且母线分别平行于 x 轴及 y 轴的柱面方程．

4．求曲线 $\begin{cases}x^2+y^2+z^2=9\\ x+z=1\end{cases}$ 在 xOy 面上的投影方程．

5．将曲线的一般方程 $\begin{cases}x^2+y^2+z^2=4,\\ y=x\end{cases}$ 化为参数方程．

6．求旋转抛物面 $z=x^2+y^2$（$0\leqslant z\leqslant 4$）在三个坐标面上的投影．

7．求两个椭圆抛物面 $z=x^2+2y^2$ 与 $z=6-2x^2-y^2$ 所围成的立体在 xOy 面上的投影．

7.5　平面及其方程

平面是空间中最简单的曲面．本节将以向量为工具，在空间直角坐标系中建立平面的方程，并进一步讨论有关平面的一些基本性质．

7.5.1　平面的点法式方程

如果一个平面通过某定点且与一非零向量垂直，则这个平面的位置就可以完全确定．通常把垂直于平面的非零向量叫作该**平面的法线向量**，简称**法向量**．显然，平面上的任一向量都与该平面的法向量垂直．

设平面Π过点$M_0(x_0,y_0,z_0)$，法向量$\boldsymbol{n}=(A,B,C)$，下面建立平面Π的方程．

设$M(x,y,z)$是平面Π上的任一点（图 7.36），则有$\overrightarrow{M_0M}\perp\boldsymbol{n}$，即$\overrightarrow{M_0M}\cdot\boldsymbol{n}=0$．因为$\overrightarrow{M_0M}=(x-x_0,y-y_0,z-z_0)$，所以有

$$A(x-x_0)+B(y-y_0)+C(z-z_0)=0\ .\qquad(7.5.1)$$

由点M的任意性可知，平面Π上任一点都满足方程（7.5.1）．反之，如果点M不在平面Π上，那么向量$\overrightarrow{M_0M}$与法向量$\boldsymbol{n}$不垂直，从而$\overrightarrow{M_0M}\cdot\boldsymbol{n}\neq0$，即不在平面$\Pi$上的点坐标都不满足方程（7.5.1）．因此，方程（7.5.1）就是平面Π的方程，称为**平面的点法式方程**，而平面Π就是方程（7.5.1）的图形．

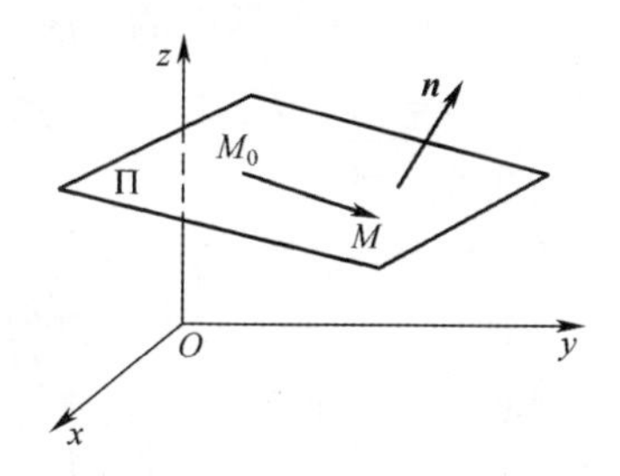

图 7.36

例 7.5.1　求过点$(2,4,-3)$且以$\boldsymbol{n}=(2,3,-5)$为法向量的平面的方程．

解　由平面的点法式方程（7.5.1），所求平面的方程为

$$2(x-2)+3(y-4)-5(z+3)=0\ ,$$

即

$$2x+3y-5z-31=0\ .$$

例 7.5.2　求过三点$M_1(1,1,2)$，$M_2(3,2,3)$，$M_3(2,0,3)$的平面方程．

解　先求平面的法向量$\boldsymbol{n}$．法向量$\boldsymbol{n}$与向量$\overrightarrow{M_1M_2}=(2,1,1)$，$\overrightarrow{M_1M_3}=(1,-1,1)$都垂直，所以取

$$\boldsymbol{n}=\overrightarrow{M_1M_2}\times\overrightarrow{M_1M_3}=\begin{vmatrix}\boldsymbol{i}&\boldsymbol{j}&\boldsymbol{k}\\2&1&1\\1&-1&1\end{vmatrix}=2\boldsymbol{i}-\boldsymbol{j}-3\boldsymbol{k},$$

由平面的点法式方程（7.5.1），所求平面的方程为

$$2(x-1)-(y-1)-3(z-2)=0,$$

即

$$2x-y-3z+5=0.$$

7.5.2 平面的一般方程

由于平面的点法式方程（7.5.1）是关于 x,y,z 的一次方程，而任一平面都可以用它上面的一点及它的法向量来确定，所以任一平面都可以用三元一次方程来表示.

反过来，设有三元一次方程

$$Ax+By+Cz+D=0. \tag{7.5.2}$$

任取满足该方程的一组数 x_0，y_0，z_0，即

$$Ax_0+By_0+Cz_0+D=0, \tag{7.5.3}$$

将上述两式相减，得

$$A(x-x_0)+B(y-y_0)+C(z-z_0)=0. \tag{7.5.4}$$

由此可见，方程（7.5.4）是通过点 $M_0(x_0,y_0,z_0)$，以 $\boldsymbol{n}=(A,B,C)$ 为法向量的平面方程. 由于方程（7.5.4）和方程（7.5.2）是同解方程，因此，任一三元一次方程（7.5.2）的图形总是一个平面，称为**平面的一般方程**. 其中 x，y，z 的系数就是该平面法向量的坐标，即 $\boldsymbol{n}=(A,B,C)$.

平面的一般方程的几种特殊情形如下：

（1）若 $D=0$，则方程为 $Ax+By+Cz=0$，该平面通过坐标原点.

（2）若 $A=0$，则方程为 $By+Cz+D=0$，法向量为 $\boldsymbol{n}=(0,B,C)$，垂直于 x 轴，方程表示一个平行于 x 轴的平面.

同理，方程 $Ax+Cz+D=0$ 和 $Ax+By+D=0$ 分别表示一个平行于 y 轴和 z 轴的平面.

（3）若 $A=B=0$，则方程为 $Cz+D=0$，法向量为 $\boldsymbol{n}=(0,0,C)$，同时垂直于 x 轴和 y 轴，方程表示一个平行于 xOy 面的平面.

同理，方程 $Ax+D=0$ 和 $By+D=0$ 分别表示一个平行于 yOz 面和 xOz 面的平面.

例 7.5.3 求通过 z 轴和点 $(2,-1,2)$ 的平面的方程.

解 设所求平面的一般方程为

$$Ax+By+Cz+D=0.$$

由于平面通过 z 轴，则 $C=0$， $D=0$ ，从而所求平面的方程为 $Ax+By=0$.
又平面通过点 $(2,-1,2)$ ，代入有 $2A-B=0$ ，即 $B=2A$ ，代入方程便得到所求平面的方程

$$x+2y=0 .$$

例 7.5.4　设一平面与 x , y , z 轴的交点依次为 $P_1(a,0,0)$, $P_2(0,b,0)$, $P_3(0,0,c)$ 三点（ $abc\neq 0$ ，如图 7.37），求这个平面的方程.

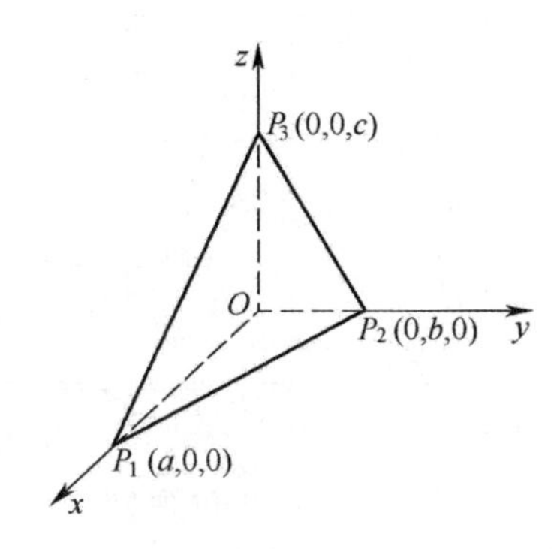

图 7.37

解　设所求平面的一般方程为

$$Ax+By+Cz+D=0 .$$

代入 $P_1(a,0,0)$， $P_2(0,b,0)$， $P_3(0,0,c)$ 三点坐标，有

$$\begin{cases} aA+D=0, \\ bB+D=0, \\ cC+D=0, \end{cases}$$

得 $A=-\dfrac{D}{a}$， $B=-\dfrac{D}{b}$， $C=-\dfrac{D}{c}$. 代入所设平面的方程中并约去 D ，得

$$\frac{x}{a}+\frac{y}{b}+\frac{z}{c}=1 . \qquad (7.5.5)$$

方程（7.5.5）叫作**平面的截距式方程**，a ，b ，c 分别叫作平面在 x 轴、y 轴、z 轴上的**截距**.

7.5.3　两平面的夹角

两平面法向量的夹角（通常指锐角）称为**两平面的夹角**.

设有两平面 Π_1 和 Π_2 :

Π_1： $A_1x+B_1y+C_1z+D_1=0$ ， $\boldsymbol{n}_1=(A_1,B_1,C_1)$;

Π_2： $A_2x+B_2y+C_2z+D_2=0$ ， $\boldsymbol{n}_2=(A_2,B_2,C_2)$.

则平面Π_1和Π_2的夹角θ应是$(\widehat{\boldsymbol{n}_1,\boldsymbol{n}_2})$和$\pi-(\widehat{\boldsymbol{n}_1,\boldsymbol{n}_2})$两者中的锐角（图 7.38），因此

$$\cos\theta=\left|\cos(\widehat{\boldsymbol{n}_1,\boldsymbol{n}_2})\right|.$$

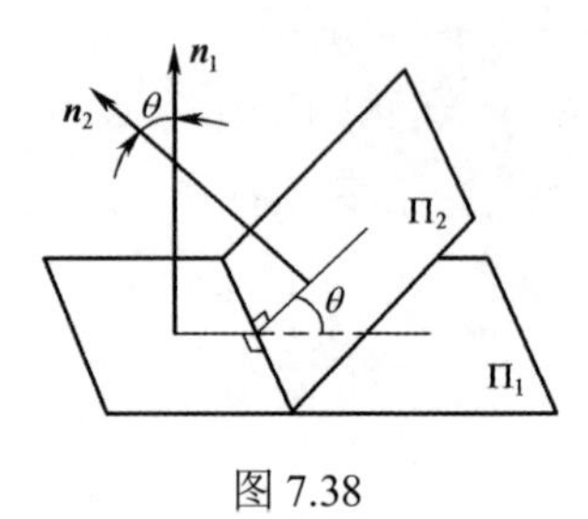

图 7.38

按照两向量夹角的余弦公式，有

$$\cos\theta=\frac{|A_1A_2+B_1B_2+C_1C_2|}{\sqrt{A_1^{\ 2}+B_1^{\ 2}+C_1^{\ 2}}\cdot\sqrt{A_2^{\ 2}+B_2^{\ 2}+C_2^{\ 2}}}.$$

根据两向量垂直和平行的充要条件，可以得到：

（1）$\Pi_1\perp\Pi_2$的充要条件是 $A_1A_2+B_1B_2+C_1C_2=0$.

（2）$\Pi_1/\!/\Pi_2$的充要条件是 $\dfrac{A_1}{A_2}=\dfrac{B_1}{B_2}=\dfrac{C_1}{C_2}$.

（3）Π_1和Π_2重合的充要条件是 $\dfrac{A_1}{A_2}=\dfrac{B_1}{B_2}=\dfrac{C_1}{C_2}=\dfrac{D_1}{D_2}$.

例 7.5.5 判断下列各组中两平面的位置关系：

（1）Π_1：$x-2y+z+2=0$；Π_2：$y+3z-1=0$.

（2）Π_1：$3x-y+2z-1=0$；Π_2：$6x-2y+4z-1=0$.

解 （1）两平面的法向量分别为$\boldsymbol{n}_1=(1,-2,1)$，$\boldsymbol{n}_2=(0,1,3)$，

因为
$$\cos\theta=\frac{|1\times0+(-2)\times1+1\times3|}{\sqrt{1^2+(-2)^2+1^2}\cdot\sqrt{1^2+3^2}}=\frac{1}{\sqrt{60}},$$

从而，两平面相交，夹角$\theta=\arccos\dfrac{1}{\sqrt{60}}$.

（2）两平面的法向量分别为$\boldsymbol{n}_1=(3,-1,2)$，$\boldsymbol{n}_2=(6,-2,4)$，因为$\dfrac{3}{6}=\dfrac{-1}{-2}=\dfrac{2}{4}$，所以$\Pi_1/\!/\Pi_2$. 又存在点$M(0,-1,0)\in\Pi_1$，但$M(0,-1,0)\notin\Pi_2$，故这两平面平行但不重合.

例 7.5.6 求过点$M(3,1,2)$，且与平面$2x-y+3z-1=0$平行的平面方程.

解 设所求平面的法向量为$\boldsymbol{n}$，平面$2x-y+3z-1=0$的法向量为$\boldsymbol{n}_1$，则$\boldsymbol{n}/\!/\boldsymbol{n}_1$，取$\boldsymbol{n}=\boldsymbol{n}_1=(2,-1,3)$，由平面的点法式方程，可得所求平面的方程为

$$2(x-3)-(y-1)+3(z-2)=0,$$

即
$$2x-y+3z-11=0.$$

例 7.5.7　设平面过原点 O 及点 $P(6,-3,2)$，且与平面 $4x-y+2z-8=0$ 垂直，求此平面的方程.

解　设所求平面的法向量为 $\boldsymbol{n}$，平面 $4x-y+2z-8=0$ 的法向量为 $\boldsymbol{n}_1$，则 $\boldsymbol{n}\perp\overrightarrow{OP}=(6,-3,2)$，且 $\boldsymbol{n}\perp\boldsymbol{n}_1=(4,-1,2)$，从而可取

$$\boldsymbol{n}=\begin{vmatrix}\boldsymbol{i} & \boldsymbol{j} & \boldsymbol{k}\\ 6 & -3 & 2\\ 4 & -1 & 2\end{vmatrix}=-4\boldsymbol{i}-4\boldsymbol{j}+6\boldsymbol{k}=-2(2,2,-3).$$

故所求平面的方程为　$2(x-0)+2(y-0)-3(z-0)=0$，

即
$$2x+2y-3z=0.$$

例 7.5.8　设 $P_0(x_0,y_0,z_0)$ 是平面 $Ax+By+Cz+D=0$ 外一点，求 P_0 到这平面的距离（图 7.39）.

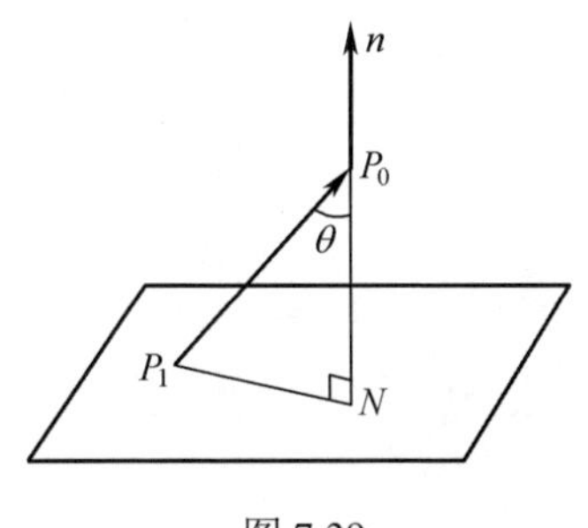

图 7.39

解　在平面上任取一点 $P_1(x_1,y_1,z_1)$，作向量 $\overrightarrow{P_1P_0}$ 及法向量 $\boldsymbol{n}=(A,B,C)$. 易见，点 P_0 到这平面的距离 d 等于 $\overrightarrow{P_1P_0}$ 在法向量 $\boldsymbol{n}$ 上投影的绝对值，即

$$d=\left|\mathrm{Prj}_n\overrightarrow{P_1P_0}\right|,$$

其中
$$\overrightarrow{P_1P_0}=(x_0-x_1,y_0-y_1,z_0-z_1).$$

由投影的计算公式，得

$$\begin{aligned}d=\left|\mathrm{Prj}_n\overrightarrow{P_1P_0}\right|&=\frac{\left|\overrightarrow{P_1P_0}\cdot\boldsymbol{n}\right|}{|\boldsymbol{n}|}\\&=\frac{|A(x_0-x_1)+B(y_0-y_1)+C(z_0-z_1)|}{\sqrt{A^2+B^2+C^2}}\\&=\frac{|Ax_0+By_0+Cz_0-(Ax_1+By_1+Cz_1)|}{\sqrt{A^2+B^2+C^2}},\end{aligned}$$

由于 $Ax_1+By_1+Cz_1+D=0$，因此得到

$$d=\frac{|Ax_0+By_0+Cz_0+D|}{\sqrt{A^2+B^2+C^2}}. \tag{7.5.6}$$

这是**点到平面的距离公式**.

习题 7.5

1．指出下列平面的位置特点：

（1）$x=2$；（2）$5y-2=0$；（3）$4x-3y-6=0$；（4）$3x+5y-z=0$.

2．求过三点 $M_1(2,-1,4)$，$M_2(-1,3,-2)$，$M_3(0,2,3)$ 的平面方程.

3．求过点 $(2,1,0)$ 且与平面 $2x+3y-5z-5=0$ 平行的平面方程.

4．求过点 $(-2,3,0)$，且与两平面 $x+2y+3z-2=0$ 和 $6x-y+5z+2=0$ 垂直的平面方程.

5．分别按下列条件求平面方程：

（1）平行于 yOz 面且经过点 $(1,2,3)$；

（2）通过 y 轴和点 $(3,2,-1)$；

（3）平行于 x 轴且经过两点 $(4,0,-2)$ 和 $(5,1,7)$.

6．一平面过点 $(1,0,-1)$ 且平行于向量 $\boldsymbol{a}=(2,1,1)$ 和 $\boldsymbol{b}=(1,-1,0)$，求该平面的方程.

7．确定 k 的值，使平面 $x+ky-2z-9=0$ 符合下列条件：

（1）与平面 $2x+4y+3z-3=0$ 垂直；

（2）与平面 $3x-7y-6z-1=0$ 平行；

（3）在 y 轴上的截距为 -3.

8．确定以下各组平面的位置关系：

（1）Π_1：$-x+3y-z+1=0$；Π_2：$y+3z-4=0$.

（2）Π_1：$2x-y+z-1=0$；Π_2：$-4x+2y-2z-1=0$.

（3）Π_1：$2x-2y+z+5=0$；Π_2：$z=0$.

9．求点 $(2,1,1)$ 到平面 $x+y-z+1=0$ 的距离.

7.6 空间直线及其方程

7.6.1 空间直线的一般方程

空间直线 L 可以看作两个相交平面的交线（图 7.40）.

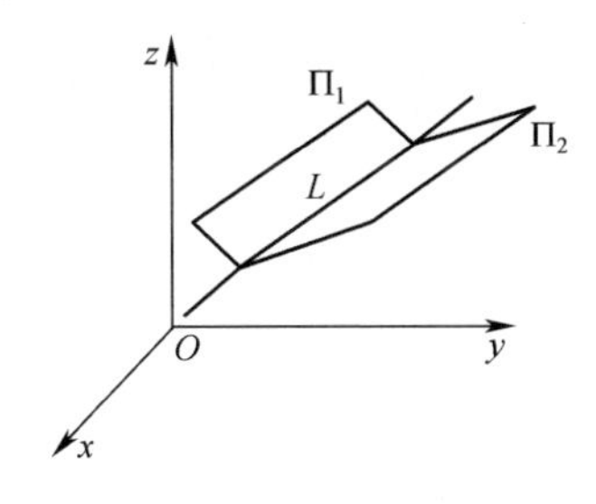

图 7.40

设两个相交平面的方程分别为

$$\Pi_1: \quad A_1x+B_1y+C_1z+D_1=0,$$

$$\Pi_2: \quad A_2x+B_2y+C_2z+D_2=0.$$

那么，直线 L 上任一点的坐标应同时满足这两个平面的方程，即应满足方程组

$$\begin{cases} A_1x+B_1y+C_1z+D_1=0, \\ A_2x+B_2y+C_2z+D_2=0. \end{cases} \tag{7.6.1}$$

反过来，如果一个点不在直线 L 上，那么它不可能同时在平面 Π_1 和 Π_2 上，所以它的坐标不满足方程组(7.6.1). 因此，直线 L 可以用方程组(7.6.1)来表示. 方程组（7.6.1）称为**空间直线的一般方程**.

通过空间一条直线的平面有无限多个，只要在这无限多个平面中任取两个，把它们的方程联立起来，都可作为这条直线的一般方程.

7.6.2　平面束

过同一直线的所有平面构成一个**平面束**. 设空间直线 L 的一般方程为

$$\begin{cases} A_1x+B_1y+C_1z+D_1=0, \\ A_2x+B_2y+C_2z+D_2=0. \end{cases}$$

则方程

$$(A_1x+B_1y+C_1z+D_1)+\lambda(A_2x+B_2y+C_2z+D_2)=0 \tag{7.6.2}$$

称为过直线 L 的**平面束方程**，其中 λ 为参数，系数 A_1，B_1，C_1 与 A_2，B_2，C_2 不成比例.

需要注意的是，上述平面束（7.6.2）包含了除平面 $A_2x+B_2y+C_2z+D_2=0$ 之外的过直线 L 的所有平面.

例 7.6.1　过直线 L：$\begin{cases} x+2y-z-6=0, \\ x-2y+z=0 \end{cases}$ 作平面 Π，使它垂直于平面 $x+2y+z=0$，求平面 Π 的方程.

解　设过直线 L 的平面束方程为

$$(x+2y-z-6)+\lambda(x-2y+z)=0,$$

即
$$(1+\lambda)x+2(1-\lambda)y+(\lambda-1)z-6=0.$$

所求平面与已知平面 $x+2y+z=0$ 垂直，即两平面的法向量垂直，从而

$$1\cdot(1+\lambda)+4(1-\lambda)+(\lambda-1)=0,$$

解得 $\lambda=2$，故所求平面的方程为

$$3x-2y+z-6=0.$$

容易验证，平面 $x-2y+z=0$ 不是所求平面.

7.6.3 空间直线的对称式方程与参数方程

如果一个非零向量平行于一条已知直线，这个向量就叫作这条直线的**方向向量**.

由于过空间一点有且仅有一条直线平行于已知直线，因此当直线 L 上一点 $M_0(x_0,y_0,z_0)$ 和它的一个方向向量 $\boldsymbol{s}=(m,n,p)$ 已知时，直线 L 的位置就完全确定了. 下面来建立这条直线的方程.

设点 $M(x,y,z)$ 是直线 L 上任一点，那么向量 $\overrightarrow{M_0M}/\!/\boldsymbol{s}$（图 7.41），所以两向量的坐标对应成比例. 由于 $\overrightarrow{M_0M}=(x-x_0,y-y_0,z-z_0)$，$\boldsymbol{s}=(m,n,p)$，从而有

$$\frac{x-x_0}{m}=\frac{y-y_0}{n}=\frac{z-z_0}{p}. \qquad (7.6.3)$$

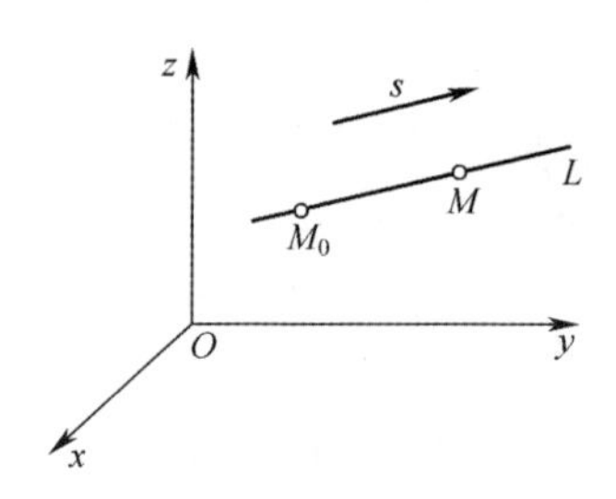

图 7.41

如果点 M 不在直线 L 上，那么 $\overrightarrow{M_0M}$ 就不可能与 $\boldsymbol{s}$ 平行，从而点 M 的坐标不满足方程（7.6.3），所以方程（7.6.3）就是直线 L 的方程，称为直线 L 的**对称式方程**或**点向式方程**，m，n，p 称为直线 L 的一组**方向数**.

注意，因为 $\boldsymbol{s}$ 是非零向量，它的方向数 m，n，p 不会同时为零，但有可能其中一个或两个为零. 例如，当 $\boldsymbol{s}$ 垂直于 x 轴时，它在 x 轴上的投影 $m=0$，此时为了保持方程的对称形式，我们仍写成 $\dfrac{x-x_0}{0}=\dfrac{y-y_0}{n}=\dfrac{z-z_0}{p}$.

但这时上式应理解为
$$\begin{cases} x - x_0 = 0, \\ \dfrac{y - y_0}{n} = \dfrac{z - z_0}{p}. \end{cases}$$

当 m，n，p 中有两个为零时，例如 $m = n = 0$，方程（7.6.3）应理解为 $\begin{cases} x - x_0 = 0, \\ y - y_0 = 0. \end{cases}$

由直线的对称式方程容易导出直线的参数方程．如设
$$\frac{x - x_0}{m} = \frac{y - y_0}{n} = \frac{z - z_0}{p} = t,$$
则
$$\begin{cases} x = x_0 + mt, \\ y = y_0 + nt, \\ z = z_0 + pt. \end{cases} \tag{7.6.4}$$
方程组（7.6.4）称为直线的**参数方程**.

例 7.6.2　求过两点 $M_1(2,-1,4)$ 和 $M_2(2,3,-2)$ 的直线方程.

解　所求直线的方向向量可取为
$$\boldsymbol{s} = \overrightarrow{M_1M_2} = (0,4,-6) = 2(0,2,-3) /\!/ (0,2,-3).$$
故所求直线的方程为
$$\frac{x-2}{0} = \frac{y+1}{2} = \frac{z-4}{-3}.$$

例 7.6.3　用对称式方程及参数方程表示直线
$$\begin{cases} x - y + z - 1 = 0, \\ 2x + y + z - 4 = 0. \end{cases} \tag{7.6.5}$$

解　先找出这条直线上的一点 (x_0, y_0, z_0)．取 $x_0 = 1$，代入方程组（7.6.5），得
$$\begin{cases} -y + z = 0, \\ y + z = 2. \end{cases}$$
解这个方程组，得 $y_0 = 1$，$z_0 = 1$，即得直线上一点 $(1,1,1)$.

再求出这条直线的一个方向向量 $\boldsymbol{s}$．因为两平面的交线与这两平面的法向量 $\boldsymbol{n}_1 = (1,-1,1)$，$\boldsymbol{n}_2 = (2,1,1)$ 都垂直，所以可取
$$\boldsymbol{s} = \boldsymbol{n}_1 \times \boldsymbol{n}_2 = \begin{vmatrix} \boldsymbol{i} & \boldsymbol{j} & \boldsymbol{k} \\ 1 & -1 & 1 \\ 2 & 1 & 1 \end{vmatrix} = -2\boldsymbol{i} + \boldsymbol{j} + 3\boldsymbol{k} = (-2,1,3).$$

因此，所给直线的对称式方程为
$$\frac{x-1}{-2} = \frac{y-1}{1} = \frac{z-1}{3}.$$

令
$$\frac{x-1}{-2}=\frac{y-1}{1}=\frac{z-1}{3}=t\,,$$
得所给直线的参数方程
$$\begin{cases}x=1-2t,\\ y=1+t,\\ z=1+3t.\end{cases}$$

例 7.6.4 求直线$\frac{x-2}{1}=\frac{y-3}{1}=\frac{z-4}{2}$与平面$2x+y+z-6=0$的交点.

解 所给直线的参数方程为$\begin{cases}x=2+t,\\ y=3+t,\\ z=4+2t.\end{cases}$代入平面的方程中，得
$$2(2+t)+(3+t)+(4+2t)-6=0\,.$$
解方程，得$t=-1$．把t代入直线的参数方程，得交点坐标$(1,2,2)$．

7.6.4 两直线的夹角

两直线的方向向量的夹角（通常指锐角）称为**两直线的夹角**.

设$\boldsymbol{s}_1=(m_1,n_1,p_1)$，$\boldsymbol{s}_2=(m_2,n_2,p_2)$分别是直线$L_1$，$L_2$的方向向量，则直线$L_1$，$L_2$的夹角$\theta$应是$(\boldsymbol{s}_1\hat{,}\boldsymbol{s}_2)$和$\pi-(\boldsymbol{s}_1\hat{,}\boldsymbol{s}_2)$两者中的锐角，因此
$$\cos\theta=\left|\cos(\boldsymbol{s}_1\hat{,}\boldsymbol{s}_2)\right|\,.$$
按照两向量夹角的余弦公式，有
$$\cos\theta=\frac{|m_1m_2+n_1n_2+p_1p_2|}{\sqrt{m_1^{\;2}+n_1^{\;2}+p_1^{\;2}}\cdot\sqrt{m_2^{\;2}+n_2^{\;2}+p_2^{\;2}}}\,. \tag{7.6.6}$$
从两向量垂直和平行的充要条件，即可推出：

（1）$L_1\perp L_2$的充要条件是 $m_1m_2+n_1n_2+p_1p_2=0$．

（2）$L_1/\!/L_2$的充要条件是 $\frac{m_1}{m_2}=\frac{n_1}{n_2}=\frac{p_1}{p_2}$.

例 7.6.5 求直线L_1：$\frac{x}{2}=\frac{y+2}{-2}=\frac{z}{-1}$和直线$L_2$：$\frac{x-1}{1}=\frac{y}{-4}=\frac{z+3}{1}$的夹角.

解 直线L_1，L_2的方向向量分别为$\boldsymbol{s}_1=(2,-2,-1)$，$\boldsymbol{s}_2=(1,-4,1)$．设直线$L_1$和$L_2$的夹角为$\theta$，则由公式（7.6.6）可得
$$\cos\theta=\frac{|2\times1+(-2)\times(-4)+(-1)\times1|}{\sqrt{2^2+(-2)^2+(-1)^2}\cdot\sqrt{1^2+(-4)^2+1^2}}=\frac{\sqrt{2}}{2}\,,$$

所以
$$\theta=\frac{\pi}{4}.$$

7.6.5　直线与平面的夹角

当直线与平面不垂直时，直线和它在平面上的投影直线的夹角φ $\left(0\leqslant\varphi<\frac{\pi}{2}\right)$称为**直线与平面的夹角**（图 7.42）. 当直线与平面垂直时，规定直线与平面的夹角为$\frac{\pi}{2}$.

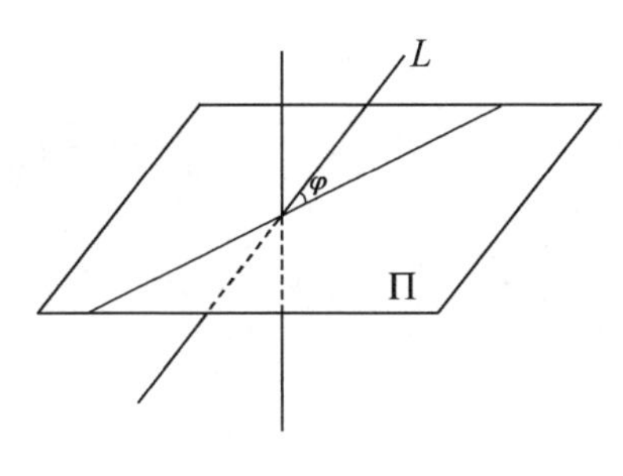

图 7.42

设直线L的方向向量为$\boldsymbol{s}=(m,n,p)$，平面Π的法向量为$\boldsymbol{n}=(A,B,C)$，直线L与平面Π的夹角为φ，则$\varphi=\left|\frac{\pi}{2}-(\widehat{\boldsymbol{s},\boldsymbol{n}})\right|$，因此$\sin\varphi=\left|\cos(\widehat{\boldsymbol{s},\boldsymbol{n}})\right|$. 按照两向量夹角的余弦公式，有
$$\sin\varphi=\frac{|Am+Bn+Cp|}{\sqrt{A^2+B^2+C^2}\cdot\sqrt{m^2+n^2+p^2}}.\tag{7.6.7}$$

从而得到：

（1）$L\perp\Pi$的充要条件是$\frac{A}{m}=\frac{B}{n}=\frac{C}{p}$.

（2）$L/\!/\Pi$的充要条件是$Am+Bn+Cp=0$.

例 7.6.6　设直线L：$\frac{x}{1}=\frac{y}{2}=\frac{z}{-1}$，平面$\Pi$：$x-y-z+1=0$，求直线$L$与平面$\Pi$的夹角.

解　直线L的方向向量为$\boldsymbol{s}=(1,2,-1)$，平面Π的法向量为$\boldsymbol{n}=(1,-1,-1)$，由公式（7.6.7）可得
$$\sin\varphi=\frac{|1\times1+2\times(-1)+(-1)\times(-1)|}{\sqrt{6}\cdot\sqrt{3}}=0,$$
故直线L与平面Π的夹角为$\varphi=0$.

例 7.6.7 求点 $P(2,1,3)$ 到直线 L： $\dfrac{x+1}{3}=\dfrac{y-1}{2}=\dfrac{z}{-1}$ 的距离.

解 先过点 $P(2,1,3)$ 作一平面与直线 L 垂直，此平面的方程为

$$3(x-2)+2(y-1)-(z-3)=0 .$$

即

$$3x+2y-z-5=0 . \tag{7.6.8}$$

再求直线 L 和此平面的交点 Q，即垂足.

直线 L 的参数方程为

$$\begin{cases} x=-1+3t, \\ y=1+2t, \\ z=-t. \end{cases} \tag{7.6.9}$$

把式（7.6.9）代入式（7.6.8）中，得 $t=\dfrac{3}{7}$，则求得交点为 $Q\left(\dfrac{2}{7},\dfrac{13}{7},-\dfrac{3}{7}\right)$，从而，点 $P(2,1,3)$ 到直线 L 的距离为 $d=|PQ|=\dfrac{6}{7}\sqrt{21}$.

习题 7.6

1．求过两点 $M(2,3,0)$ 和 $N(-1,1,2)$ 的直线方程.

2．求过点 $(2,-1,4)$ 且平行于直线 $\dfrac{x-1}{3}=\dfrac{y}{1}=\dfrac{z-1}{2}$ 的直线方程.

3．用对称式方程及参数方程表示直线 $\begin{cases} x+y+z+1=0, \\ 2x-y+3z+4=0. \end{cases}$

4．求过点 $(2,0,-3)$ 且与直线 $\begin{cases} x-2y+4z-7=0 \\ 3x+5y-2z+1=0 \end{cases}$ 垂直的平面方程.

5．求直线 $\begin{cases} 2x+2y-z+23=0 \\ 3x+8y+z-18=0 \end{cases}$ 与直线 $\begin{cases} 5x-3y+3z-9=0 \\ 3x-2y+z-1=0 \end{cases}$ 的夹角的余弦.

6. 求过点 $(-3,2,5)$ 且与两平面 $x-4z-3=0$ 和 $2x-y-5z-1=0$ 平行的直线方程.

7．判断下列各组方程中的直线和平面间的位置关系：

（1）$\dfrac{x}{2}=\dfrac{y+4}{7}=\dfrac{z}{-3}$ 和 $4x-2y-2z-3=0$；

（2）$\dfrac{x-1}{3}=\dfrac{y-1}{-2}=\dfrac{z-1}{1}$ 和 $3x-2y+z-8=0$；

（3）$\dfrac{x-1}{3}=\dfrac{y}{1}=\dfrac{z-2}{-4}$ 和 $x+y+z-3=0$.

8．求直线 $\begin{cases} x+y+3z=6 \\ x-y-z=0 \end{cases}$ 与平面 $2x-y+1=0$ 的夹角.

9．求直线$\begin{cases}x+y-z-1=0\\x-y+z+1=0\end{cases}$在平面$x+y+z=0$上的投影直线的方程.

复习题 7

1．已知$\boldsymbol{a}$，$\boldsymbol{b}$，$\boldsymbol{c}$为单位向量，且满足$\boldsymbol{a}+\boldsymbol{b}+\boldsymbol{c}=\boldsymbol{0}$，计算$\boldsymbol{a}\cdot\boldsymbol{b}+\boldsymbol{b}\cdot\boldsymbol{c}+\boldsymbol{c}\cdot\boldsymbol{a}$.

2．设$\triangle ABC$的三边$\overrightarrow{BC}=\boldsymbol{a}$，$\overrightarrow{CA}=\boldsymbol{b}$，$\overrightarrow{AB}=\boldsymbol{c}$，三边中点依次为$D$，$E$，$F$，证明$\overrightarrow{AD}+\overrightarrow{BE}+\overrightarrow{CF}=\boldsymbol{0}$.

3．已知$\boldsymbol{a}\times\boldsymbol{b}=(1,-2,3)$，求$(2\boldsymbol{a}-3\boldsymbol{b})\times(4\boldsymbol{a}-5\boldsymbol{b})$.

4．已知$|\boldsymbol{a}|=2$，$|\boldsymbol{b}|=5$，$(\widehat{\boldsymbol{a},\boldsymbol{b}})=\dfrac{2\pi}{3}$，问：系数$\lambda$为何值时，向量$\boldsymbol{m}=\lambda\boldsymbol{a}+17\boldsymbol{b}$与$\boldsymbol{n}=3\boldsymbol{a}-\boldsymbol{b}$垂直？

5．将xOy坐标面上的双曲线$4x^2-9y^2=36$分别绕x轴及y轴旋转一周，求所生成的旋转曲面的方程.

6．求过直线$\dfrac{x-1}{2}=\dfrac{y-2}{1}=\dfrac{z-3}{-1}$且垂直于平面$3x-y+2z+17=0$的平面方程.

7．求过点$(-1,0,4)$且平行于平面$3x-4y+z-10=0$，又与直线$\dfrac{x+1}{1}=\dfrac{y-3}{1}=\dfrac{z}{2}$相交的直线方程.

8．求锥面$z=\sqrt{x^2+y^2}$与柱面$z^2=2x$所围立体在xOy面上的投影.

数学家简介——笛卡尔

勒奈·笛卡尔（Rene Descartes），1596 年 3 月 31 日生于法国都兰城. 笛卡尔是伟大的哲学家、物理学家、数学家、生理学家，解析几何的创始人. 笛卡尔是欧洲近代资产阶级哲学的奠基人之一，黑格尔称他为“现代哲学之父”. 他自成体系，熔唯物主义与唯心主义于一炉，在哲学史上产生了深远的影响. 同时，他又是一位勇于探索的科学家，他所建立的解析几何在数学史上具有划时代的意义.

笛卡尔最杰出的成就是在数学发展上创立了解析几何学. 在笛卡尔时代，代数还是一个比较新的学科，几何学的思维在数学家的头脑中占有统治地位. 笛卡尔致力于代数和几何联系起来的研究，于 1637 年在创立了坐标系后，成功地创立了解析几何学. 他的这一成就为微积分的创立奠定了基础. 解析几何直到现在仍是重要的数学方法之一．笛卡尔不仅提出了解析几何学的主要思想方法，还指明了其发展方向．他在《几何学》中，将逻辑、几何、代数方法结合起来，通过讨论作图问题，勾勒出解析几何的新方法．从此，数和形就走到了一起，数轴是数和形的第一次接触．解析几何的创立是数学史上一次划时代的转折．而平面直角坐标系的建立正是解析几何得以创立的基础．平面直角坐标系的创建，在代数和几何上架起了一座桥梁．它使几何概念可以用代数形式来表示，几何图形也可以用代数形式来表示，于是代数和几何就这样合为一家人了．

笛卡尔在科学上的贡献是多方面的．但他的哲学思想和方法论，在其一生活动中则占有更重要的地位．他的哲学思想对后来的哲学和科学的发展，产生了极大的影响．

1649 年，笛卡尔被瑞典年轻女王克里斯蒂娜聘为私人教师，每天清晨 5 点就赶赴宫廷，为女王讲授哲学．素有晚起习惯的笛卡尔，又遇到瑞典几十年少有的严寒，不久便得了肺炎．1650 年 2 月 11 日，这位年仅 54 岁、终生未婚的科学家病逝于瑞典斯德哥尔摩．由于教会的阻止，仅有几个友人为其送葬．他的著作在他死后也被列入梵蒂冈教皇颁布的禁书目录之中．但是，他的思想的传播并未因此而受阻，笛卡尔成为 17 世纪及其以后的欧洲哲学界和科学界最有影响的巨匠之一，被誉为“近代科学的始祖”．法国大革命之后，笛卡尔的骨灰和遗物被送进法国历史博物馆．1819 年，其骨灰被移入圣日耳曼圣心堂中．他的墓碑上镌刻着：笛卡尔，欧洲文艺复兴以来，第一个为争取和捍卫理性权利而奋斗的人．

第8章　多元函数微分法及其应用

我们已经学习了一元函数（一个自变量的函数）及其微积分. 但在自然科学与工程技术的实际问题中，往往要考虑多个因素之间的关系，反映到数学上，就是一个变量依赖于多个变量的问题. 这就提出了多元函数的概念. 本章将在一元函数微分学的基础上，讨论多元函数的微分法及其应用. 我们重点研究二元函数，但所得到的概念、性质与结论都可以很自然地推广到三元和三元以上的多元函数.

8.1　多元函数的基本概念

8.1.1　平面点集

坐标平面上具有某种性质的点的集合，称为**平面点集**，记作

$$E=\{(x,y)|x,y\text{具有某种性质}\}.$$

设 $P_0(x_0,y_0)$ 是 xOy 面上的一点，δ 为一正数，与点 $P_0(x_0,y_0)$ 的距离小于 δ 的点 $P(x,y)$ 的集合，称为**点 $P_0(x_0,y_0)$ 的 δ 邻域**，记为 $U(P_0,\delta)$，即

$$U(P_0,\delta)=\{P\,\big|\,|PP_0|<\delta\}=\left\{(x,y)\,\Big|\,\sqrt{(x-x_0)^2+(y-y_0)^2}<\delta\right\}.$$

在几何上，$U(P_0,\delta)$ 就是平面上以点 P_0 为中心、以 δ 为半径的圆内部的点的全体（图 8.1）.

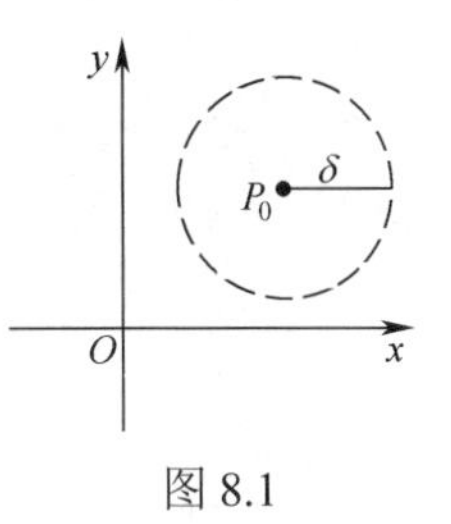

图 8.1

$\overset{\circ}{U}(P_0,\delta)$ 表示点 P_0 的去心 δ 邻域，即

$$\overset{\circ}{U}(P_0,\delta)=\{P\,\big|\,0<|PP_0|<\delta\}$$
$$=\left\{(x,y)\,\Big|\,0<\sqrt{(x-x_0)^2+(y-y_0)^2}<\delta\right\}.$$

注意　若不需要强调邻域半径 δ，点 $P_0(x_0,y_0)$ 的某个邻域可记为 $U(P_0)$，去心邻域记为 $\overset{\circ}{U}(P_0)$.

下面利用邻域来描述平面上点与点集之间的关系.

设 E 是一个平面点集，P 是平面上的一个点，则点 P 与点集 E 之间必存在以

下三种关系之一：

- 若存在点 P 的某邻域 $U(P)\subset E$，则称 P 为 E 的**内点**（图 8.2 中的点 P_1）.
- 若存在点 P 的某邻域 $U(P)\cap E=\varnothing$，则称 P 为 E 的**外点**（图 8.2 中的点 P_2）.
- 若点 P 的任一邻域 $U(P)$ 内既含有属于 E 的点，又含有不属于 E 的点，则称 P 为 E 的**边界点**（图 8.2 中的点 P_3）.

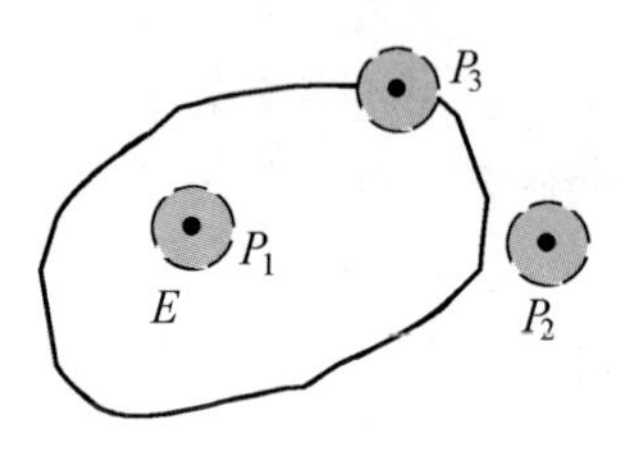

图 8.2

点集 E 的全体边界点称为 E 的**边界**，记作 ∂E .

显然，E 的内点必属于 E ，E 的外点必不属于 E ，E 的边界点可能属于 E ，也可能不属于 E .

如果按照点 P 的邻近是否聚集着 E 的无穷多个点，则点与点集有下述关系：

- 若点 P 的任意去心邻域 $\mathring{U}(P)$ 内总有 E 中的点，则称 P 为 E 的**聚点**. 聚点本身可以属于 E，也可以不属于 E .
- 若点 $P\in E$ ，但不是 E 的聚点，即存在 $\mathring{U}(P)$ ，使得 $\mathring{U}(P)\cap E=\varnothing$ ，则称 P 为 E 的**孤立点**.

根据点集所属点的特征，可以定义一些重要的平面点集.

- 若点集 E 中的任意一点都是内点，则称 E 为**开集**.
- 若点集 E 的边界 $\partial E\subset E$ ，则称 E 为**闭集**.

  如集合 $E_1=\left\{(x,y)\middle|1<x^2+y^2<4\right\}$ 是开集， $E_2=\left\{(x,y)\middle|1\leqslant x^2+y^2\leqslant 4\right\}$ 是闭集，而集合 $E_3=\left\{(x,y)\middle|1<x^2+y^2\leqslant 4\right\}$ 既非开集，也非闭集.
- 若集合 E 中任意两点都可用一条完全属于 E 的折线相连，则称 E 是**连通集**.
- 连通的开集称为**开区域**，简称**区域**.
- 开区域与其边界点的并集称为**闭区域**.
- 对于平面点集 E ，若存在某一正数 r ，使得 $E\subset U(O,r)$ ，其中 O 是坐标原点，则称 E 为**有界集**. 否则，就称它是**无界集**.

  如上述集合 E_1 是连通的开区域，集合 E_2 是连通的闭区域，而集合 E_3 只是连通集，而非区域．显然，E_1、E_2、E_3 都是有界集．

又如：集合 $E_4=\{(x,y)|xy\neq 0\}$ 不是连通集，$E_5=\{(x,y)|x+y\geqslant 0\}$ 是无界集（图 8.3）．

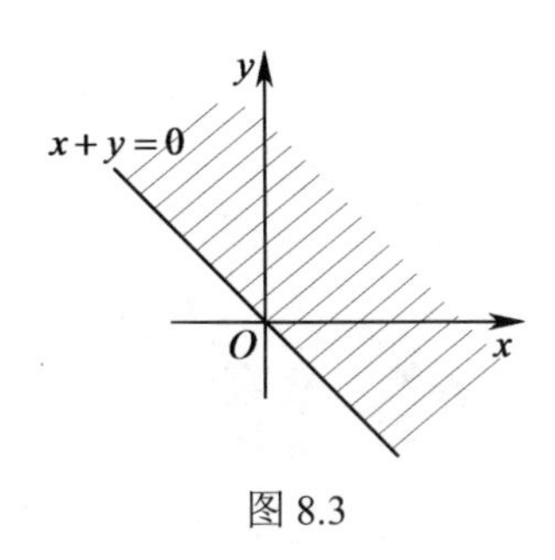

图 8.3

8.1.2　多元函数的概念

下面我们以二元函数为例，介绍多元函数的概念．

定义 8.1.1　设 D 是 xOy 坐标平面上的一个非空点集，若对于 D 内的任一点 (x,y)，按照对应法则 f，都有唯一确定的实数 z 与之对应，则称 f 为定义在 D 上的**二元函数**，记作 $z=f(x,y)$．其中 x，y 称为**自变量**，z 称为**因变量**或点 (x,y) 的函数值．集合 D 称为该函数的**定义域**，数集 $f(D)=\{z|z=f(x,y),(x,y)\in D\}$ 称为该函数的**值域**．

类似地，可以定义三元函数 $u=f(x,y,z),(x,y,z)\in D$ 及三元以上的函数．二元及二元以上的函数统称为**多元函数**．

例 8.1.1　求二元函数 $z=\sqrt{1-x^2-y^2}$ 的定义域．

解　定义域即为使得算式有意义的点的集合，因此要使上式有意义，需满足 $1-x^2-y^2\geqslant 0$，即 $x^2+y^2\leqslant 1$，故所求定义域为 $D=\{(x,y)|x^2+y^2\leqslant 1\}$，这是一个有界闭区域．

例 8.1.2　求三元函数 $u=\arcsin(x^2+y^2+z^2)$ 的定义域．

解　要使上式有意义，需满足 $-1\leqslant x^2+y^2+z^2\leqslant 1$，而 $x^2+y^2+z^2\geqslant 0$，所以只要 $x^2+y^2+z^2\leqslant 1$ 即可，故所求定义域为 $D=\{(x,y,z)|x^2+y^2+z^2\leqslant 1\}$．

例 8.1.3　已知函数 $f(x+y,\mathrm{e}^y)=x^2y$，求 $f(x,y)$．

解　令 $u=x+y$，$v=\mathrm{e}^y$，则 $y=\ln v$，$x=u-\ln v$，

从而

$$f(u,v)=(u-\ln v)^2\ln v,$$

所以

$$f(x,y)=(x-\ln y)^2\ln y .$$

设函数 $z=f(x,y)$ 的定义域为 D，对于任意取定的点 $P(x,y)\in D$，对应的函数值为 $z=f(x,y)$．这样可以得到一个空间点集

$$S=\{(x,y,z)|z=f(x,y),(x,y)\in D\},$$

称为**二元函数** $z=f(x,y)$ **的图形**（图 8.4）.

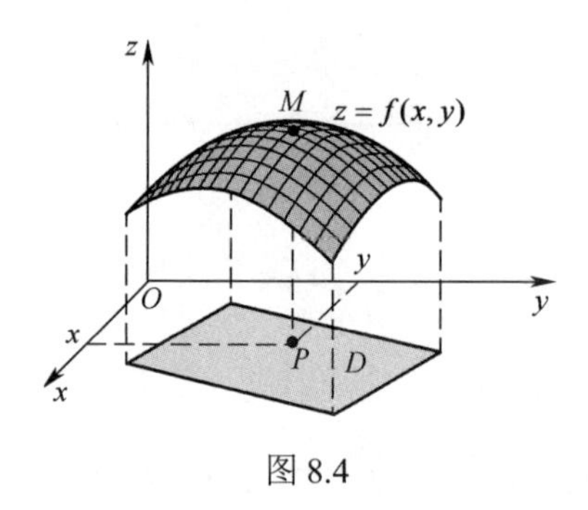

图 8.4

二元函数的图形通常表示空间的一张曲面. 例如，二元函数 $z=\sqrt{4-x^2-y^2}$ 的图形是球心在原点、半径为 2 的上半球面，定义域是 xOy 面上的圆域 $D=\{(x,y)|x^2+y^2\leqslant 4\}$，而函数 $z=ax+by+c$ 的图形是一张平面.

8.1.3 多元函数的极限

先讨论二元函数的极限.

与一元函数的极限概念相仿，二元函数的极限也是反映函数值随自变量变化而变化的趋势. 如果在 $P(x,y)\to P_0(x_0,y_0)$ 的过程中，对应的函数值 $f(x,y)$ 无限接近于一个确定的常数 A，我们就说 A 是**函数** $z=f(x,y)$ **当** $x\to x_0, y\to y_0$ **时的极限**.

定义 8.1.2 设二元函数 $f(x,y)$ 在 $P_0(x_0,y_0)$ 的某去心邻域内有定义，如果存在常数 A，对于任意给定的正数 ε，总存在正数 δ，使得对于适合不等式

$$0<|PP_0|=\sqrt{(x-x_0)^2+(y-y_0)^2}<\delta$$

的所有点 $P(x,y)$，都有

$$|f(x,y)-A|<\varepsilon$$

成立，则称常数 A 为**函数** $f(x,y)$ **当** $(x,y)\to(x_0,y_0)$ **时的极限**，记作

$$\lim_{(x,y)\to(x_0,y_0)} f(x,y)=A \quad 或 \quad f(x,y)\to A \ \ ((x,y)\to(x_0,y_0)),$$

也可以记作

$$\lim_{P \to P_0} f(P) = A \quad 或 \quad f(P) \to A \ (P \to P_0).$$

二元函数的极限也叫作**二重极限**.

注意　(1)在定义 8.1.2 中，动点 P 趋于点 P_0 的方式是任意的，即 $\lim\limits_{P \to P_0} f(P) = A$ 是指无论动点 P 以何种方式趋于点 P_0，都有 $f(P)$ 无限接近于确定的常数 A.

(2) 由定义 8.1.2 可知，如果当动点 P 以不同方式趋于点 P_0 时，$f(P)$ 趋于不同的值，则可以断定该函数在点 P_0 的极限不存在.

类似可定义三元及三元以上函数的极限.

多元函数极限的运算法则与一元函数类似.

例 8.1.4　求极限 $\lim\limits_{(x,y)\to(0,2)} \dfrac{\sin xy}{x}$.

解　$\lim\limits_{(x,y)\to(0,2)} xy = 0$，从而

$$\lim_{(x,y)\to(0,2)} \frac{\sin xy}{x} = \lim_{(x,y)\to(0,2)} \frac{\sin xy}{xy} \cdot y = \lim_{(x,y)\to(0,2)} \frac{\sin xy}{xy} \cdot \lim_{y \to 2} y .$$

对 $\lim\limits_{(x,y)\to(0,2)} \dfrac{\sin xy}{xy}$，令 $t = xy$，则有

$$\lim_{(x,y)\to(0,2)} \frac{\sin xy}{xy} = \lim_{t \to 0} \frac{\sin t}{t} = 1 .$$

所以

$$\lim_{(x,y)\to(0,2)} \frac{\sin xy}{x} = 2 .$$

例 8.1.5　求极限 $\lim\limits_{(x,y)\to(0,0)} (x^2 + y^2)\sin\dfrac{1}{x^2 + y^2}$.

解　因为 $\lim\limits_{(x,y)\to(0,0)} (x^2 + y^2) = 0$，$\sin\dfrac{1}{x^2 + y^2}$ 有界，于是

$$\lim_{(x,y)\to(0,0)} (x^2 + y^2)\sin\frac{1}{x^2 + y^2} = 0 .$$

例 8.1.6　证明 $\lim\limits_{(x,y)\to(0,0)} \dfrac{xy}{x^2 + y^2}$ 不存在.

证明　当动点 (x,y) 沿着直线 $y = kx$（k 为常数）趋向 $(0,0)$ 时，有

$$\lim_{\substack{(x,y)\to(0,0) \\ y = kx}} \frac{xy}{x^2 + y^2} = \lim_{x \to 0} \frac{x \cdot kx}{x^2 + k^2 x^2} = \frac{k}{1 + k^2} ,$$

显然它随着 k 值的不同而不同. 所以 $\lim\limits_{(x,y)\to(0,0)} \dfrac{xy}{x^2 + y^2}$ 不存在.

8.1.4 多元函数的连续性

在多元函数极限概念的基础上，可以给出多元函数连续的定义.

定义 8.1.3 设二元函数 $z=f(x,y)$ 在 $P_0(x_0,y_0)$ 的某邻域内有定义，如果

$$\lim_{(x,y)\to(x_0,y_0)} f(x,y)=f(x_0,y_0),$$

则称**函数** $z=f(x,y)$ **在点** $P_0(x_0,y_0)$ **连续**.

如果二元函数 $f(x,y)$ 在区域 D 内每一点都连续，则称函数 $f(x,y)$ 在区域 D 内连续，或称 $f(x,y)$ 为区域 D 内的**连续函数**.

如果函数 $z=f(x,y)$ 在点 (x_0,y_0) 处不连续，则称点 (x_0,y_0) 为函数 $z=f(x,y)$ 的**间断点**.

例如函数 $f(x,y)=\begin{cases}\dfrac{xy}{x^2+y^2}, & x^2+y^2\neq 0,\\ 0, & x^2+y^2=0,\end{cases}$ 由例 8.1.6 可知，极限 $\lim\limits_{(x,y)\to(0,0)}\dfrac{xy}{x^2+y^2}$ 不存在，所以 $f(x,y)$ 在点 $(0,0)$ 处不连续，即点 $(0,0)$ 是该函数的间断点；而 $f(x,y)=\dfrac{1}{x^2+y^2-1}$ 在圆周 $x^2+y^2=1$ 上各点处都是间断的.

以上关于二元函数连续性的概念，可以推广到三元及三元以上的函数.

与一元初等函数类似，**多元初等函数**是指由常数及具有不同自变量的一元基本初等函数经过有限次的四则运算和复合运算所得到的可用一个式子表示的函数.

一切多元初等函数在其定义区域内是连续的. 所谓**定义区域**是指包含在定义域内的区域或闭区域，即多元初等函数在其定义域的**内点处连续**.

如果点 $P_0(x_0,y_0)$ 是初等函数 $f(P)$ 定义域的内点，利用多元初等函数的连续性，则有

$$\lim_{P\to P_0} f(P)=f(P_0).$$

例如 $f(x,y)=\sqrt{3y^2-x}$ 是初等函数，点 $(1,2)$ 为其定义域的内点，所以

$$\lim_{(x,y)\to(1,2)}\sqrt{3y^2-x}=\sqrt{3\cdot 2^2-1}=\sqrt{11}.$$

例 8.1.7 求极限 $\lim\limits_{(x,y)\to(0,0)}\dfrac{xy}{\sqrt{xy+1}-1}$.

解

$$\lim_{(x,y)\to(0,0)}\frac{xy}{\sqrt{xy+1}-1}=\lim_{(x,y)\to(0,0)}\frac{xy(\sqrt{xy+1}+1)}{xy+1-1}$$

$$=\lim_{(x,y)\to(0,0)}(\sqrt{xy+1}+1)=2.$$

与闭区间上一元连续函数的性质类似，在有界闭区域上连续的多元函数具有

如下性质：

定理 8.1.1（最大值和最小值定理）　在有界闭区域 D 上连续的多元函数，在 D 上一定有最大值和最小值.

定理 8.1.2（有界性定理）　在有界闭区域 D 上连续的多元函数，在 D 上必定有界.

定理 8.1.3（介值定理）　在有界闭区域 D 上连续的多元函数必定能够取得介于最大值和最小值之间的任何值.

习题 8.1

1．判定下列平面点集中哪些是开集、闭集、区域、有界集、无界集.

（1）$\{(x,y)|x\neq 0, y\neq 0\}$；

（2）$\{(x,y)|1<x^2+y^2\leqslant 9\}$；

（3）$\{(x,y)|y>x^2\}$.

2．求下列各函数的表达式：

（1）$f(x,y)=x^2+y^2-xy\arctan\dfrac{x}{y}$，求 $f(tx,ty)$；

（2）$f\left(x+y,\dfrac{y}{x}\right)=x^2-y^2$，求 $f(x,y)$.

3．求下列函数的定义域：

（1）$z=\sqrt{4x^2+y^2-1}$；　　（2）$z=\ln(xy)$；

（3）$u=\arccos\dfrac{z}{\sqrt{x^2+y^2}}$；　　（4）$u=\ln(-1-x^2-y^2+z^2)$.

4．求下列极限：

（1）$\lim\limits_{(x,y)\to(0,0)}\dfrac{\sin(x^2+y^2)}{x^2+y^2}$；　　（2）$\lim\limits_{(x,y)\to(2,0)}\dfrac{2-\sqrt{xy+4}}{xy}$；

（3）$\lim\limits_{(x,y)\to(0,0)}[1+\sin(xy)]^{\frac{1}{xy}}$；　　（4）$\lim\limits_{(x,y)\to(0,0)}\dfrac{1-\cos(x^2+y^2)}{(x^2+y^2)\mathrm{e}^{x^2y^2}}$；

（5）$\lim\limits_{(x,y)\to(0,0)}\dfrac{\sqrt{x^2+y^2}-\sin\sqrt{x^2+y^2}}{\sqrt{(x^2+y^2)^3}}$；　（6）$\lim\limits_{(x,y)\to(0,1)}\dfrac{\sin(xy)+xy\cos x-x^2y^2}{x}$.

5．证明下列极限不存在：

（1）$\lim\limits_{(x,y)\to(0,0)}\dfrac{x+y}{x-y}$；　　（2）$\lim\limits_{(x,y)\to(0,0)}\dfrac{x^2y^2}{x^2y^2+(x-y)^2}$.

6．讨论下列函数在点$(0,0)$处的连续性：

（1）$f(x,y)=\begin{cases} x\sin\dfrac{1}{x^2+y^2}, & (x,y)\neq(0,0), \\ 0, & (x,y)=(0,0); \end{cases}$

（2）$f(x,y)=\begin{cases} \dfrac{x^2y}{x^4+y^2}, & x^4+y^2\neq 0, \\ 0, & x^4+y^2=0. \end{cases}$

8.2　偏导数

8.2.1　偏导数的定义及其计算方法

一元函数的导数是函数增量与自变量增量比值的极限，即

$$f'(x_0)=\left.\frac{\mathrm{d}f}{\mathrm{d}x}\right|_{x=x_0}=\lim_{\Delta x\to 0}\frac{f(x_0+\Delta x)-f(x_0)}{\Delta x},$$

它刻画了函数相对于自变量的变化率.对于多元函数同样需要讨论它的变化率.但多元函数的自变量不止一个，因变量与自变量的关系要比一元函数复杂得多. 在这里，我们首先研究在其他自变量都固定不变时，多元函数随一个自变量变化的变化率问题，这就是偏导数. 以二元函数$z=f(x,y)$为例，如果只有自变量x变化，而固定自变量$y=y_0$，则函数$z=f(x,y_0)$就是x的一元函数，该函数对x的导数，就称为二元函数$z=f(x,y)$**对自变量x的偏导数**.

定义 8.2.1　设函数$z=f(x,y)$在点(x_0,y_0)的某邻域内有定义，当y固定在y_0而x在x_0处有增量Δx时，函数的增量

$$f(x_0+\Delta x,y_0)-f(x_0,y_0)$$

叫作函数$f(x,y)$在点(x_0,y_0)处**关于x的偏增量**，记作$\Delta_x z$，即

$$\Delta_x z=f(x_0+\Delta x,y_0)-f(x_0,y_0);$$

当x固定在x_0而y在y_0处有增量Δy时，函数的增量

$$f(x_0,y_0+\Delta y)-f(x_0,y_0)$$

叫作函数$f(x,y)$在点(x_0,y_0)处**关于y的偏增量**，记作$\Delta_y z$，即

$$\Delta_y z=f(x_0,y_0+\Delta y)-f(x_0,y_0).$$

当x,y分别在(x_0,y_0)处有增量Δx，Δy时，相应地函数的增量

$$f(x_0+\Delta x,y_0+\Delta y)-f(x_0,y_0)$$

叫作函数$f(x,y)$在点(x_0,y_0)处的**全增量**，记作Δz，即

$$\Delta z = f(x_0+\Delta x, y_0+\Delta y) - f(x_0, y_0).$$

本节讨论与偏增量有关的偏导数问题，下节讨论与全增量有关的全微分.

定义 8.2.2　设函数 $z=f(x,y)$ 在点 (x_0,y_0) 的某邻域内有定义，如果

$$\lim_{\Delta x\to 0}\frac{f(x_0+\Delta x, y_0)-f(x_0,y_0)}{\Delta x} \tag{8.2.1}$$

存在，则称此极限为函数 $z=f(x,y)$ 在点 (x_0,y_0) 处对 x **的偏导数**，记作

$$\left.\frac{\partial z}{\partial x}\right|_{(x_0,y_0)},\quad z_x(x_0,y_0),\quad \left.\frac{\partial f}{\partial x}\right|_{(x_0,y_0)},\quad f_x(x_0,y_0).$$

即

$$f_x(x_0,y_0)=\lim_{\Delta x\to 0}\frac{f(x_0+\Delta x, y_0)-f(x_0,y_0)}{\Delta x}.$$

类似地，如果

$$\lim_{\Delta y\to 0}\frac{f(x_0, y_0+\Delta y)-f(x_0,y_0)}{\Delta y}$$

存在，则称此极限为函数 $z=f(x,y)$ 在点 (x_0,y_0) 处对 y **的偏导数**，记作

$$\left.\frac{\partial z}{\partial y}\right|_{(x_0,y_0)},\quad z_y(x_0,y_0),\quad \left.\frac{\partial f}{\partial y}\right|_{(x_0,y_0)},\quad f_y(x_0,y_0).$$

如果函数 $z=f(x,y)$ 在区域 D 内任一点 (x,y) 处对 x 或对 y 的偏导数都存在，那么这些偏导数仍然是 x，y 的函数，我们称它们为函数 $z=f(x,y)$ 对 x 或对 y 的**偏导函数**（简称“偏导数”），分别记为

$$\frac{\partial z}{\partial x},\quad z_x,\quad \frac{\partial f}{\partial x},\quad f_x(x,y);$$

$$\frac{\partial z}{\partial y},\quad z_y,\quad \frac{\partial f}{\partial y},\quad f_y(x,y).$$

偏导数的概念可以推广到三元及三元以上的函数. 例如三元函数 $u=f(x,y,z)$ 在点 (x,y,z) 处对各个自变量的偏导数为

$$f_x(x,y,z)=\lim_{\Delta x\to 0}\frac{f(x+\Delta x,y,z)-f(x,y,z)}{\Delta x},$$

$$f_y(x,y,z)=\lim_{\Delta y\to 0}\frac{f(x,y+\Delta y,z)-f(x,y,z)}{\Delta y},$$

$$f_z(x,y,z)=\lim_{\Delta z\to 0}\frac{f(x,y,z+\Delta z)-f(x,y,z)}{\Delta z}.$$

上述定义表明，计算多元函数对某个变量的偏导数时，只需把其余自变量看作常数，然后直接利用一元函数的求导公式和求导法则进行计算.

例 8.2.1 求函数 $z=x^3y-xy^3$ 在点 $(1,2)$ 处的偏导数.

解 把 y 看作常数，对 x 求导，得

$$\frac{\partial z}{\partial x}=3x^2y-y^3;$$

把 x 看作常数，对 y 求导，得

$$\frac{\partial z}{\partial y}=x^3-3xy^2.$$

在点 $(1,2)$ 处

$$\left.\frac{\partial z}{\partial x}\right|_{(1,2)}=-2,\quad \left.\frac{\partial z}{\partial y}\right|_{(1,2)}=-11.$$

例 8.2.2 设函数 $z=y^x$（$y>0$，$y\neq 1$），求证

$$\frac{y}{x}\frac{\partial z}{\partial y}+\frac{1}{\ln y}\frac{\partial z}{\partial x}=2z.$$

证明 因为

$$\frac{\partial z}{\partial x}=y^x\ln y,\quad \frac{\partial z}{\partial y}=xy^{x-1},$$

所以

$$\frac{y}{x}\frac{\partial z}{\partial y}+\frac{1}{\ln y}\frac{\partial z}{\partial x}=y^x+y^x=2z.$$

例 8.2.3 求函数 $r=\sqrt{x^2+y^2+z^2}$ 的偏导数.

解 把 y 和 z 都看作常数，得

$$\frac{\partial r}{\partial x}=\frac{2x}{2\sqrt{x^2+y^2+z^2}}=\frac{x}{r},$$

同理

$$\frac{\partial r}{\partial y}=\frac{y}{r},\quad \frac{\partial r}{\partial z}=\frac{z}{r}.$$

关于多元函数的偏导数，补充以下几点说明：

（1）对一元函数而言，导数 $\frac{\mathrm{d}y}{\mathrm{d}x}$ 可看作函数的微分 $\mathrm{d}y$ 与自变量的微分 $\mathrm{d}x$ 的商，但偏导数的记号 $\frac{\partial z}{\partial x}$ 是一个整体.

（2）与一元函数类似，对于分段函数在分段点处的偏导数要利用偏导数的定义去求.

（3）在一元函数微分学中，我们已经知道，如果函数在某点处存在导数，则它在该点必定连续．但对于多元函数，即使函数在某点处的各个偏导数都存在，

也不能保证函数在该点连续.

例如二元函数

$$f(x,y)=\begin{cases}\dfrac{xy}{x^2+y^2}, & x^2+y^2\neq 0\\ 0, & x^2+y^2=0\end{cases}$$

在点 $(0,0)$ 处的偏导数为

$$f_x(0,0)=\lim_{\Delta x\to 0}\frac{f(0+\Delta x,0)-f(0,0)}{\Delta x}=\lim_{\Delta x\to 0}\frac{0}{\Delta x}=0,$$

$$f_y(0,0)=\lim_{\Delta y\to 0}\frac{f(0,0+\Delta y)-f(0,0)}{\Delta y}=\lim_{\Delta y\to 0}\frac{0}{\Delta y}=0.$$

但是在 8.1.4 节中已经知道该函数在点 $(0,0)$ 处不连续.

二元函数 $z=f(x,y)$ 在点 (x_0,y_0) 处的偏导数有下述几何意义：设曲面方程为 $z=f(x,y)$，点 $M_0(x_0,y_0,f(x_0,y_0))$ 是该曲面上一点，过点 M_0 作平面 $y=y_0$，截此曲面得一曲线，其在平面 $y=y_0$ 上的方程为 $z=f(x,y_0)$，则偏导数

$$f_x(x_0,y_0)=\left.\frac{\mathrm{d}f(x,y_0)}{\mathrm{d}x}\right|_{x=x_0}$$

表示上述曲线在点 M_0 处的切线 M_0T_x 对 x 轴正向的斜率（图 8.5）. 同理，偏导数 $f_y(x_0,y_0)$ 就是曲面被平面 $x=x_0$ 所截得的曲线在点 M_0 处的切线 M_0T_y 对 y 轴正向的斜率.

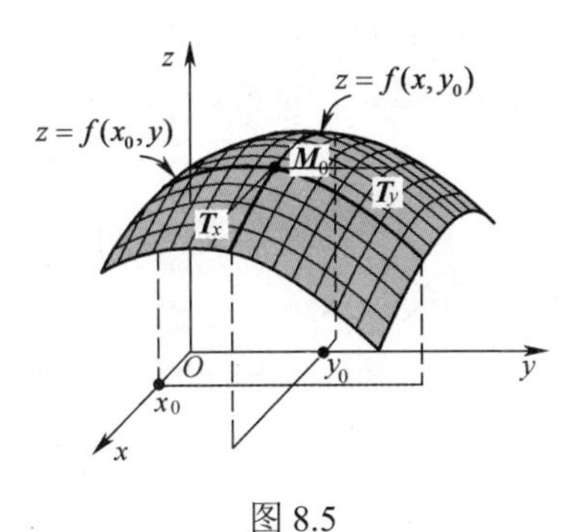

图 8.5

8.2.2　高阶偏导数

设函数 $z=f(x,y)$ 在区域 D 内具有偏导数，即

$$\frac{\partial z}{\partial x}=f_x(x,y),\quad \frac{\partial z}{\partial y}=f_y(x,y),$$

则在D内$f_x(x,y)$，$f_y(x,y)$都是x，y的二元函数．如果这两个函数的偏导数也存在，则称它们是函数$z=f(x,y)$的**二阶偏导数**．按照对自变量求导次序的不同，有下列四个二阶偏导数：

$$\frac{\partial}{\partial x}\left(\frac{\partial z}{\partial x}\right)=\frac{\partial^2 z}{\partial x^2}=f_{xx}(x,y),\quad \frac{\partial}{\partial y}\left(\frac{\partial z}{\partial x}\right)=\frac{\partial^2 z}{\partial x\partial y}=f_{xy}(x,y),$$

$$\frac{\partial}{\partial x}\left(\frac{\partial z}{\partial y}\right)=\frac{\partial^2 z}{\partial y\partial x}=f_{yx}(x,y),\quad \frac{\partial}{\partial y}\left(\frac{\partial z}{\partial y}\right)=\frac{\partial^2 z}{\partial y^2}=f_{yy}(x,y).$$

其中$f_{xy}(x,y)$，$f_{yx}(x,y)$称为**混合偏导数**．类似地，可以定义三阶、四阶直至n阶偏导数，我们把二阶及二阶以上的偏导数统称为**高阶偏导数**．

例 8.2.4 求$z=2x^4y-xy^3+xy+1$的二阶偏导数．

解 $\frac{\partial z}{\partial x}=8x^3y-y^3+y$，$\frac{\partial z}{\partial y}=2x^4-3xy^2+x$，

$$\frac{\partial^2 z}{\partial x^2}=24x^2y,\quad \frac{\partial^2 z}{\partial x\partial y}=8x^3-3y^2+1,$$

$$\frac{\partial^2 z}{\partial y\partial x}=8x^3-3y^2+1,\quad \frac{\partial^2 z}{\partial y^2}=-6xy.$$

本题中两个二阶混合偏导数相等，即$\frac{\partial^2 z}{\partial x\partial y}=\frac{\partial^2 z}{\partial y\partial x}$．这说明该函数的混合偏导数与求导的次序无关，但此结论并不适合所有函数．事实上，我们有下述定理：

定理 8.2.1 设函数$z=f(x,y)$的两个二阶混合偏导数$f_{xy}(x,y)$及$f_{yx}(x,y)$在区域D内连续，则在该区域内有$f_{xy}(x,y)=f_{yx}(x,y)$．

定理 8.2.1 表明，二阶混合偏导数在连续的条件下与求导次序无关，此定理的证明从略．

对于二元以上的函数，也可以类似地定义高阶偏导数，而且高阶混合偏导数在连续的条件下也与求导次序无关．

习题 8.2

1．求下列函数的偏导数：

（1）$z=x^3y+3x^2y^2-xy^3$；

（2）$z=e^{xy}+yx^2$；

（3）$z=e^{\sin x}\cos y$；

（4）$z=\ln(x+\ln y)$；

（5）$z=\ln\tan\frac{x}{y}$；

（6）$z=(1+xy)^y$．

2．设函数 $f(x,y)=x+(y-1)\arcsin\sqrt{\dfrac{x}{y}}$，求 $f_x(x,1)$．

3．设 $f(x,y)=\begin{cases}(x^2+y)\sin\dfrac{1}{\sqrt{x^2+y^2}}, & x^2+y^2\neq 0,\\ 0, & x^2+y^2=0,\end{cases}$ 求 $f_x(0,0)$，$f_y(0,0)$．

4．求下列函数的二阶偏导数：

（1）$z=x^4+y^4-4x^2y^2$；　（2）$z=\arctan\dfrac{y}{x}$；　（3）$z=x^{2y}$．

5．设 $f(x,y,z)=xy^2+yz^2+zx^2$，求 $f_{xx}(0,0,1)$，$f_{xz}(1,0,2)$，$f_{yz}(0,-1,0)$，$f_{zzx}(2,0,1)$．

6．设 $z=\dfrac{y^2}{3x}+\varphi(xy)$，其中 $\varphi(u)$ 可导，证明：$x^2\dfrac{\partial z}{\partial x}+y^2=xy\dfrac{\partial z}{\partial y}$．

8.3　全微分

8.3.1　全微分的定义

上一节中我们利用偏增量定义了偏导数，讨论了多元函数对于某一个自变量的变化率．但在实际问题中，有时需要研究函数全增量的问题．

一般来说，计算全增量 Δz 比较复杂．与一元函数类似，我们希望用关于自变量增量 Δx，Δy 的线性函数来近似地代替函数的全增量 Δz，由此引入二元函数全微分的定义．

定义 8.3.1　如果函数 $z=f(x,y)$ 在点 (x,y) 处的全增量

$$\Delta z=f(x+\Delta x,y+\Delta y)-f(x,y)$$

可以表示为

$$\Delta z=A\Delta x+B\Delta y+o(\rho),$$

其中 A，B 是不依赖于 Δx，Δy 的两个常数（仅与 x，y 有关），$\rho=\sqrt{(\Delta x)^2+(\Delta y)^2}$，则称函数 $z=f(x,y)$ 在点 (x,y) 处**可微分**，$A\Delta x+B\Delta y$ 称为函数 $z=f(x,y)$ 在点 (x,y) 处的**全微分**，记为 $\mathrm{d}z$，即

$$\mathrm{d}z=A\Delta x+B\Delta y.$$

习惯上，自变量的增量 Δx，Δy 常写成 $\mathrm{d}x$，$\mathrm{d}y$，并分别称为自变量 x，y 的微分，所以 $\mathrm{d}z$ 也常写成

$$dz = A dx + B dy .$$

如果函数 $z = f(x,y)$ 在区域 D 内各点处都可微分，则称该**函数在 D 内可微分**.

当函数 $z = f(x,y)$ 在点 (x,y) 处可微分时，

$$\lim_{(\Delta x,\Delta y)\to(0,0)} \Delta z = \lim_{\rho\to 0}[(A\Delta x + B\Delta y) + o(\rho)] = 0 ,$$

从而 $\lim\limits_{(\Delta x,\Delta y)\to(0,0)} f(x+\Delta x, y+\Delta y) = \lim\limits_{\rho\to 0}[f(x,y)+\Delta z] = f(x,y)$,

所以函数 $z = f(x,y)$ 在点 (x,y) 处连续.

由上节知道，函数在一点处存在偏导数，函数在该点未必连续，这也说明了多元函数的偏导数存在与可微分的关系和一元函数是不同的.

下面讨论函数 $z - f(x,y)$ 在点 (x,y) 处可微分的条件.

定理 8.3.1（必要条件） 如果函数 $z = f(x,y)$ 在点 (x,y) 处可微分，则该函数在 (x,y) 处的偏导数 $\dfrac{\partial z}{\partial x}$，$\dfrac{\partial z}{\partial y}$ 必存在，且 $z = f(x,y)$ 在点 (x,y) 处的全微分为

$$dz = \frac{\partial z}{\partial x}dx + \frac{\partial z}{\partial y}dy .$$

证明略.

定理 8.3.1 的逆命题不一定成立．例如，函数

$$f(x,y) = \begin{cases} \dfrac{xy}{x^2+y^2}, & x^2+y^2 \neq 0, \\ 0, & x^2+y^2 = 0, \end{cases}$$

在 8.1 中已知函数在点 $(0,0)$ 不连续，所以在点 $(0,0)$ 处不可微分．而在 8.2 中已求得函数在点 $(0,0)$ 处的偏导数为 $f_x(0,0)=0$ 及 $f_y(0,0)=0$，即 $f(x,y)$ 在点 $(0,0)$ 处的两个偏导数存在．所以偏导数存在是函数可微分的必要而非充分条件.

由此可见，对于多元函数而言，偏导数存在并不一定可微分．但若对偏导数再加些条件，就可以保证函数的可微性．我们有下面的结论：

定理 8.3.2（充分条件） 如果函数 $z = f(x,y)$ 的偏导数 $\dfrac{\partial z}{\partial x}$，$\dfrac{\partial z}{\partial y}$ 在点 (x,y) 处连续，则函数在该点可微分.

上述关于二元函数全微分的必要条件和充分条件，可以推广到三元及三元以上的多元函数．例如，三元函数 $u = f(x,y,z)$ 的全微分可以表示为

$$du = \frac{\partial u}{\partial x}dx + \frac{\partial u}{\partial y}dy + \frac{\partial u}{\partial z}dz .$$

这里 $\dfrac{\partial u}{\partial x}dx$，$\dfrac{\partial u}{\partial y}dy$，$\dfrac{\partial u}{\partial z}dz$ 分别叫作函数对自变量 x，y，z 的**偏微分**.

例 8.3.1　求函数 $z = x^3y^2 + x^2 + y$ 在 $(2,1)$ 处的全微分.

解　$\dfrac{\partial z}{\partial x} = 3x^2y^2 + 2x$，$\left.\dfrac{\partial z}{\partial x}\right|_{\substack{x=2\\y=1}} = 16$，

$\dfrac{\partial z}{\partial y} = 2x^3y + 1$，$\left.\dfrac{\partial z}{\partial y}\right|_{\substack{x=2\\y=1}} = 17$.

所以
$$\left.\mathrm{d}z\right|_{\substack{x=2\\y=1}} = 16\mathrm{d}x + 17\mathrm{d}y.$$

例 8.3.2　求函数 $z = x^2y + \dfrac{x}{y}$ 的全微分.

解　$\dfrac{\partial z}{\partial x} = 2xy + \dfrac{1}{y}$，$\dfrac{\partial z}{\partial y} = x^2 - \dfrac{x}{y^2}$，

所以
$$\mathrm{d}z = \left(2xy + \frac{1}{y}\right)\mathrm{d}x + \left(x^2 - \frac{x}{y^2}\right)\mathrm{d}y.$$

例 8.3.3　求函数 $u = x + \sin\dfrac{y}{2} + \mathrm{e}^{yz}$ 的全微分.

解　$\dfrac{\partial u}{\partial x} = 1$，$\dfrac{\partial u}{\partial y} = \dfrac{1}{2}\cos\dfrac{y}{2} + z\mathrm{e}^{yz}$，$\dfrac{\partial u}{\partial z} = y\mathrm{e}^{yz}$，

所以
$$\mathrm{d}u = \mathrm{d}x + \left(\frac{1}{2}\cos\frac{y}{2} + z\mathrm{e}^{yz}\right)\mathrm{d}y + y\mathrm{e}^{yz}\mathrm{d}z.$$

*8.3.2　全微分在近似计算中的应用

由二元函数全微分的定义及关于全微分存在的充分条件可知，当二元函数 $z = f(x,y)$ 在点 $P(x,y)$ 的两个偏导数连续，并且 $|\Delta x|$，$|\Delta y|$ 都较小时，有近似等式
$$\Delta z \approx \mathrm{d}z = f_x(x,y)\Delta x + f_y(x,y)\Delta y,$$
即
$$f(x+\Delta x, y+\Delta y) - f(x,y) \approx f_x(x,y)\Delta x + f_y(x,y)\Delta y,$$
也可表示为
$$f(x+\Delta x, y+\Delta y) \approx f(x,y) + f_x(x,y)\Delta x + f_y(x,y)\Delta y.$$

与一元函数的情形类似，利用以上两式可对二元函数做近似计算和误差估计.

例 8.3.4　计算 $1.04^{2.02}$ 的近似值.

解　设函数 $f(x,y) = x^y$. 显然，要计算的值就是函数在 $x = 1.04$，$y = 2.02$ 时的函数值 $f(1.04, 2.02)$. 取 $x = 1$，$y = 2$，$\Delta x = 0.04$，$\Delta y = 0.02$. 由于

$f(1,2) = 1$，$f_x(x,y) = yx^{y-1}$，$f_y(x,y) = x^y\ln x$，$f_x(1,2) = 2$，$f_y(1,2) = 0$，

则 $1.04^{2.02} \approx 1 + 2\times 0.04 + 0\times 0.02 = 1.08$.

习题 8.3

1．求下列函数的全微分：

（1） $z=\arctan(xy)$；（2） $z=3x^2y+\dfrac{x}{y}$；（3） $z=3x\mathrm{e}^{-y}-2\sqrt{x}+\ln 5$．

2．求函数 $z=\ln(2+x^2+y^2)$ 在 $x=2$， $y=1$ 时的全微分．

3．求函数 $z=\dfrac{y}{x}$ 在 $x=2$， $y=1$， $\Delta x=0.1$， $\Delta y=-0.2$ 时的全微分．

4．设函数 $f(x,y,z)=\sqrt[z]{\dfrac{x}{y}}$，求全微分 $\mathrm{d}f(1,1,1)$．

5．考虑二元函数 $f(x,y)$ 下面的四个性质：

（1） $f(x,y)$ 在点 (x_0,y_0) 连续；

（2） $f_x(x,y),f_y(x,y)$ 在点 (x_0,y_0) 连续；

（3） $f(x,y)$ 在点 (x_0,y_0) 可微分；

（4） $f_x(x_0,y_0)$，$f_y(x_0,y_0)$ 存在．

若用“ $P\Rightarrow Q$ ”表示可由性质 P 推出性质 Q，则下列四个选项中正确的是（　　）．

A．②⇒③⇒①；　　B．③⇒②⇒①；

C．③⇒④⇒①；　　D．③⇒①⇒④．

6．计算 $1.007^{2.98}$ 的近似值．

7．已知边长为 $x=6\mathrm{m}$ 与 $y=8\mathrm{m}$ 的矩形，如果 x 边增加 $5\mathrm{cm}$，而 y 边减少 $10\mathrm{cm}$，则这个矩形的对角线的近似变化为多少？

8.4　多元复合函数的求导法则

本节我们把一元复合函数的求导法则推广到多元复合函数．多元复合函数的求导法则在多元函数微分学中也起着非常重要的作用．

下面按照多元复合函数复合情况的不同，分三种情形讨论（定理的证明从略）．

8.4.1　复合函数的中间变量均为一元函数的情形

设函数 $z=f(u,v)$， $u=\varphi(t)$， $v=\psi(t)$，复合得到复合函数 $z=f[\varphi(t),\psi(t)]$，其变量间的相互依赖关系可用图 8.6 来表达．

定理 8.4.1　若 $u=\varphi(t)$ 及 $v=\psi(t)$ 都在点 t 可导， $z=f(u,v)$ 在对应点 (u,v) 具

有连续偏导数，则复合函数 $z=f[\varphi(t),\psi(t)]$ 在点 t 可导，且有

$$\frac{\mathrm{d}z}{\mathrm{d}t}=\frac{\partial z}{\partial u}\cdot\frac{\mathrm{d}u}{\mathrm{d}t}+\frac{\partial z}{\partial v}\cdot\frac{\mathrm{d}v}{\mathrm{d}t}. \tag{8.4.1}$$

定理 8.4.1 的结论可推广到中间变量多于两个的情形．例如，设

$$z=f(u,v,w),\quad u=\varphi(t),\quad v=\psi(t),\quad w=\omega(t),$$

复合得到复合函数 $z=f[\varphi(t),\psi(t),\omega(t)]$，其变量间的相互依赖关系可用图 8.7 来表达．在满足与定理 8.4.1 类似的条件下，则有

$$\frac{\mathrm{d}z}{\mathrm{d}t}=\frac{\partial z}{\partial u}\cdot\frac{\mathrm{d}u}{\mathrm{d}t}+\frac{\partial z}{\partial v}\cdot\frac{\mathrm{d}v}{\mathrm{d}t}+\frac{\partial z}{\partial w}\cdot\frac{\mathrm{d}w}{\mathrm{d}t}. \tag{8.4.2}$$

公式（8.4.1）和公式（8.4.2）中的导数 $\frac{\mathrm{d}z}{\mathrm{d}t}$ 称为**全导数**.

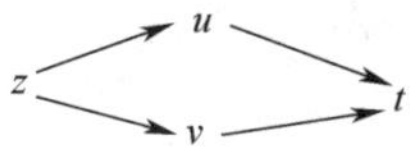

图 8.6 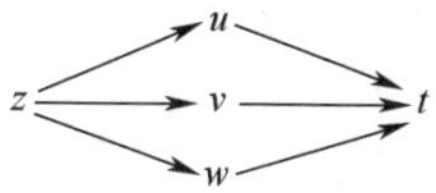　　图 8.7

例 8.4.1　设 $z=u^2+\tan v$，而 $u=\sin t$，$v=\mathrm{e}^t$，求全导数 $\frac{\mathrm{d}z}{\mathrm{d}t}$.

解　$\frac{\mathrm{d}z}{\mathrm{d}t}=\frac{\partial z}{\partial u}\cdot\frac{\mathrm{d}u}{\mathrm{d}t}+\frac{\partial z}{\partial v}\cdot\frac{\mathrm{d}v}{\mathrm{d}t}=2u\cdot\cos t+\sec^2 v\cdot\mathrm{e}^t=\sin 2t+\mathrm{e}^t\sec^2\mathrm{e}^t$.

例 8.4.2　设 $u=x^2+\mathrm{e}^y+\arctan z$，而 $x=\sqrt{t}$，$y=\ln(1+t^2)$，$z=t^2$，求全导数 $\frac{\mathrm{d}u}{\mathrm{d}t}$.

解

$$\begin{aligned}\frac{\mathrm{d}u}{\mathrm{d}t}=\frac{\partial u}{\partial x}\cdot\frac{\mathrm{d}x}{\mathrm{d}t}+\frac{\partial u}{\partial y}\cdot\frac{\mathrm{d}y}{\mathrm{d}t}+\frac{\partial u}{\partial z}\cdot\frac{\mathrm{d}z}{\mathrm{d}t}&=2x\cdot\frac{1}{2\sqrt{t}}+\mathrm{e}^y\cdot\frac{2t}{1+t^2}+\frac{1}{1+z^2}\cdot 2t\\&=1+2t+\frac{2t}{1+t^4}.\end{aligned}$$

8.4.2　复合函数的中间变量均为多元函数的情形

定理 8.4.1 可推广到中间变量为二元函数的情形，设 $z=f(u,v)$，$u=\varphi(x,y)$，$v=\psi(x,y)$，复合得到复合函数 $z=f[\varphi(x,y),\psi(x,y)]$，其变量间的相互依赖关系可用图 8.8 来表达.

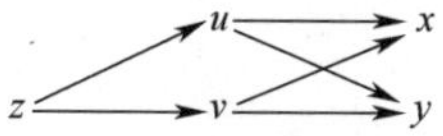

图 8.8

定理 8.4.2　若 $u=\varphi(x,y)$ 及 $v=\psi(x,y)$ 都在点 (x,y) 具有对 x 和 y 的偏导数，且 $z=f(u,v)$ 在对应点 (u,v) 具有连续偏导数，则复合函数 $z=f[\varphi(x,y),\psi(x,y)]$ 在点 (x,y) 的两个偏导数都存在，且有

$$\frac{\partial z}{\partial x}=\frac{\partial z}{\partial u}\cdot\frac{\partial u}{\partial x}+\frac{\partial z}{\partial v}\cdot\frac{\partial v}{\partial x},\tag{8.4.3}$$

$$\frac{\partial z}{\partial y}=\frac{\partial z}{\partial u}\cdot\frac{\partial u}{\partial y}+\frac{\partial z}{\partial v}\cdot\frac{\partial v}{\partial y}.\tag{8.4.4}$$

定理 8.4.2 可推广到中间变量多于两个的情形，如设 $z=f(u,v,w)$，$u=\varphi(x,y)$，$v=\psi(x,y)$，$w=\omega(x,y)$，复合得到复合函数 $z=f[\varphi(x,y),\psi(x,y),\omega(x,y)]$．在满足与定理 8.4.2 类似的条件下，有

$$\frac{\partial z}{\partial x}=\frac{\partial z}{\partial u}\cdot\frac{\partial u}{\partial x}+\frac{\partial z}{\partial v}\cdot\frac{\partial v}{\partial x}+\frac{\partial z}{\partial w}\cdot\frac{\partial w}{\partial x},\tag{8.4.5}$$

$$\frac{\partial z}{\partial y}=\frac{\partial z}{\partial u}\cdot\frac{\partial u}{\partial y}+\frac{\partial z}{\partial v}\cdot\frac{\partial v}{\partial y}+\frac{\partial z}{\partial w}\cdot\frac{\partial w}{\partial y}.\tag{8.4.6}$$

例 8.4.3 设 $z=u^2\ln v$，而 $u=\dfrac{x}{y}$，$v=3x-2y$，求 $\dfrac{\partial z}{\partial x}$ 和 $\dfrac{\partial z}{\partial y}$．

解

$$\begin{aligned}\frac{\partial z}{\partial x}&=\frac{\partial z}{\partial u}\cdot\frac{\partial u}{\partial x}+\frac{\partial z}{\partial v}\cdot\frac{\partial v}{\partial x}=2u\ln v\cdot\frac{1}{y}+\frac{u^2}{v}\cdot 3\\&=\frac{2x}{y^2}\ln(3x-2y)+\frac{3x^2}{(3x-2y)y^2};\end{aligned}$$

$$\begin{aligned}\frac{\partial z}{\partial y}&=\frac{\partial z}{\partial u}\cdot\frac{\partial u}{\partial y}+\frac{\partial z}{\partial v}\cdot\frac{\partial v}{\partial y}=2u\ln v\cdot\left(-\frac{x}{y^2}\right)+\frac{u^2}{v}\cdot(-2)\\&=-\frac{2x^2}{y^3}\ln(3x-2y)-\frac{2x^2}{(3x-2y)y^2}.\end{aligned}$$

8.4.3 复合函数的中间变量既有一元函数也有多元函数的情形

定理 8.4.3 若函数 $u=\varphi(x,y)$ 在点 (x,y) 具有对 x 和 y 的偏导数，函数 $v=\psi(y)$ 在点 y 可导，函数 $z=f(u,v)$ 在对应点 (u,v) 具有连续偏导数，则复合函数 $z=f[\varphi(x,y),\psi(y)]$ 在点 (x,y) 的两个偏导数都存在，且有

$$\frac{\partial z}{\partial x}=\frac{\partial z}{\partial u}\cdot\frac{\partial u}{\partial x},\tag{8.4.7}$$

$$\frac{\partial z}{\partial y}=\frac{\partial z}{\partial u}\cdot\frac{\partial u}{\partial y}+\frac{\partial z}{\partial v}\cdot\frac{\mathrm{d}v}{\mathrm{d}y}.\tag{8.4.8}$$

上述情形实际上是第二种情形的一个特例，即变量 v 与 x 无关，从而 $\dfrac{\partial v}{\partial x}=0$，而 v 是关于 y 的一元函数，所以 $\dfrac{\partial v}{\partial y}$ 换成了 $\dfrac{\mathrm{d}v}{\mathrm{d}y}$，从而有上述结果.

在上述情形中，还有一种常见的情况是：复合函数的某些中间变量本身又是

复合函数的自变量．例如设函数 $z=f(u,x,y)$， $u=\varphi(x,y)$ 构成复合函数 $z=f[\varphi(x,y),x,y]$，其变量间的相互依赖关系可用图 8.9 来表达，$z=f[\varphi(x,y),x,y]$ 可看作第二种情形中 $v=x$， $w=y$ 的特殊情形．因此，

$$\frac{\partial z}{\partial x}=\frac{\partial z}{\partial u}\cdot\frac{\partial u}{\partial x}+\frac{\partial f}{\partial x},$$

$$\frac{\partial z}{\partial y}=\frac{\partial z}{\partial u}\cdot\frac{\partial u}{\partial y}+\frac{\partial f}{\partial y}.$$

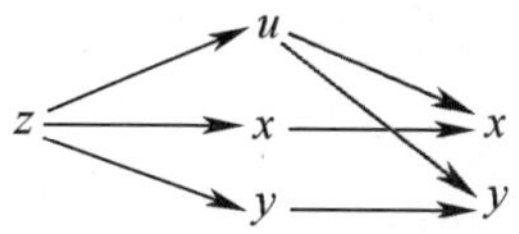

图 8.9

注意 $\frac{\partial z}{\partial x}$ 与 $\frac{\partial f}{\partial x}$ 是不同的，$\frac{\partial z}{\partial x}$ 是把复合函数 $z=f[\varphi(x,y),x,y]$ 中的 y 看作常量而对变量 x 的偏导数，$\frac{\partial f}{\partial x}$ 是 $z=f(u,x,y)$ 中把 u 及 y 看作常量而对变量 x 的偏导数.

例 8.4.4 设 $z=uv+\sin t$，而 $u=\mathrm{e}^t$， $v=\cos t$，求全导数 $\frac{\mathrm{d}z}{\mathrm{d}t}$．

解

$$\begin{aligned}\frac{\mathrm{d}z}{\mathrm{d}t}&=\frac{\partial z}{\partial u}\cdot\frac{\mathrm{d}u}{\mathrm{d}t}+\frac{\partial z}{\partial v}\cdot\frac{\mathrm{d}v}{\mathrm{d}t}+\frac{\partial z}{\partial t}=v\mathrm{e}^t-u\sin t+\cos t\\&=\mathrm{e}^t\cos t-\mathrm{e}^t\sin t+\cos t=\mathrm{e}^t(\cos t-\sin t)+\cos t\ .\end{aligned}$$

例 8.4.5 设 $w=f(x+y+z,xyz)$，f 具有二阶连续偏导数，求 $\frac{\partial w}{\partial x}$，$\frac{\partial w}{\partial y}$ 及 $\frac{\partial^2 w}{\partial x\partial z}$.

解 令 $u=x+y+z$， $v=xyz$，则 $w=f(u,v)$．

为了表达方便起见，引入以下记号：

$$f_1'=\frac{\partial f(u,v)}{\partial u},\quad f_{12}''=\frac{\partial^2 f(u,v)}{\partial u\partial v}.$$

这里下标 1 表示对第一个变量 u 求偏导数，下标 2 表示对第二个变量 v 求偏导数．同理有 f_2'， f_{11}''， f_{22}'' 等．根据复合函数求导法则，有

$$\frac{\partial w}{\partial x}=\frac{\partial f}{\partial u}\cdot\frac{\partial u}{\partial x}+\frac{\partial f}{\partial v}\cdot\frac{\partial v}{\partial x}=f_1'+yzf_2',$$

$$\frac{\partial w}{\partial y}=\frac{\partial f}{\partial u}\cdot\frac{\partial u}{\partial y}+\frac{\partial f}{\partial v}\cdot\frac{\partial v}{\partial y}=f_1'+xzf_2',$$

$$\frac{\partial^2 w}{\partial x\partial z}=\frac{\partial}{\partial z}(f_1'+yzf_2')=\frac{\partial f_1'}{\partial z}+yf_2'+yz\frac{\partial f_2'}{\partial z}.$$

注意 f_1' 及 f_2' 仍旧是复合函数，根据复合函数求导法则，有

$$\frac{\partial f_1'}{\partial z}=\frac{\partial f_1'}{\partial u}\cdot\frac{\partial u}{\partial z}+\frac{\partial f_1'}{\partial v}\cdot\frac{\partial v}{\partial z}=f_{11}''+xyf_{12}'',$$

$$\frac{\partial f_2'}{\partial z}=\frac{\partial f_2'}{\partial u}\cdot\frac{\partial u}{\partial z}+\frac{\partial f_2'}{\partial v}\cdot\frac{\partial v}{\partial z}=f_{21}''+xyf_{22}''.$$

于是代入$\dfrac{\partial^2 w}{\partial x\partial z}$，得

$$\begin{aligned}\frac{\partial^2 w}{\partial x\partial z}&=f''_{11}+xyf''_{12}+yf'_2+yz(f''_{21}+xyf''_{22})\\&=f''_{11}+xyf''_{12}+yf'_2+yzf''_{21}+xy^2zf''_{22}\\&=f''_{11}+y(x+z)f''_{12}+yf'_2+xy^2zf''_{22}.\end{aligned}$$

例 8.4.6 设 $z=f(u,x,y)$，$u=x\mathrm{e}^y$，其中 f 具有二阶连续偏导数，求$\dfrac{\partial z}{\partial x}$，$\dfrac{\partial^2 z}{\partial x\partial y}$.

解 $\dfrac{\partial z}{\partial x}=\dfrac{\partial f}{\partial u}\cdot\dfrac{\partial u}{\partial x}+\dfrac{\partial f}{\partial x}=f_1'\cdot\mathrm{e}^y+f_2'$，

$$\begin{aligned}\frac{\partial^2 z}{\partial x\partial y}&=\frac{\partial}{\partial y}(f_1'\cdot\mathrm{e}^y+f_2')=\mathrm{e}^y f_1'+\mathrm{e}^y\frac{\partial f_1'}{\partial y}+\frac{\partial f_2'}{\partial y}\\&=\mathrm{e}^y f_1'+\mathrm{e}^y(f''_{11}\cdot x\mathrm{e}^y+f''_{13})+(f''_{21}\cdot x\mathrm{e}^y+f''_{23})\\&=\mathrm{e}^y(f_1'+f''_{13})+x\mathrm{e}^{2y}f''_{11}+x\mathrm{e}^y f''_{21}+f''_{23}.\end{aligned}$$

8.4.4 全微分形式不变性

设函数 $z=f(u,v)$ 具有连续偏导数，则有全微分

$$\mathrm{d}z=\frac{\partial z}{\partial u}\mathrm{d}u+\frac{\partial z}{\partial v}\mathrm{d}v.$$

如果 u，v 又是 x，y 的函数，$u=\varphi(x,y)$，$v=\psi(x,y)$，即 u，v 是中间变量，且这两个函数也具有连续偏导数，则复合函数 $z=f[\varphi(x,y),\psi(x,y)]$ 的全微分为

$$\mathrm{d}z=\frac{\partial z}{\partial x}\mathrm{d}x+\frac{\partial z}{\partial y}\mathrm{d}y.$$

把公式（8.4.3）和公式（8.4.4）中的$\dfrac{\partial z}{\partial x}$，$\dfrac{\partial z}{\partial y}$代入上式，得

$$\begin{aligned}\mathrm{d}z&=\left(\frac{\partial z}{\partial u}\cdot\frac{\partial u}{\partial x}+\frac{\partial z}{\partial v}\cdot\frac{\partial v}{\partial x}\right)\mathrm{d}x+\left(\frac{\partial z}{\partial u}\cdot\frac{\partial u}{\partial y}+\frac{\partial z}{\partial v}\cdot\frac{\partial v}{\partial y}\right)\mathrm{d}y\\&=\frac{\partial z}{\partial u}\left(\frac{\partial u}{\partial x}\mathrm{d}x+\frac{\partial u}{\partial y}\mathrm{d}y\right)+\frac{\partial z}{\partial v}\left(\frac{\partial v}{\partial x}\mathrm{d}x+\frac{\partial v}{\partial y}\mathrm{d}y\right)\\&=\frac{\partial z}{\partial u}\mathrm{d}u+\frac{\partial z}{\partial v}\mathrm{d}v.\end{aligned}$$

由此可见，无论 u，v 是自变量还是中间变量，函数 $z=f(u,v)$ 的全微分形式是一样的．这个性质叫作**全微分形式的不变性**.

例 8.4.7　利用全微分形式不变性求解例 8.4.3.

解　$\mathrm{d}z=\mathrm{d}(u^2\ln v)=2u\ln v\mathrm{d}u+\dfrac{u^2}{v}\mathrm{d}v$，

$$\mathrm{d}u=\mathrm{d}\left(\frac{x}{y}\right)=\frac{1}{y}\mathrm{d}x-\frac{x}{y^2}\mathrm{d}y，\quad \mathrm{d}v=\mathrm{d}(3x-2y)=3\mathrm{d}x-2\mathrm{d}y，$$

代入并分别合并 dx 与 dy 的项，得

$$\begin{aligned}\mathrm{d}z&=\mathrm{d}(u^2\ln v)=2u\ln v\left(\frac{1}{y}\mathrm{d}x-\frac{x}{y^2}\mathrm{d}y\right)+\frac{u^2}{v}(3\mathrm{d}x-2\mathrm{d}y)\\&=\left[\frac{2x}{y^2}\ln(3x-2y)+\frac{3x^2}{(3x-2y)y^2}\right]\mathrm{d}x+\left[-\frac{2x^2}{y^3}\ln(3x-2y)-\frac{2x^2}{(3x-2y)y^2}\right]\mathrm{d}y，\end{aligned}$$

即

$$\frac{\partial z}{\partial x}\mathrm{d}x+\frac{\partial z}{\partial y}\mathrm{d}y=\left[\frac{2x}{y^2}\ln(3x-2y)+\frac{3x^2}{(3x-2y)y^2}\right]\mathrm{d}x+\left[-\frac{2x^2}{y^3}\ln(3x-2y)-\frac{2x^2}{(3x-2y)y^2}\right]\mathrm{d}y，$$

比较上式两边 dx 与 dy 的系数，得

$$\frac{\partial z}{\partial x}=\frac{2x}{y^2}\ln(3x-2y)+\frac{3x^2}{(3x-2y)y^2}，\quad \frac{\partial z}{\partial y}=-\frac{2x^2}{y^3}\ln(3x-2y)-\frac{2x^2}{(3x-2y)y^2}，$$

与例 8.4.3 的结果一样.

习题 8.4

1．求下列函数的全导数：

（1）设 $z=\arctan(x-y)$，而 $x=3t$，$y=4t^3$，求 $\dfrac{\mathrm{d}z}{\mathrm{d}t}$；

（2）设 $z=\mathrm{e}^{x-2y}$，而 $x=\sin t$，$y=t^3$，求 $\dfrac{\mathrm{d}z}{\mathrm{d}t}$.

2．求下列函数的一阶偏导数（其中 f 具有一阶连续偏导数）：

（1）$z=\mathrm{e}^u\sin v$，而 $u=xy$，$v=x+y$；

（2）$u=f(x,y,z)=\mathrm{e}^{x^2+y^2+z^2}$，而 $z=x^2\sin y$；

（3）$z=f(x^2-y^2,\mathrm{e}^{xy})$；

（4）$u=f(x,xy,xyz)$.

3．设 $z=\dfrac{y}{f(x^2-y^2)}$，其中 $f(u)$ 为可导函数，验证：$\dfrac{1}{x}\dfrac{\partial z}{\partial x}+\dfrac{1}{y}\dfrac{\partial z}{\partial y}=\dfrac{z}{y^2}$.

4．设 $u=x\varphi(x+y)+y\phi(x+y)$，其中函数 φ，ϕ 具有二阶连续导数，证明

$$\frac{\partial^2 u}{\partial x^2}-2\frac{\partial^2 u}{\partial x\partial y}+\frac{\partial^2 u}{\partial y^2}=0.$$

5．求下列函数的$\dfrac{\partial^2 z}{\partial x\partial y}$（其中$f$具有二阶连续偏导数）：

（1）$z=f(xy,y)$；　（2）$z=f\left(\dfrac{x}{y},x^2y\right)$；　（3）$z=f(\sin x,\cos y,\mathrm{e}^{x+y})$．

8.5　隐函数的求导公式

在一元函数微分学中，我们已经提出了隐函数的概念，并介绍了利用复合函数求导法，直接由方程

$$F(x,y)=0$$

求它所确定的隐函数的导数．现在我们进一步阐述隐函数存在的条件，并利用多元复合函数的求导法则建立隐函数的求导公式．

定理 8.5.1（隐函数存在定理 1）　设$F(x,y)$在点$P(x_0,y_0)$的某一邻域内具有连续偏导数，且$F(x_0,y_0)=0$，$F_y(x_0,y_0)\neq 0$，则方程$F(x,y)=0$在点$P(x_0,y_0)$的某一邻域内恒能唯一确定一个具有连续导数的函数$y=f(x)$，它满足条件$y_0=f(x_0)$，并有

$$\frac{\mathrm{d}y}{\mathrm{d}x}=-\frac{F_x}{F_y}. \tag{8.5.1}$$

定理证明从略，仅就公式（8.5.1）做如下推导．

将方程$F(x,y)=0$两端对x求导，注意方程中的y是x的函数，利用复合函数求导法则可得

$$F_x+F_y\cdot\frac{\mathrm{d}y}{\mathrm{d}x}=0,$$

由于F_y连续，且$F_y(x_0,y_0)\neq 0$，因此存在(x_0,y_0)的一个邻域，在这个邻域内$F_y\neq 0$，于是得

$$\frac{\mathrm{d}y}{\mathrm{d}x}=-\frac{F_x}{F_y}.$$

公式（8.5.1）就是隐函数的求导公式．

例 8.5.1　验证方程$x^2+y^2-1=0$在点$(0,1)$的某一邻域内能唯一确定一个有连续导数的隐函数$y=f(x)$，且满足$f(0)=1$，并求隐函数的一阶与二阶导数在$x=0$处的值．

解　令$F(x,y)=x^2+y^2-1$，则$F_x=2x$，$F_y=2y$，且$F(0,1)=0$，$F_y(0,1)=2\neq 0$．由定理 8.5.1 可知，方程在点$(0,1)$的某邻域内能唯一确定一个有连续导数的隐函数$y=f(x)$，且满足$f(0)=1$．

由公式（8.5.1）可得

$$\frac{\mathrm{d}y}{\mathrm{d}x}=-\frac{F_x}{F_y}=-\frac{x}{y},\quad \left.\frac{\mathrm{d}y}{\mathrm{d}x}\right|_{\substack{x=0\\y=1}}=0,$$

从而

$$\frac{\mathrm{d}^2 y}{\mathrm{d}x^2}=\frac{\mathrm{d}}{\mathrm{d}x}\left(-\frac{x}{y}\right)=-\frac{y-xy'}{y^2}$$

$$=-\frac{y-x\left(-\frac{x}{y}\right)}{y^2}=-\frac{x^2+y^2}{y^3}=-\frac{1}{y^3},$$

$$\left.\frac{\mathrm{d}^2 y}{\mathrm{d}x^2}\right|_{x=0}=\left.-\frac{1}{y^3}\right|_{y=1}=-1.$$

例 8.5.2　设方程 $\sin(xy)+\mathrm{e}^x=y^2$，求 $\frac{\mathrm{d}y}{\mathrm{d}x}$.

解　设 $F(x,y)=\sin(xy)+\mathrm{e}^x-y^2$，则 $F_x=y\cos(xy)+\mathrm{e}^x$，$F_y=x\cos(xy)-2y$，

所以

$$\frac{\mathrm{d}y}{\mathrm{d}x}=-\frac{F_x}{F_y}=-\frac{y\cos(xy)+\mathrm{e}^x}{x\cos(xy)-2y}.$$

隐函数存在定理可以推广到多元函数情形．例如，三元方程 $F(x,y,z)=0$ 在满足一定条件下也能唯一确定一个二元隐函数，我们有以下定理：

定理 8.5.2（隐函数存在定理 2）　设 $F(x,y,z)$ 在点 $P(x_0,y_0,z_0)$ 的某一邻域内具有连续的偏导数，且 $F(x_0,y_0,z_0)=0$，$F_z(x_0,y_0,z_0)\neq 0$，则方程 $F(x,y,z)=0$ 在点 $P(x_0,y_0,z_0)$ 的某一邻域内恒能唯一确定一个具有连续偏导数的函数 $z=f(x,y)$，它满足条件 $z_0=f(x_0,y_0)$，并有

$$\frac{\partial z}{\partial x}=-\frac{F_x}{F_z},\quad \frac{\partial z}{\partial y}=-\frac{F_y}{F_z}. \tag{8.5.2}$$

定理的证明从略．仅就求导公式（8.5.2）做如下推导．

将方程 $F(x,y,z)=0$ 两端分别对 x 求偏导，注意方程中的 z 是 x，y 的函数，利用复合函数求导法则，可得

$$F_x+F_z\frac{\partial z}{\partial x}=0.$$

又 F_z 连续，且 $F_z(x_0,y_0,z_0)\neq 0$，所以存在点 (x_0,y_0,z_0) 的一个邻域，在这个邻域内 $F_z\neq 0$，于是有

$$\frac{\partial z}{\partial x}=-\frac{F_x}{F_z}.$$

同理可求得

$$\frac{\partial z}{\partial y}=-\frac{F_y}{F_z}.$$

例 8.5.3 设$z^3-3xyz=1$，求$\dfrac{\partial z}{\partial x}$和$\dfrac{\partial z}{\partial y}$及$\dfrac{\partial^2 z}{\partial x\partial y}$.

解 设$F(x,y,z)=z^3-3xyz-1$，则

$$F_x=-3yz,\quad F_y=-3xz,\quad F_z=3z^2-3xy,$$

从而

$$\frac{\partial z}{\partial x}=-\frac{F_x}{F_z}=\frac{yz}{z^2-xy},\quad \frac{\partial z}{\partial y}=-\frac{F_y}{F_z}=\frac{xz}{z^2-xy},$$

$$\frac{\partial^2 z}{\partial x\partial y}=\frac{\partial}{\partial y}\left(\frac{yz}{z^2-xy}\right)=\frac{\left(z+y\dfrac{\partial z}{\partial y}\right)(z^2-xy)-yz\left(2z\dfrac{\partial z}{\partial y}-x\right)}{(z^2-xy)^2}$$

$$=\frac{\left(z+y\cdot\dfrac{xz}{z^2-xy}\right)(z^2-xy)-yz\left(2z\cdot\dfrac{xz}{z^2-xy}-x\right)}{(z^2-xy)^2}=\frac{z^5-2xyz^3-x^2y^2z}{(z^2-xy)^3}.$$

例 8.5.4 设$\varphi(x-2z,y-3z)=0$，求$2\dfrac{\partial z}{\partial x}+3\dfrac{\partial z}{\partial y}$.

解 令$F(x,y,z)=\varphi(x-2z,y-3z)$，则

$$F_x=\varphi_1',\quad F_y=\varphi_2',\quad F_z=-2\varphi_1'-3\varphi_2',$$

$$\frac{\partial z}{\partial x}=-\frac{F_x}{F_z}=\frac{\varphi_1'}{2\varphi_1'+3\varphi_2'},\quad \frac{\partial z}{\partial y}=-\frac{F_y}{F_z}=\frac{\varphi_2'}{2\varphi_1'+3\varphi_2'},$$

从而

$$2\frac{\partial z}{\partial x}+3\frac{\partial z}{\partial y}=\frac{2\varphi_1'}{2\varphi_1'+3\varphi_2'}+\frac{3\varphi_2'}{2\varphi_1'+3\varphi_2'}=1.$$

隐函数存在定理还可以做另一方面的推广.我们不仅增加方程中变量的个数，而且增加方程的个数. 例如设方程组

$$\begin{cases}F(x,y,u,v)=0,\\ G(x,y,u,v)=0.\end{cases}\tag{8.5.3}$$

在上述四个变量中，一般只能有两个变量独立变化，因此方程组（8.5.3）满足一定的条件能够确定一组有连续偏导数的二元隐函数，不妨设为$u=u(x,y)$，$v=v(x,y)$. 我们来推导求函数u，v的偏导数公式.

将方程组（8.5.3）两端对x求偏导，注意方程组中的u，v都是x，y的函数，可得

$$\begin{cases}F_x+F_u\dfrac{\partial u}{\partial x}+F_v\dfrac{\partial v}{\partial x}=0,\\[2ex] G_x+G_u\dfrac{\partial u}{\partial x}+G_v\dfrac{\partial v}{\partial x}=0.\end{cases}$$

解方程组，得

$$\frac{\partial u}{\partial x}=-\frac{\begin{vmatrix}F_x & F_v\\ G_x & G_v\end{vmatrix}}{\begin{vmatrix}F_u & F_v\\ G_u & G_v\end{vmatrix}},\quad \frac{\partial v}{\partial x}=-\frac{\begin{vmatrix}F_u & F_x\\ G_u & G_x\end{vmatrix}}{\begin{vmatrix}F_u & F_v\\ G_u & G_v\end{vmatrix}}. \tag{8.5.4}$$

同理在方程组两端分别对 y 求偏导，可得

$$\frac{\partial u}{\partial y}=-\frac{\begin{vmatrix}F_y & F_v\\ G_y & G_v\end{vmatrix}}{\begin{vmatrix}F_u & F_v\\ G_u & G_v\end{vmatrix}},\quad \frac{\partial v}{\partial y}=-\frac{\begin{vmatrix}F_u & F_y\\ G_u & G_y\end{vmatrix}}{\begin{vmatrix}F_u & F_v\\ G_u & G_v\end{vmatrix}}. \tag{8.5.5}$$

在实际计算中，可以不必直接套用上述公式，运用上述推导公式的方法求出偏导数即可.

例 8.5.5　设方程组 $\begin{cases}xu-yv=0\\ yu+xv=1\end{cases}$ 确定一组二元函数 $u=u(x,y)$， $v=v(x,y)$，求 $\dfrac{\partial u}{\partial x}$，$\dfrac{\partial u}{\partial y}$，$\dfrac{\partial v}{\partial x}$，$\dfrac{\partial v}{\partial y}$.

解　将方程组两端分别对 x 求导并移项，得

$$\begin{cases}x\dfrac{\partial u}{\partial x}-y\dfrac{\partial v}{\partial x}=-u,\\ y\dfrac{\partial u}{\partial x}+x\dfrac{\partial v}{\partial x}=-v.\end{cases}$$

解方程组得

$$\frac{\partial u}{\partial x}=\frac{\begin{vmatrix}-u & -y\\ -v & x\end{vmatrix}}{\begin{vmatrix}x & -y\\ y & x\end{vmatrix}}=-\frac{xu+yv}{x^2+y^2},\quad \frac{\partial v}{\partial x}=\frac{\begin{vmatrix}x & -u\\ y & -v\end{vmatrix}}{\begin{vmatrix}x & -y\\ y & x\end{vmatrix}}=\frac{yu-xv}{x^2+y^2}.$$

同理，将方程组两端分别对 y 求导，可得

$$\frac{\partial u}{\partial y}=\frac{xv-yu}{x^2+y^2},\quad \frac{\partial v}{\partial y}=-\frac{xu+yv}{x^2+y^2}.$$

另外，如果给出三元方程组

$$\begin{cases}F(x,y,z)=0,\\ G(x,y,z)=0,\end{cases} \tag{8.5.6}$$

这时，在三个变量中，一般只能有一个变量独立变化，因此方程组（8.5.6）满足一定的条件能够确定一组有连续导数的一元隐函数.

例 8.5.6　设方程组 $\begin{cases}x+y+z+z^2=0\\ x+y^2+z+z^3=0\end{cases}$ 确定一组一元函数 $y=y(x)$，$z=z(x)$，

求$\dfrac{dy}{dx}$，$\dfrac{dz}{dx}$．

解 将方程组两端分别对x求导并移项得

$$\begin{cases}\dfrac{dy}{dx}+(1+2z)\dfrac{dz}{dx}=-1,\\ 2y\dfrac{dy}{dx}+(1+3z^2)\dfrac{dz}{dx}=-1.\end{cases}$$

解方程组得

$$\frac{dy}{dx}=\frac{2z-3z^2}{1+3z^2-2y-4yz}，\quad \frac{dz}{dx}=\frac{2y-1}{1+3z^2-2y-4yz}.$$

习题 8.5

1．求下列方程所确定的隐函数的导数$\dfrac{dy}{dx}$：

（1）$\ln\sqrt{x^2+y^2}=\arctan\dfrac{y}{x}$；　　（2）$y-xe^y+x=0$．

2．求下列方程所确定的隐函数的偏导数$\dfrac{\partial z}{\partial x}$和$\dfrac{\partial z}{\partial y}$：

（1）$2\sin(x^y)+1=z^2$；　　（2）$\dfrac{x}{z}=\ln\dfrac{z}{y}$；

（3）$e^z=xyz$；　　（4）$x+2y+z=2\sqrt{xyz}$．

3．设$F(u,v)$具有连续偏导数，证明由方程$F(cx-az,cy-bz)=0$所确定的函数$z=f(x,y)$满足$a\dfrac{\partial z}{\partial x}+b\dfrac{\partial z}{\partial y}=c$．

4．设$\sin z-e^{xy}=a$，求$\dfrac{\partial^2 z}{\partial x^2}$．

5．设$z^3-2xz+y=0$，求$\dfrac{\partial^2 z}{\partial x\partial y}$．

6．求由下列方程组所确定的隐函数的导数或偏导数：

（1）设$\begin{cases}z=x^2+y^2,\\ x^2+2y^2+3z^2=20,\end{cases}$求$\dfrac{dy}{dx}$，$\dfrac{dz}{dx}$；

（2）设$\begin{cases}x+y+z=0,\\ x^2+y^2+z^2=1,\end{cases}$求$\dfrac{dx}{dz}$，$\dfrac{dy}{dz}$；

（3）设$\begin{cases}x=e^u+u\sin v,\\ y=e^u-u\cos v,\end{cases}$求$\dfrac{\partial u}{\partial x}$，$\dfrac{\partial u}{\partial y}$，$\dfrac{\partial v}{\partial x}$，$\dfrac{\partial v}{\partial y}$．

8.6　多元函数微分学的几何应用

8.6.1　空间曲线的切线与法平面

1．设空间曲线 Γ 的参数方程为

$$x=\varphi(t),\ y=\psi(t),\ z=\omega(t),\quad t\in[\alpha,\beta],$$

其中 $\varphi(t)$，$\psi(t)$，$\omega(t)$ 都在 $[\alpha,\beta]$ 上可导，且导数不全为零.

在曲线 Γ 上取一点 $M(x_0,y_0,z_0)$，对应 $t=t_0$，及点 $M(x_0,y_0,z_0)$ 的邻近一点 $N(x_0+\Delta x,y_0+\Delta y,z_0+\Delta z)$，对应 $t=t_0+\Delta t$，根据解析几何的知识可得割线 MN 的方程为

$$\frac{x-x_0}{\Delta x}=\frac{y-y_0}{\Delta y}=\frac{z-z_0}{\Delta z}.$$

当点 N 沿着曲线趋于点 M 时，割线 MN 的极限位置 MT 就是曲线 Γ 在点 M 处的**切线**（图 8.10）. 用 Δt 除上式的各分母，得

$$\frac{x-x_0}{\frac{\Delta x}{\Delta t}}=\frac{y-y_0}{\frac{\Delta y}{\Delta t}}=\frac{z-z_0}{\frac{\Delta z}{\Delta t}},$$

令 $N\to M$（此时 $\Delta t\to 0$），对上式取极限，即得到曲线 Γ 在点 M 处的**切线方程**

$$\frac{x-x_0}{\varphi'(t_0)}=\frac{y-y_0}{\psi'(t_0)}=\frac{z-z_0}{\omega'(t_0)}.$$

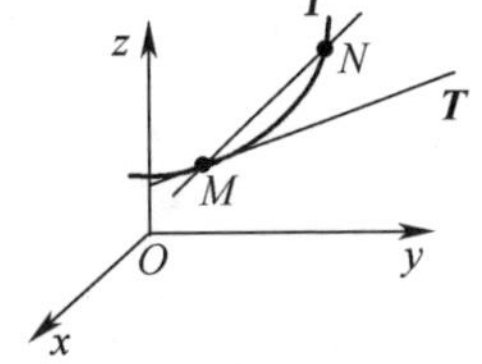

图 8.10

切线的方向向量 $\boldsymbol{T}=(\varphi'(t_0),\psi'(t_0),\omega'(t_0))$ 称为**曲线的切向量**，其指向与参数 t 增大时的方向一致.

通过点 $M(x_0,y_0,z_0)$ 且与切线垂直的平面称为曲线 Γ 在点 M 处的**法平面**. 它是过点 M 且以 $\boldsymbol{T}$ 为法向量的平面，因此该法平面的方程为

$$\varphi'(t_0)(x-x_0)+\psi'(t_0)(y-y_0)+\omega'(t_0)(z-z_0)=0.$$

例 8.6.1　设曲线 Γ 的方程为 $x=t$，$y=t^2$，$z=t^3$.

（1）求曲线在点 $(1,1,1)$ 处的切线及法平面方程；

（2）在曲线上求一点，使该点处的切线平行于平面 $x+2y+z=4$.

解　因为 $x_t'=1$，$y_t'=2t$，$z_t'=3t^2$，所以曲线的切向量为 $\boldsymbol{T}=(1,2t,3t^2)$.

（1）点 $(1,1,1)$ 对应的参数 $t=1$，因而曲线在点 $(1,1,1)$ 处的切向量

$$\boldsymbol{T}\big|_{(1,1,1)}=(1,2,3).$$

从而，切线方程为

$$\frac{x-1}{1}=\frac{y-1}{2}=\frac{z-1}{3},$$

法平面方程为

$$(x-1)+2(y-1)+3(z-1)=0,$$

即

$$x+2y+3z=6.$$

（2）由题意知，所求点处的切向量$\boldsymbol{T}$与法向量$\boldsymbol{n}=(1,2,1)$垂直，所以

$$\boldsymbol{T}\cdot\boldsymbol{n}=0,$$

即

$$(1,2t,3t^2)\cdot(1,2,1)=0.$$

从而

$$1+2\cdot 2t+3t^2=0,$$

解得

$$t_1=-1,\quad t_2=-\frac{1}{3},$$

因此所求曲线上的点为$(-1,1,-1)$或$\left(-\frac{1}{3},\frac{1}{9},-\frac{1}{27}\right)$.

2．如果空间曲线$\varGamma$的方程为

$$y=\varphi(x),\quad z=\psi(x),\quad x\in[a,b],$$

则可取x为参数，$\varGamma$就有参数方程

$$x=x,\quad y=\varphi(x),\quad z=\psi(x),\quad x\in[a,b].$$

若$\varphi(x)$，$\psi(x)$都在$x=x_0$处可导，则曲线$\varGamma$在点$x=x_0$处的切向量为

$$\boldsymbol{T}=(1,\varphi'(x_0),\psi'(x_0)),$$

因此曲线$\varGamma$在点$M(x_0,y_0,z_0)$处的切线方程为

$$\frac{x-x_0}{1}=\frac{y-y_0}{\varphi'(x_0)}=\frac{z-z_0}{\psi'(x_0)},$$

法平面方程为

$$(x-x_0)+\varphi'(x_0)(y-y_0)+\psi'(x_0)(z-z_0)=0.$$

例 8.6.2 求曲线$\varGamma$：$y=x^2$，$z=\sqrt{1+x^2}$在点$(1,1,\sqrt{2})$处的切线及法平面方程.

解 因为$y'_x=2x$，$z'_x=\frac{x}{\sqrt{1+x^2}}$，所以曲线的切向量为$\boldsymbol{T}=\left(1,2x,\frac{x}{\sqrt{1+x^2}}\right)$，从而$\varGamma$在点$(1,1,\sqrt{2})$处的切向量为$\boldsymbol{T}\big|_{(1,1,\sqrt{2})}=\left(1,2,\frac{\sqrt{2}}{2}\right)$，则切线方程为

$$x-1=\frac{y-1}{2}=\sqrt{2}(z-\sqrt{2}),$$

法平面方程为

$$x-1+2(y-1)+\frac{\sqrt{2}}{2}(z-\sqrt{2})=0,$$

即

$$2x+4y+\sqrt{2}z=8.$$

3. 如果空间曲线 Γ 由方程组

$$\begin{cases}F(x,y,z)=0\\G(x,y,z)=0\end{cases}\tag{8.6.1}$$

的形式给出，设 $M(x_0,y_0,z_0)$ 是曲线 Γ 上的一点，且方程组（8.6.1）存在隐函数组 $y=\varphi(x)$，$z=\psi(x)$．利用隐函数求导方法可得

$$\left.\frac{\mathrm{d}y}{\mathrm{d}x}\right|_{x=x_0}=\varphi'(x_0),\quad \left.\frac{\mathrm{d}z}{\mathrm{d}x}\right|_{x=x_0}=\psi'(x_0).$$

于是 $\boldsymbol{T}=(1,\varphi'(x_0),\psi'(x_0))$ 是曲线 Γ 在点 M 处的一个切向量，所以曲线 Γ 在点 $M(x_0,y_0,z_0)$ 处的切线方程为

$$\frac{x-x_0}{1}=\frac{y-y_0}{\varphi'(x_0)}=\frac{z-z_0}{\psi'(x_0)},$$

法平面方程为

$$(x-x_0)+\varphi'(x_0)(y-y_0)+\psi'(x_0)(z-z_0)=0.$$

例 8.6.3　求曲线 $\begin{cases}x^2+y^2+z^2=6\\x^2+y^2-z=0\end{cases}$ 在点 $(1,1,2)$ 处的切线及法平面方程.

解　方程组两边同时对 x 求导，得

$$\begin{cases}2x+2y\dfrac{\mathrm{d}y}{\mathrm{d}x}+2z\dfrac{\mathrm{d}z}{\mathrm{d}x}=0,\\[2mm]2x+2y\dfrac{\mathrm{d}y}{\mathrm{d}x}-\dfrac{\mathrm{d}z}{\mathrm{d}x}=0.\end{cases}$$

由此得

$$\frac{\mathrm{d}y}{\mathrm{d}x}=-\frac{x}{y},\quad \frac{\mathrm{d}z}{\mathrm{d}x}=0,$$

$$\left.\frac{\mathrm{d}y}{\mathrm{d}x}\right|_{(1,1,2)}=-1,\quad \left.\frac{\mathrm{d}z}{\mathrm{d}x}\right|_{(1,1,2)}=0,$$

从而

$$\boldsymbol{T}=(1,-1,0),$$

故所求切线方程为

$$\frac{x-1}{1}=\frac{y-1}{-1}=\frac{z-2}{0},$$

法平面方程为

$$(x-1)-(y-1)+0(z-2)=0,$$

即
$$x-y=0.$$

8.6.2 曲面的切平面与法线

1. 设曲面 Σ 的方程为

$$F(x,y,z)=0,$$

并设 $M(x_0,y_0,z_0)$ 是曲面 Σ 上的一点，函数 $F(x,y,z)$ 的偏导数在该点连续且不同时为零（这时称 Σ 是**光滑曲面**）. 过点 M 在曲面上可以作无数条曲线，设这些曲线在点 M 处都有切线，下面证明这无数条曲线的切线都在同一平面上.

如图 8.11 所示，在曲面 Σ 上，过点 M 任意作一条曲线 Γ，假定曲线 Γ 的参数方程为

$$x=\varphi(t),\quad y=\psi(t),\quad z=\omega(t),\quad t\in[\alpha,\beta]$$

且当 $t=t_0$ 时，$x_0=\varphi(t_0)$，$y_0=\psi(t_0)$，$z_0=\omega(t_0)$，对应于点 $M(x_0,y_0,z_0)$. 由于曲线 Γ 在曲面 Σ 上，因此有

$$F[\varphi(t),\psi(t),\omega(t)]\equiv 0,$$

在上式两边对 t 求导，并代入 $t=t_0$ 得

$$\left.\frac{\mathrm{d}}{\mathrm{d}t}F[\varphi(t),\psi(t),\omega(t)]\right|_{t=t_0}=0,$$

即有

$$F_x(x_0,y_0,z_0)\varphi'(t_0)+F_y(x_0,y_0,z_0)\psi'(t_0)+F_z(x_0,y_0,z_0)\omega'(t_0)=0. \qquad (8.6.2)$$

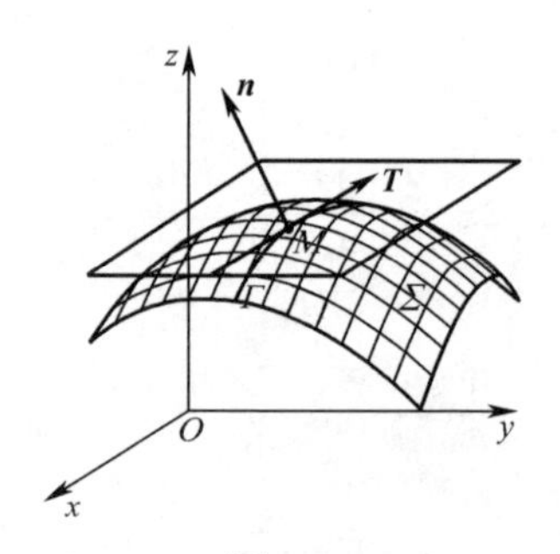

图 8.11

此时曲线 Γ 在点 M 处的切向量 $\boldsymbol{T}=(\varphi'(t_0),\psi'(t_0),\omega'(t_0))$，若引入向量

$$\boldsymbol{n}=(F_x(x_0,y_0,z_0),F_y(x_0,y_0,z_0),F_z(x_0,y_0,z_0)),$$

则式（8.6.2）表示

$$\boldsymbol{n}\cdot\boldsymbol{T}=\boldsymbol{0}.$$

这说明曲面 Σ 上通过点 M 的任意一条曲线在点 M 的切线都与同一个向量 $\boldsymbol{n}$ 垂

直，所以曲面上通过点 M 的一切曲线在点 M 的切线都在同一个平面上．这个平面称为曲面 Σ 在点 M 处的**切平面**，并把向量 $\boldsymbol{n}$ 称为曲面 Σ 在点 M 处的**法向量**，则切平面的方程为

$$F_x(x_0,y_0,z_0)(x-x_0)+F_y(x_0,y_0,z_0)(y-y_0)+F_z(x_0,y_0,z_0)(z-z_0)=0 .$$

通过点 $M(x_0,y_0,z_0)$ 且垂直于切平面的直线称为曲面在该点的**法线**，它以法向量 $\boldsymbol{n}$ 作为方向向量，从而法线方程为

$$\frac{x-x_0}{F_x(x_0,y_0,z_0)}=\frac{y-y_0}{F_y(x_0,y_0,z_0)}=\frac{z-z_0}{F_z(x_0,y_0,z_0)} .$$

2．设曲面 Σ 的方程为

$$z=f(x,y) ,$$

令 $F(x,y,z)=f(x,y)-z$ ，则有

$$F_x=f_x(x,y)，F_y=f_y(x,y)，F_z=-1 .$$

于是，当函数 $f(x,y)$ 的偏导数 $f_x(x,y)$，$f_y(x,y)$ 在点 (x_0,y_0) 处连续时，曲面 Σ 在点 M 处的法向量为

$$\boldsymbol{n}=(f_x(x_0,y_0),f_y(x_0,y_0),-1) ,$$

从而切平面方程为

$$f_x(x_0,y_0)(x-x_0)+f_y(x_0,y_0)(y-y_0)-(z-z_0)=0 ,$$

或

$$z-z_0=f_x(x_0,y_0)(x-x_0)+f_y(x_0,y_0)(y-y_0) .$$

而法线方程为

$$\frac{x-x_0}{f_x(x_0,y_0)}=\frac{y-y_0}{f_y(x_0,y_0)}=\frac{z-z_0}{-1} .$$

注意　函数 $z=f(x,y)$ 在点 (x_0,y_0) 处的全微分，在几何上表示曲面 $z=f(x,y)$ 在点 (x_0,y_0) 处的切平面上点的竖坐标的增量.

如果用 α，β，γ 表示曲面的法向量的方向角，并假定法向量与 z 轴正向的夹角 γ 是锐角，则取法向量为 $\boldsymbol{n}=(-f_x(x_0,y_0),-f_y(x_0,y_0),1)$，其对应的方向余弦为

$$\cos\alpha=\frac{-f_x}{\sqrt{1+f_x^{\,2}+f_y^{\,2}}}，\cos\beta=\frac{-f_y}{\sqrt{1+f_x^{\,2}+f_y^{\,2}}}，\cos\gamma=\frac{1}{\sqrt{1+f_x^{\,2}+f_y^{\,2}}} ,$$

其中 $f_x=f_x(x_0,y_0)$ ， $f_y=f_y(x_0,y_0)$.

例 8.6.4　求曲面 $x^2+y^2+z^2=21$ 上在点 $(2,1,4)$ 处的切平面及法线方程.

解　设 $F(x,y,z)=x^2+y^2+z^2-21$，则

$$\boldsymbol{n}=(F_x,F_y,F_z)=(2x,2y,2z),$$

$$\boldsymbol{n}\big|_{(2,1,4)}=(4,2,8).$$

所以在点 $(2,1,4)$ 处的切平面方程为

$$4(x-2)+2(y-1)+8(z-4)=0,$$

即
$$2x+y+4z-21=0.$$

法线方程为

$$\frac{x-2}{2}=\frac{y-1}{1}=\frac{z-4}{4},$$

即
$$\frac{x}{2}=\frac{y}{1}=\frac{z}{4}.$$

例 8.6.5 求曲面 $z=4-x^2-y^2$ 上平行于平面 $2x+2y+z-1=0$ 的切平面方程.

解 设切点坐标为 $M(x_0,y_0,z_0)$，且 $f(x,y)=4-x^2-y^2$，则曲面在点 M 处的法向量为

$$\boldsymbol{n}\big|_{(x_0,y_0,z_0)}=(-2x_0,-2y_0,-1),$$

又因为切平面平行于平面 $2x+2y+z-1=0$，即

$$(-2x_0,-2y_0,-1)/\!/(2,2,1),$$

从而
$$\frac{-2x_0}{2}=\frac{-2y_0}{2}=\frac{-1}{1},$$

解得
$$x_0=y_0=1,$$

代入曲面 $z=4-x^2-y^2$ 得点 $M(1,1,2)$.

所以曲面在点 $M(1,1,2)$ 处的切平面方程为

$$2(x-1)+2(y-1)+(z-2)=0,$$

即
$$2x+2y+z-6=0.$$

习题 8.6

1．求曲线 $x=\mathrm{e}^t\cos t$，$y=\mathrm{e}^t\sin t$，$z=\mathrm{e}^t$ 在对应于 $t=0$ 的点处的切线与法平面方程.

2．求曲线 $y^2=2mx$，$z^2=m-x$ 在点 $M(x_0,y_0,z_0)$ 处的切线与法平面方程.

3．求曲线 $\begin{cases}x^2+y^2+z^2-3x=0\\2x-3y+5z-4=0\end{cases}$ 在点 $(1,1,1)$ 处的切线与法平面方程.

4．求曲面 $\mathrm{e}^z-z+xy=3$ 在点 $(2,1,0)$ 处的切平面及法线方程.

5．求曲面 $x^2+y^2+z^2=1$ 上平行于平面 $x-2y+2z=0$ 的切平面方程.

6．求曲面 $z=x^2+y^2$ 在点 $(1,1,2)$ 处的切平面及法线方程.

7．试证曲面 $\sqrt{x}+\sqrt{y}+\sqrt{z}=\sqrt{a}$ （$a>0$）上任何点处的切平面在各坐标轴上的截距之和等于 a .

8.7　方向导数与梯度

我们所研究过的偏导数仅仅反映了沿平行于 x 轴方向与平行于 y 轴方向的变化率. 但在许多实际问题中，往往需要研究函数沿其他方向的变化率以及函数的变化率沿着什么方向变化最快或者最慢的问题. 例如，一块金属板在点 O 处有一个火焰使它受热（图 8.12）. 假定板上任意一点处的温度与该点到 O 点的距离成反比. 在 P 点处有一个蚂蚁，则这只蚂蚁应沿什么方向逃生才能在最短时间内爬行到安全的地方？

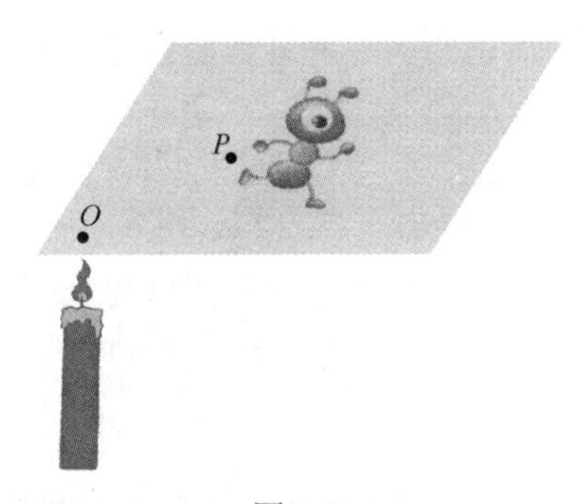

图 8.12

这个问题的答案是明显的，即这只蚂蚁应沿温度上升最慢的方向爬行. 这个方向就是后面将要介绍的梯度的负方向.

8.7.1　方向导数

首先，我们来讨论函数沿任一指定方向的变化率，即引入函数的方向导数的概念.

定义 8.7.1　设函数 $z=f(x,y)$ 在点 $P(x_0,y_0)$ 的某邻域 $U(P)$ 内有定义，l 是以 P 点为起点的一条射线，$Q(x_0+\Delta x,y_0+\Delta y)$ 为射线 l 上任一点，且 $Q\in U(P)$，以 $\rho=\sqrt{(\Delta x)^2+(\Delta y)^2}$ 表示点 P 与 Q 之间的距离（图 8.13），如果极限

$$\lim_{\rho\to0^+}\frac{\Delta z}{\rho}=\lim_{\rho\to0^+}\frac{f(x_0+\Delta x,y_0+\Delta y)-f(x_0,y_0)}{\rho}$$

存在，则称此极限为函数 $f(x,y)$ 在点 P 处沿方向 l 的**方向导数**，记为 $\left.\dfrac{\partial f}{\partial l}\right|_{(x_0,y_0)}$ ，即

$$\left.\frac{\partial f}{\partial l}\right|_{(x_0,y_0)} = \lim_{\rho\to 0^+}\frac{f(x_0+\Delta x, y_0+\Delta y)-f(x_0,y_0)}{\rho}.$$

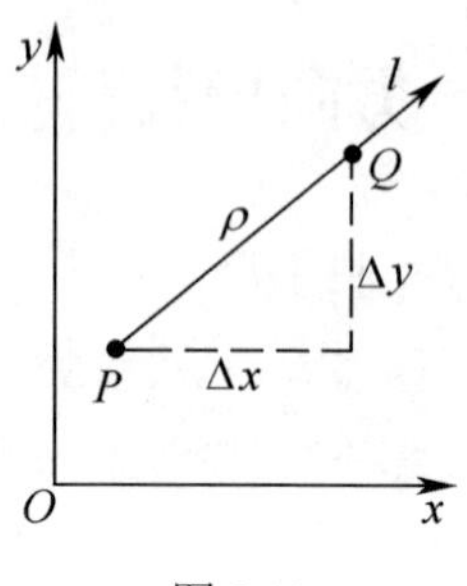

图 8.13

若函数 $f(x,y)$ 在点 $P(x_0,y_0)$ 处的偏导数存在，根据上述定义，则 $f(x,y)$ 在点 $P(x_0,y_0)$ 处沿 x 轴正向与 y 轴正向的方向导数分别是 $\left.\frac{\partial f}{\partial x}\right|_{(x_0,y_0)}$ 与 $\left.\frac{\partial f}{\partial y}\right|_{(x_0,y_0)}$，沿 x 轴与 y 轴负向的方向导数分别是 $-\left.\frac{\partial f}{\partial x}\right|_{(x_0,y_0)}$ 与 $-\left.\frac{\partial f}{\partial y}\right|_{(x_0,y_0)}$.

下面给出关于方向导数存在和计算方法的定理.

定理 8.7.1 如果函数 $z=f(x,y)$ 在点 $P(x_0,y_0)$ 可微分，则函数在该点沿任一方向 l 的方向导数都存在，且有

$$\left.\frac{\partial f}{\partial l}\right|_{(x_0,y_0)} = f_x(x_0,y_0)\cos\alpha + f_y(x_0,y_0)\cos\beta,$$

其中 $\cos\alpha$，$\cos\beta$ 是方向 l 的方向余弦（图 8.14）.

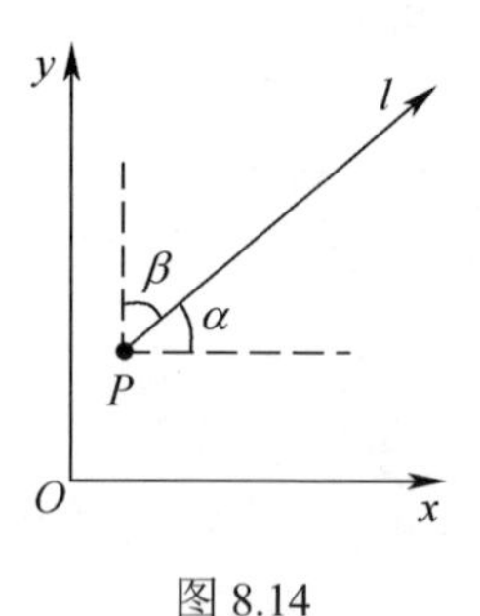

图 8.14

证明 由假设可知，函数 $f(x,y)$ 在点 $P(x_0,y_0)$ 可微分，故有

$$\begin{aligned}\Delta z &= f(x_0+\Delta x, y_0+\Delta y)-f(x_0,y_0)\\ &= f_x(x_0,y_0)\Delta x + f_y(x_0,y_0)\Delta y + o(\rho),\end{aligned}$$

两边同除以 ρ，得

$$\frac{f(x_0+\Delta x,y_0+\Delta y)-f(x_0,y_0)}{\rho}=f_x(x_0,y_0)\frac{\Delta x}{\rho}+f_y(x_0,y_0)\frac{\Delta y}{\rho}+\frac{o(\rho)}{\rho}$$
$$=f_x(x_0,y_0)\cos\alpha+f_y(x_0,y_0)\cos\beta+\frac{o(\rho)}{\rho},$$

故

$$\lim_{\rho\to 0^+}\frac{f(x_0+\Delta x,y_0+\Delta y)-f(x_0,y_0)}{\rho}=f_x(x_0,y_0)\cos\alpha+f_y(x_0,y_0)\cos\beta .$$

这就证明了方向导数存在，且其值为

$$\left.\frac{\partial f}{\partial l}\right|_{(x_0,y_0)}=f_x(x_0,y_0)\cos\alpha+f_y(x_0,y_0)\cos\beta .$$

例 8.7.1　求函数 $z=xe^{2y}$ 在点 $P(1,0)$ 处沿从点 $P(1,0)$ 到点 $Q(3,-2)$ 方向的方向导数.

解　因为函数可微分，且

$$\left.\frac{\partial z}{\partial x}\right|_{(1,0)}=\left.e^{2y}\right|_{(1,0)}=1，\quad \left.\frac{\partial z}{\partial y}\right|_{(1,0)}=\left.2xe^{2y}\right|_{(1,0)}=2 .$$

这里方向 l 为向量 $\overrightarrow{PQ}=(2,-2)$ 的方向.

$$\cos\alpha=\frac{1}{\sqrt{2}}，\quad \cos\beta=-\frac{1}{\sqrt{2}} .$$

所求方向导数为

$$\left.\frac{\partial z}{\partial l}\right|_{(1,0)}=1\cdot\frac{1}{\sqrt{2}}+2\cdot\left(-\frac{1}{\sqrt{2}}\right)=-\frac{1}{\sqrt{2}} .$$

类似地，可以定义三元函数 $u=f(x,y,z)$ 在空间一点 $P(x_0,y_0,z_0)$ 沿着方向 l 的方向导数为

$$\left.\frac{\partial f}{\partial l}\right|_{(x_0,y_0,z_0)}=\lim_{\rho\to 0^+}\frac{f(x_0+\Delta x,y_0+\Delta y,z_0+\Delta z)-f(x_0,y_0,z_0)}{\rho},$$

其中 ρ 为点 $P(x_0,y_0,z_0)$ 与点 $Q(x_0+\Delta x,y_0+\Delta y,z_0+\Delta z)$ 之间的距离，即

$$\rho=\sqrt{(\Delta x)^2+(\Delta y)^2+(\Delta z)^2} .$$

同样可证明：如果函数 $f(x,y,z)$ 在点 $P(x_0,y_0,z_0)$ 可微分，则函数在该点沿着方向 $\boldsymbol{e}_l=(\cos\alpha,\cos\beta,\cos\gamma)$ 的方向导数存在，且有

$$\left.\frac{\partial f}{\partial l}\right|_{(x_0,y_0,z_0)}=f_x(x_0,y_0,z_0)\cos\alpha+f_y(x_0,y_0,z_0)\cos\beta+f_z(x_0,y_0,z_0)\cos\gamma ,$$

其中 $\cos\alpha$， $\cos\beta$， $\cos\gamma$ 是方向 l 的方向余弦.

例 8.7.2　求 $f(x,y,z)=xy-y^2z+zx$ 在点 $(1,0,2)$ 沿方向 l 的方向导数，其中 l 的方向角分别为 60°， 45°， 60° .

解 因为函数可微分，且

$$f_x(x,y,z)=y+z\,,\quad f_y(x,y,z)=x-2yz\,,\quad f_z(x,y,z)=-y^2+x\,,$$

故

$$f_x(1,0,2)=2\,,\quad f_y(1,0,2)=1\,,\quad f_z(1,0,2)=1\,,$$

所以

$$\left.\frac{\partial f}{\partial l}\right|_{(1,0,2)}=2\cdot\cos 60^\circ+1\cdot\cos 45^\circ+1\cdot\cos 60^\circ=\frac{1}{2}(3+\sqrt{2})\,.$$

例 8.7.3 求函数 $u=\mathrm{e}^{xyz}+x^2+y^2$ 在点 $(1,1,1)$ 处沿曲线 $x=t$，$y=2t^2-1$，$z=t^3$ 的切线正方向（对应于 t 增大的方向）的方向导数.

解 曲线在点 $(1,1,1)$ 处对应的参数 $t=1$，切向量为

$$\boldsymbol{T}=(1,4t,3t^2)\big|_{t=1}=(1,4,3)\,.$$

其单位向量为

$$\boldsymbol{e}_l=\frac{1}{\sqrt{26}}(1,4,3)\,,$$

因为函数可微分，且

$$u_x=yz\mathrm{e}^{xyz}+2x\,,\quad u_y=xz\mathrm{e}^{xyz}+2y\,,\quad u_z=xy\mathrm{e}^{xyz}\,,$$

$$u_x\big|_{(1,1,1)}=\mathrm{e}+2\,,\quad u_y\big|_{(1,1,1)}=\mathrm{e}+2\,,\quad u_z\big|_{(1,1,1)}=\mathrm{e}\,.$$

所以

$$\left.\frac{\partial u}{\partial l}\right|_{(1,1,1)}=(\mathrm{e}+2)\cdot\frac{1}{\sqrt{26}}+(\mathrm{e}+2)\cdot\frac{4}{\sqrt{26}}+\mathrm{e}\cdot\frac{3}{\sqrt{26}}=\frac{1}{\sqrt{26}}(8\mathrm{e}+10)\,.$$

注意 *若设空间曲线的参数方程为* $\Gamma: x=\varphi(t)$，$y=\psi(t)$，$z=\omega(t)$，$t\in[\alpha,\beta]$，$\varphi(t)$，$\psi(t)$，$\omega(t)$ *都在* $[\alpha,\beta]$ *上可导，且导数不全为零，则称沿着* t *增大的方向为空间曲线的切线正方向.*

8.7.2 梯度

函数 $z=f(x,y)$ 在点 $P(x_0,y_0)$ 沿着不同方向 l 的方向导数是不同的，那么沿哪一个方向其方向导数最大？其最大值是多少？为了解决这个问题，我们引入梯度的概念.

对于二元函数的情形，设函数 $f(x,y)$ 在平面区域 D 内具有一阶连续偏导数，则对于每一点 $P(x_0,y_0)\in D$，都可以定义一个向量

$$f_x(x_0,y_0)\,\boldsymbol{i}+f_y(x_0,y_0)\,\boldsymbol{j}\,,$$

该向量就称为函数 $f(x,y)$ 在点 $P(x_0,y_0)$ 的**梯度**，记作 $\mathbf{grad}\,f(x_0,y_0)$，即

$$\mathbf{grad}\,f(x_0,y_0)=f_x(x_0,y_0)\,\boldsymbol{i}+f_y(x_0,y_0)\,\boldsymbol{j}\,.$$

如果函数 $f(x,y)$ 在点 $P(x_0,y_0)$ 可微分，$\boldsymbol{e}_l=(\cos\alpha,\cos\beta)$ 是与方向 l 同向的单位向量，则

$$\left.\frac{\partial f}{\partial l}\right|_{(x_0,y_0)}=f_x(x_0,y_0)\cos\alpha+f_y(x_0,y_0)\cos\beta$$

$$=\mathbf{grad}\,f(x_0,y_0)\cdot\boldsymbol{e}_l=\left|\mathbf{grad}\,f(x_0,y_0)\right|\cos\theta,$$

其中 θ 是 $\mathbf{grad}\,f(x_0,y_0)$ 与 $\boldsymbol{e}_l$ 的夹角.

这一关系式表明了函数在一点的梯度与函数在该点的方向导数间的关系，由此可以得到以下结果：

（1）当 $\theta=0$，即方向 $\boldsymbol{e}_l$ 与梯度 $\mathbf{grad}\,f(x_0,y_0)$ 的方向相同时，函数 $f(x,y)$ 增加最快，变化率最大．也就是说，函数 $f(x,y)$ 沿梯度方向的方向导数达到最大值，最大值就是梯度 $\mathbf{grad}\,f(x_0,y_0)$ 的模，即

$$\left.\frac{\partial f}{\partial l}\right|_{(x_0,y_0)}=\left|\mathbf{grad}\,f(x_0,y_0)\right|.$$

（2）当 $\theta=\pi$，即方向 $\boldsymbol{e}_l$ 与梯度 $\mathbf{grad}\,f(x_0,y_0)$ 的方向相反时，函数 $f(x,y)$ 减少最快，变化率最小．也就是说，函数 $f(x,y)$ 沿梯度方向的方向导数达到最小值，即

$$\left.\frac{\partial f}{\partial l}\right|_{(x_0,y_0)}=-\left|\mathbf{grad}\,f(x_0,y_0)\right|.$$

（3）当 $\theta=\dfrac{\pi}{2}$，即方向 $\boldsymbol{e}_l$ 与梯度 $\mathbf{grad}\,f(x_0,y_0)$ 的方向垂直时，函数的变化率为零，即

$$\left.\frac{\partial f}{\partial l}\right|_{(x_0,y_0)}=\left|\mathbf{grad}\,f(x_0,y_0)\right|\cos\theta=0.$$

上面讨论的梯度概念可以类似地推广到三元函数的情形．设函数 $f(x,y,z)$ 在空间区域 G 内具有一阶连续偏导数，则对于每一点 $P(x_0,y_0,z_0)\in G$，都可以定义一个向量

$$f_x(x_0,y_0,z_0)\boldsymbol{i}+f_y(x_0,y_0,z_0)\boldsymbol{j}+f_z(x_0,y_0,z_0)\boldsymbol{k},$$

该向量就称为函数 $f(x,y,z)$ 在点 $P(x_0,y_0,z_0)$ 的**梯度**，记作 $\mathbf{grad}\,f(x_0,y_0,z_0)$，即

$$\mathbf{grad}\,f(x_0,y_0,z_0)=f_x(x_0,y_0,z_0)\boldsymbol{i}+f_y(x_0,y_0,z_0)\boldsymbol{j}+f_z(x_0,y_0,z_0)\boldsymbol{k}.$$

由类似于二元函数的讨论可知，梯度方向是函数在这点的方向导数取得最大值的方向，它的模就等于方向导数的最大值.

例 8.7.4　求 $\mathbf{grad}\sqrt{x^2+y^2}$.

解　设 $f(x,y)=\sqrt{x^2+y^2}$，则

$$f_x=\frac{x}{\sqrt{x^2+y^2}}，\quad f_y=\frac{y}{\sqrt{x^2+y^2}}，$$

所以

$$\mathbf{grad}\sqrt{x^2+y^2}=\frac{x}{\sqrt{x^2+y^2}}\boldsymbol{i}+\frac{y}{\sqrt{x^2+y^2}}\boldsymbol{j}.$$

例 8.7.5 函数 $u=xy+z^2-xyz$ 在点 $P(1,1,2)$ 处沿哪个方向的方向导数最大？最大值是多少？

解 $u_x=y-yz$，$u_y=x-xz$，$u_z=2z-xy$，则

$$u_x\big|_{(1,1,2)}=-1，\quad u_y\big|_{(1,1,2)}=-1，\quad u_z\big|_{(1,1,2)}=3，$$

从而

$$\mathbf{grad}u(P)=(-1,-1,3)，\quad |\mathbf{grad}u(P)|=\sqrt{11}.$$

于是，函数 u 在点 $P(1,1,2)$ 处沿梯度方向 $(-1,-1,3)$ 的方向导数最大，最大值为 $\sqrt{11}$.

例 8.7.6 设函数 $f(x,y,z)=x^3+xy^2-z$，则 $f(x,y,z)$ 在 $P(1,1,0)$ 处沿什么方向变化最快？在这个方向的变化率是多少？

解 $f_x=3x^2+y^2$，$f_y=2xy$，$f_z=-1$，则

$$f_x\big|_{(1,1,0)}=4，\quad f_y\big|_{(1,1,0)}=2，\quad f_z\big|_{(1,1,0)}=-1，$$

所以

$$\mathbf{grad}f(1,1,0)=(4,2,-1).$$

从而 $f(x,y,z)$ 在点 P $(1,1,0)$ 处沿梯度方向 $(4,2,-1)$ 增加最快，沿梯度反方向 $(-4,-2,1)$ 减少最快，在这两个方向的变化率分别是

$$|\mathbf{grad}f(1,1,0)|=\sqrt{21}，\quad -|\mathbf{grad}f(1,1,0)|=-\sqrt{21}.$$

习题 8.7

1．求函数 $z=x^2+y^2$ 在点 $(1,2)$ 处沿从点 $P(1,2)$ 到点 $Q(2,2+\sqrt{3})$ 的方向的方向导数.

2．求函数 $z=1-\left(\dfrac{x^2}{a^2}+\dfrac{y^2}{b^2}\right)$ 在点 $\left(\dfrac{a}{\sqrt{2}},\dfrac{b}{\sqrt{2}}\right)$ 处沿曲线 $\dfrac{x^2}{a^2}+\dfrac{y^2}{b^2}=1$ 在这点的内法线方向的方向导数.

3．求函数 $u=xy+yz+zx$ 在点 $P(1,2,3)$ 处沿 P 点的向径方向的方向导数.

4．求函数 $u=x^2+y^2+z^2$ 在曲线 $x=t$，$y=t^2$，$z=t^3$ 上点 $(1,1,1)$ 处，沿曲线在该点的切线正方向的方向导数.

5．求函数 $u=x+y+z$ 在球面 $x^2+y^2+z^2=1$ 上点 (x_0,y_0,z_0) 处，沿球面在该点的外法线方向的方向导数.

6. 设 $f(x,y,z)=x^2+3y^2+5z^2+2xy-4y-8z$，求 $f(x,y,z)$ 在点 $(0,0,0)$ 及 $(1,1,1)$ 处的梯度.

7. 函数 $u=xy^2z$ 在点 $P(1,-1,2)$ 处沿什么方向的方向导数最大？并求此方向导数的最大值.

8.8　多元函数的极值及其求法

8.8.1　多元函数的极值

在实际问题中，往往会遇到多元函数最大值与最小值的问题．与一元函数的情形类似，多元函数的最大值、最小值与极大值、极小值有密切联系．下面我们以二元函数为例，先来讨论多元函数的极值问题.

定义 8.8.1　设函数 $z=f(x,y)$ 在点 (x_0,y_0) 的某邻域内有定义，对于该邻域内异于 (x_0,y_0) 的任意一点 (x,y)，如果都有

$$f(x,y)<f(x_0,y_0),$$

则称函数 $f(x,y)$ 在点 (x_0,y_0) 处有**极大值** $f(x_0,y_0)$，点 (x_0,y_0) 称为函数 $f(x,y)$ 的**极大值点**；如果都有

$$f(x,y)>f(x_0,y_0),$$

则称函数 $f(x,y)$ 在点 (x_0,y_0) 处有**极小值** $f(x_0,y_0)$，点 (x_0,y_0) 称为函数 $f(x,y)$ 的**极小值点**．极大值、极小值统称为**极值**．使函数取得极值的点称为**极值点**.

例如函数 $z=x^2+2y^2$ 在点 $(0,0)$ 处有极小值．因为在点 $(0,0)$ 处函数值为零，而对于点 $(0,0)$ 的任一邻域内异于 $(0,0)$ 的点，函数值都大于零.

函数 $z=-\sqrt{x^2+y^2}$ 在点 $(0,0)$ 处有极大值．因为在点 $(0,0)$ 处的函数值为零，而对于点 $(0,0)$ 的任一邻域内异于 $(0,0)$ 的点，函数值都小于零.

函数 $z=xy$ 在点 $(0,0)$ 处既不取得极大值也不取得极小值．因为在点 $(0,0)$ 处的函数值为零，而在点 $(0,0)$ 的任一邻域内，既有使函数值大于零的点，也有使函数值小于零的点.

二元函数极值的概念可推广到三元及三元以上的函数.

与导数在一元函数极值研究中的作用一样，偏导数是研究多元函数极值的重要手段．下面两个定理就是关于这个问题的结论.

定理 8.8.1（极值存在的必要条件）　设函数 $z=f(x,y)$ 在点 (x_0,y_0) 处具有偏导数，且在点 (x_0,y_0) 处取得极值，则有

$$f_x(x_0,y_0)=0\text{，}\quad f_y(x_0,y_0)=0\text{.}$$

证明 不妨设 $z=f(x,y)$ 在点 (x_0,y_0) 处有极大值．根据极大值的定义，在点 (x_0,y_0) 的某邻域内异于 (x_0,y_0) 的点 (x,y) 都适合不等式

$$f(x,y)<f(x_0,y_0)\text{.}$$

取 $y=y_0$，则在该邻域内，当 $x\neq x_0$ 时，有

$$f(x,y_0)<f(x_0,y_0)\text{，}$$

即一元函数 $f(x,y_0)$ 在 $x=x_0$ 处取得极大值，因而必有

$$f_x(x_0,y_0)=0\text{.}$$

同理可证

$$f_y(x_0,y_0)=0\text{.}$$

注意 （1）使 $f_x(x,y)=0, f_y(x,y)=0$ 同时成立的点称为函数 $z=f(x,y)$ 的**驻点**.

（2）函数取得极值的点不一定是驻点，例如函数 $z=-\sqrt{x^2+y^2}$ 在 $(0,0)$ 取得极大值，但在 $(0,0)$ 偏导数不存在．又如 $z=xy$，点 $(0,0)$ 是函数的驻点，但函数在该点没有极值.

类似地，如果三元函数 $u=f(x,y,z)$ 在点 (x_0,y_0,z_0) 处具有偏导数，则它在点 (x_0,y_0,z_0) 具有极值的必要条件为

$$f_x(x_0,y_0,z_0)=0\text{，}\quad f_y(x_0,y_0,z_0)=0\text{，}\quad f_z(x_0,y_0,z_0)=0\text{.}$$

如何判定一个驻点是否为极值点？下面的定理回答了这个问题.

定理 8.8.2（充分条件） 设函数 $z=f(x,y)$ 在点 (x_0,y_0) 的某邻域内连续且有一阶及二阶的连续偏导数，又 $f_x(x_0,y_0)=0$，$f_y(x_0,y_0)=0$，令

$$f_{xx}(x_0,y_0)=A\text{，}\quad f_{xy}(x_0,y_0)=B\text{，}\quad f_{yy}(x_0,y_0)=C\text{，}$$

则

（1）当 $AC-B^2>0$ 时，函数 $f(x,y)$ 在 (x_0,y_0) 处有极值，且当 $A>0$ 时有极小值 $f(x_0,y_0)$，当 $A<0$ 时有极大值 $f(x_0,y_0)$；

（2）当 $AC-B^2<0$ 时，函数 $f(x,y)$ 在 (x_0,y_0) 处没有极值；

（3）当 $AC-B^2=0$ 时，函数 $f(x,y)$ 在 (x_0,y_0) 处可能有极值，也可能没有极值，还需另作讨论.

证明略.

根据定理 8.8.1 与定理 8.8.2，如果函数 $f(x,y)$ 具有二阶连续偏导数，则求函数 $z=f(x,y)$ 极值的一般步骤如下：

第一步　解方程组 $f_x(x,y)=0$，$f_y(x,y)=0$，求出 $f(x,y)$ 的所有驻点；

第二步　对于每一个驻点 (x_0,y_0)，求出二阶偏导数的值 A，B，C；

第三步　确定 $AC-B^2$ 的符号，根据定理 8.8.2 的结论判定 $f(x_0,y_0)$ 是否是极值、是极大值还是极小值，并计算出极值.

例 8.8.1　求函数 $f(x,y)=x^3-y^3+3x^2+3y^2-9x+1$ 的极值.

解　解方程组

$$\begin{cases} f_x(x,y)=3x^2+6x-9=0, \\ f_y(x,y)=-3y^2+6y=0, \end{cases}$$

求得驻点 $(1,0)$，$(1,2)$，$(-3,0)$，$(-3,2)$.

再求出二阶偏导数

$$f_{xx}(x,y)=6x+6,\quad f_{xy}(x,y)=0,\quad f_{yy}(x,y)=-6y+6,$$

可得函数的极值情况，见表 8-1。

表 8-1

驻点	A	B	C	$AC-B^2$	结论
$(1,0)$	12	0	6	+	极小值 $f(1,0)=-4$
$(1,2)$	12	0	−6	−	无极值
$(-3,0)$	−12	0	6	−	无极值
$(-3,2)$	−12	0	−6	+	极大值 $f(-3,2)=32$

注意　在讨论函数的极值问题时，除了考虑函数的驻点外，如果有偏导数不存在的点，也要考虑这些点.

8.8.2　多元函数的最大值与最小值

由极值的定义可知，极值是函数 $f(x,y)$ 在某一点的局部范围内的最大、最小值. 如果要获得 $f(x,y)$ 在区域 D 上的最大值与最小值，与一元函数类似，我们可以利用函数的极值来求函数的最值. 在 8.1 节中我们已经知道，如果函数 $f(x,y)$ 在有界闭区域 D 上连续，则 $f(x,y)$ 在 D 上必定能取得最大值和最小值，而取得最大值和最小值的点可能在 D 的内部，也可能在 D 的边界上. 如果是在 D 的内部取得，那这个最大值（最小值）一定也是极大值（极小值）. 因此只需求出 $f(x,y)$ 在 D 的内部的极值及在边界上的最大值和最小值，然后加以比较即可.

假定函数 $f(x,y)$ 在 D 上连续、D 的内部可微分且驻点只有有限个，则求函数 $f(x,y)$ 的最大值和最小值的一般步骤如下：

（1）求函数 $f(x,y)$ 在 D 内所有驻点处的函数值；

（2）求 $f(x,y)$ 在 D 的边界上的最大值和最小值；

（3）将前两步所得的所有函数值进行比较，其中最大者即为最大值，最小者即为最小值.

但这种做法，由于要求出 $f(x,y)$ 在 D 的边界上的最大值和最小值，因此往往相当复杂.

在通常遇到的实际问题中，如果根据问题的性质，可以判断函数 $f(x,y)$ 的最大值（或最小值）一定在 D 的内部取得，而函数在 D 内只有一个驻点，则可以肯定该驻点处的函数值就是函数 $f(x,y)$ 在 D 上的最大值（或最小值）.

例 8.8.2　求函数 $z=(x^2+y^2-2x)^2$ 在圆域 $x^2+y^2\leqslant 2x$ 上的最大值与最小值.

解　因为函数在有界闭区域 D：$x^2+y^2\leqslant 2x$ 上连续，所以函数的最大、最小值一定存在.

显然，在 D 上 $z\geqslant 0$，而在 D 的边界 $x^2+y^2=2x$ 上任意点处，都有 $z=0$．因此，函数的最小值为 $z=0$．于是最大值一定在区域 D 的内部取得.

在 D 的内部：$x^2+y^2<2x$，令

$$\begin{cases} z_x=2(x^2+y^2-2x)(2x-2)=0, \\ z_y=2(x^2+y^2-2x)\cdot 2y=0. \end{cases}$$

解方程组得，$x=1$，$y=0$，从而唯一驻点为 $(1,0)$．又 $z\big|_{(1,0)}=1$，所以函数的最大值即为 1.

所以函数在圆域 $x^2+y^2\leqslant 2x$ 上的最大值为 1，最小值为 0.

例 8.8.3　某厂要做一个体积为 8m^3 的有盖长方体水箱，当长、宽、高为何值时，才能使用料最省？

解　所谓用料最省，就是长方体的表面积最小.

设水箱的长为 x m，宽为 y m，则高为 $\dfrac{8}{xy}$ m. 则此水箱所用材料的面积为

$$A=2\left(xy+y\cdot\frac{8}{xy}+x\cdot\frac{8}{xy}\right),$$

即

$$A=2\left(xy+\frac{8}{x}+\frac{8}{y}\right)\ （x>0,y>0）.$$

可见材料面积 A 是 x 和 y 的二元函数，下面求使这函数取得最小值的点 (x,y).

令

$$\begin{cases} A_x=2\left(y-\dfrac{8}{x^2}\right)=0, \\ A_y=2\left(x-\dfrac{8}{y^2}\right)=0. \end{cases}$$

解方程组，得

$$x=2，\quad y=2.$$

根据题意可知，水箱所用材料面积的最小值一定存在，并且在开区域 $D=\{(x,y)|x,y>0\}$ 内取得．又函数在 D 内有唯一驻点 $(2,2)$，因此可断定当 $x=y=2$ 时，A 取得最小值，此时高为 $\frac{8}{2\cdot 2}=2$．也就是说，当水箱的长、宽、高都为 2m 时，水箱所用的材料最省．

注意　本例的结论表明，体积一定的长方体中，立方体的表面积最小．

8.8.3　条件极值　拉格朗日乘数法

前面所讨论的极值问题，对于函数的自变量，除了限制在函数的定义域内之外，并无其他条件，所以称此极值为**无条件极值**．但在实际问题中，有时会遇到对函数的自变量还有附加条件的极值问题．如例 8.8.3，就是求体积为 8m^3 时长方体表面积最小的问题．如果设长方体的长、宽、高分别为 x，y，z，则表面积 $A=2(xy+yz+xz)$，又体积为 8m^3，所以自变量 x，y，z 还必须满足附加条件 $xyz=8$．像这样对自变量有附加条件的极值称为**条件极值**．有些情况下，可将条件极值问题转化为无条件极值问题，如在上述问题中，从 $xyz=8$ 中将变量 z 表示为关于 x，y 的表达式 $z=\frac{8}{xy}$，并代入表面积函数 $A=2(xy+yz+xz)$ 的表达式，即可将上述条件极值问题化为无条件极值问题．然而，一般地讲，这样做很不方便．我们另有一种直接寻求条件极值的方法，可以不必把问题化为无条件极值的问题，这就是下面要介绍的拉格朗日乘数法．

如在条件

$$\varphi(x,y)=0$$

下，求目标函数

$$z=f(x,y)$$

的极值的步骤如下：

第一步　设拉格朗日函数 $L(x,y)=f(x,y)+\lambda\varphi(x,y)$，其中 λ 为参数．

第二步　求出 $L_x=f_x(x,y)+\lambda\varphi_x(x,y)$，$L_y=f_y(x,y)+\lambda\varphi_y(x,y)$，并解方程组

$$\begin{cases} f_x(x,y)+\lambda\varphi_x(x,y)=0, \\ f_y(x,y)+\lambda\varphi_y(x,y)=0, \\ \varphi(x,y)=0, \end{cases}$$

得到 x，y 及 λ 的值．这样得到的 (x,y) 就是附加条件下可能的极值点．这种求极值的方法就是**拉格朗日乘数法**．

注意　按照这种方法求出来的点是否为极值点，还需要加以讨论．在实际问题中，往往可以根据问题本身的性质来判定所求的点是不是极值点．

这个方法可推广到自变量多于两个而条件多于一个的情形．例如，要求函数

$$u=f(x,y,z,t)$$

在附加条件

$$\varphi(x,y,z,t)=0\text{，}\quad \psi(x,y,z,t)=0$$

下的极值．可构造拉格朗日函数

$$L(x,y,z,t)=f(x,y,z,t)+\lambda\varphi(x,y,z,t)+\mu\psi(x,y,z,t)\text{，}$$

其中λ，μ均为常数，求出$L(x,y,z,t)$关于变量x，y，z，t的一阶偏导数，并令其为零，然后与附加条件联立方程组求解，这样得出的(x,y,z,t)就是函数$f(x,y,z,t)$在附加条件下可能的极值点．

例 8.8.4 求表面积为a^2而体积最大的长方体的体积．

解 设长方体的长、宽、高分别为x，y，z，则问题就是在条件

$$\varphi(x,y,z)=2xy+2yz+2xz-a^2=0$$

下，求函数

$$V=xyz\quad（x>0,y>0,z>0）$$

的最大值．构造拉格朗日函数

$$L(x,y,z)=xyz+\lambda(2xy+2yz+2xz-a^2)\text{，}$$

令

$$\begin{cases}L_x=yz+2\lambda(y+z)=0,\\ L_y=xz+2\lambda(x+z)=0,\\ L_z=xy+2\lambda(y+x)=0,\\ 2xy+2yz+2xz-a^2=0.\end{cases}$$

解方程组，得

$$x=y=z=\frac{\sqrt{6}}{6}a\,.$$

这是唯一可能的极值点．由问题本身的意义知，最大值一定存在，所以最大值就在这个可能的极值点处取得，也就是说，表面积为a^2的长方体中，以棱长为$\frac{\sqrt{6}}{6}a$的正方体的体积最大，最大体积为$\frac{\sqrt{6}}{36}a^3$．

注意 本例的结论表明，表面积一定的长方体中，立方体的体积最大．

例 8.8.5 在直线L：$\begin{cases}x+2y+z=1\\ x-y+z=0\end{cases}$上求一点$P$，使其到原点的距离最短．

解 设P点坐标为(x,y,z)，它到原点的距离为

$$|OP|=\sqrt{x^2+y^2+z^2}\text{，}$$

问题转化为求$u=|OP|^2=x^2+y^2+z^2$在条件$x+2y+z=1$和$x-y+z=0$下的最小值

问题.

构造拉格朗日函数 $L(x,y,z)=x^2+y^2+z^2+\lambda(x+2y+z-1)+\mu(x-y+z)$，

解方程组
$$\begin{cases}L_x=2x+\lambda+\mu=0,\\ L_y=2y+2\lambda-\mu=0,\\ L_z=2z+\lambda+\mu=0,\\ x+2y+z=1,\\ x-y+z=0.\end{cases}$$

得

$$x=z=\frac{1}{6},\quad y=\frac{1}{3}.$$

这是唯一可能的极值点. 由题意知，最短距离是存在的，所以直线 L：$\begin{cases}x+2y+z=1,\\ x-y+z=0\end{cases}$ 上点 $P\left(\frac{1}{6},\frac{1}{3},\frac{1}{6}\right)$ 到原点的距离最短.

例 8.8.6　某公司通过手机微信和电视两种形式做广告，已知销售收入 R 万元与手机微信广告费 x 万元和电视广告费 y 万元有如下关系：

$$R(x,y)=15+14x+32y-8xy-2x^2-10y^2.$$

（1）在广告费用不限的情况下，求最佳广告策略；

（2）如果提供的广告费用为1.5 万元，求相应的最佳广告策略.

解　（1）所谓最佳广告策略就是使利润达到最大的广告策略，由已知得利润函数为

$$F(x,y)=R(x,y)-x-y=15+13x+31y-8xy-2x^2-10y^2.$$

由
$$\begin{cases}F_x=13-8y-4x=0,\\ F_y=31-8x-20y=0,\end{cases}$$

得 $x=\frac{3}{4}$， $y=\frac{5}{4}$，即点 $\left(\frac{3}{4},\frac{5}{4}\right)$ 为 $F(x,y)$ 唯一可能的极值点，又已知该问题的利润函数 $F(x,y)$ 最大值一定存在，则最大值只能在点 $\left(\frac{3}{4},\frac{5}{4}\right)$ 处取到，此时利润 $F\left(\frac{3}{4},\frac{5}{4}\right)=39.25$ 万元.

当手机微信广告费与电视广告费分别为0.75 万元和1.25 万元时，利润最大，最大利润为39.25 万元.

（2）当限定广告费用为1.5 万元时，问题变为一个条件极值问题，即求利润函数 $F(x,y)$ 在条件 $x+y=1.5$ 下的最大值，构造拉格朗日函数如下：

$$L(x,y,\lambda)=15+13x+31y-8xy-2x^2-10y^2+\lambda(x+y-1.5).$$

由
$$\begin{cases} L_x = 13 - 8y - 4x + \lambda = 0, \\ L_y = 31 - 8x - 20y + \lambda = 0, \\ x + y - 1.5 = 0, \end{cases}$$
得
$$x = 0, \quad y = 1.5.$$
即点$(0,1.5)$是$F(x,y)$在条件$x+y=1.5$下唯一可能的极值点，而由问题本身知这个最大值必存在，则当手机微信广告费与电视广告费分别为0万元和1.5万元时，利润最大，最大利润为$F(0,1.5)=39$万元.

习题 8.8

1．求函数$f(x,y)=x^3+y^3-3xy$的极值.

2．求函数$f(x,y)=e^{2x}(x+y^2+2y)$的极值.

3．求函数$z=xy$在附加条件$x+y=1$下的极大值.

4．求函数$f(x,y)=x^2-y^2$在圆域$x^2+y^2\leqslant 4$上的最大值与最小值.

5．在椭圆$x^2+4y^2=4$上求一点，使其到直线$2x+3y-6=0$的距离最短.

6．要造一个容积等于定数k的长方体无盖水池，则如何选择水池的尺寸，方可使它的表面积最小？

7．将周长为$2p$的矩形绕它的一边旋转而构成一个圆柱体，则矩形的边长各为多少时，才可使圆柱体的体积最大？

8．旋转抛物面$z=x^2+y^2$被平面$x+y+z=1$截成一椭圆，求原点到这椭圆的最长与最短距离.

复习题 8

1．在“充分”“必要”和“充要”三者中选择一个正确的填入下列空格内：

（1）函数$z=f(x,y)$在点(x,y)可微是函数在该点的偏导数$\dfrac{\partial z}{\partial x}$及$\dfrac{\partial z}{\partial y}$存在的__________条件．函数$z=f(x,y)$在点$(x,y)$的偏导数$\dfrac{\partial z}{\partial x}$及$\dfrac{\partial z}{\partial y}$存在是$f(x,y)$在该点可微的__________条件.

（2）$f(x,y)$在点(x,y)连续是$f(x,y)$在该点可微的__________条件．函数$f(x,y)$在点(x,y)可微是$f(x,y)$在该点连续的__________条件.

（3）函数$z=f(x,y)$在点(x,y)的偏导数$\dfrac{\partial z}{\partial x}$及$\dfrac{\partial z}{\partial y}$存在且连续是$f(x,y)$在该点

可微的________条件.

（4）函数 $z=f(x,y)$ 的两个二阶混合偏导数 $f_{xy}(x,y)$ 及 $f_{yx}(x,y)$ 在区域 D 内连续是这两个二阶混合偏导数在 D 内相等的________条件.

2．设 $f(x,y)$ 在点 $(0,0)$ 的某邻域内有定义，且 $f_x(0,0)=2$，$f_y(0,0)=-3$，则有__________.

A．$\mathrm{d}z\big|_{(0,0)}=2\mathrm{d}x-3\mathrm{d}y$；

B．曲线 $\begin{cases} z=f(x,y) \\ y=0 \end{cases}$ 在点 $(0,0,f(0,0))$ 的一个切向量为 $(2,0,1)$；

C．曲线 $\begin{cases} z=f(x,y) \\ y=0 \end{cases}$ 在点 $(0,0,f(0,0))$ 的一个切向量为 $(1,0,2)$；

D．曲面 $z=f(x,y)$ 在点 $(0,0,f(0,0))$ 的一个法向量为 $(2,-3,1)$.

3．求下列极限：

（1）$\lim\limits_{\substack{x\to\infty \\ y\to a}}\left(1+\dfrac{1}{x}\right)^{\frac{x^2}{x+y}}$；　　　（2）$\lim\limits_{\substack{x\to\infty \\ y\to\infty}}\dfrac{x+y}{x^2-xy+y^2}$.

*4．证明极限 $\lim\limits_{(x,y)\to(0,0)}\dfrac{xy^2}{x^2+y^4}$ 不存在.

5．设函数 $f(x,y)=\begin{cases} (x^2+y^2)\sin\dfrac{1}{x^2+y^2}, & (x,y)\neq(0,0), \\ 0, & (x,y)=(0,0). \end{cases}$ 问函数 $f(x,y)$ 在点 $(0,0)$ 处，（1）偏导数是否存在？（2）偏导数是否连续？（3）是否可微？

6．求下列函数的一阶和二阶偏导数：

（1）$z=\ln(x+y^2)$；　　（2）$z=x^y$；　　（3）$z=\int_0^{xy}\mathrm{e}^{-t^2}\mathrm{d}t$.

7．求函数 $z=\dfrac{xy}{x^2-y^2}$ 当 $x=2$，$y=1$，$\Delta x=0.01$，$\Delta y=0.03$ 时的全增量和全微分.

8．设函数 $u=x^y$，而 $x=\varphi(t)$，$y=\psi(t)$ 都是可微函数，求 $\dfrac{\mathrm{d}u}{\mathrm{d}t}$.

9．设 $z=f(x,y)$ 是由方程 $xyz+\sqrt{x^2+y^2+z^2}=\sqrt{3}$ 所确定的隐函数，求 $\dfrac{\partial z}{\partial x}$，$\dfrac{\partial z}{\partial y}$，$\mathrm{d}z$.

10．设 $\begin{cases} z=x^2+y^2, \\ x^2+2y^2+3z^2=10, \end{cases}$ 求 $\dfrac{\mathrm{d}y}{\mathrm{d}x}$，$\dfrac{\mathrm{d}z}{\mathrm{d}x}$.

11．求螺旋线 $x=a\cos t$，$y=a\sin t$，$z=bt$ 在点 $(a,0,0)$ 处的切线及法平面方程．

12．求椭球面 $x^2+2y^2+z^2=1$ 上平行于平面 $x-y+2z=0$ 的切平面方程．

13．设 $\boldsymbol{e}_l=(\cos\theta,\sin\theta)$，求函数 $f(x,y)=x^2-xy+y^2$ 在点 $(1,1)$ 沿方向 l 的方向导数，并分别确定 θ，使方向导数有（1）最大值；（2）最小值；（3）等于 0．

14．求函数 $f(x,y)=x^2(2+y^2)+y\ln y$ 的极值．

15．求平面 $20x+15y+12z=60$ 和柱面 $x^2+y^2=1$ 的交线上与 xOy 平面距离最短的点．

16．在第一卦限内作椭球面 $\dfrac{x^2}{a^2}+\dfrac{y^2}{b^2}+\dfrac{z^2}{c^2}=1$ 的切平面，使该切平面与三坐标面所围成的四面体的体积最小．求这个切平面的切点，并求此最小体积．

17．设有一小山，取它的底面所在的平面为 xOy 坐标面，其底部所占的闭区域为 $D=\left\{(x,y)\middle|x^2+y^2-xy\leqslant 75\right\}$，小山的高度函数为 $h=f(x,y)=75-x^2-y^2+xy$．

（1）设 $M(x_0,y_0)\in D$，则 $f(x,y)$ 在该点沿平面上什么方向的方向导数最大？若记此方向导数的最大值为 $g(x_0,y_0)$，试写出 $g(x_0,y_0)$ 的表达式．

（2）现欲利用此小山开展攀岩活动，为此需要在山脚找一上山坡度最大的点作为攀岩的起点．也就是说，要在 D 的边界线 $x^2+y^2-xy=75$ 上找到（1）中的 $g(x,y)$ 达到最大值的点．试确定攀岩起点的位置．

数学家简介——陈省身

陈省身（Shiing Shen Chern，1911—2004），1911 年生于浙江嘉兴秀水县，美籍华人．少年时代即显露数学才华，在其数学生涯中，几经抉择，努力攀登，终成辉煌．他在整体微分几何上的卓越贡献，影响了整个数学的发展，被杨振宁誉为继欧几里得、高斯、黎曼、嘉当之后又一里程碑式的人物．曾先后主持、创办了三大数学研究所，造就了一批世界知名的数学家。晚年情系故园，每年回天津南开大学数学研究所主持工作，培育新人，只为实现心中的一个梦想：使中国成为 21 世纪的数学大国．陈省身是 20 世纪最伟大的几何学家之一，被誉为“整体微分几何之父”．

陈省身先后担任我国西南联大教授，美国普林斯顿高等研究所研究员，芝加哥大学、伯克利加州大学终身教授等，是美国国家数学研究所、南开大学数学研究所的创始所长．陈省身的数学工作范围极广，包括微分几何、拓扑学、微分方程、代数、几何、李群和几何学等多方面．他是创立现代微分几何学的大师，早在 20 世纪 40 年代，他结合微分几何与拓扑学的方法，完成了黎曼流形的高斯-博内一般形式和埃尔米特流形的示性类论．他首次应用纤维丛概念于微分几何的研究，引进了后来通称的陈氏示性类，为大范围微分几何提供了不可缺少的工具．他引进的一些概念、方法和工具，已远远超过微分几何与拓扑学的范围，成为整个现代数学中的重要组成部分．

陈省身还是一位杰出的教育家，他培养了大批优秀的博士生．他本人也获得了许多荣誉和奖励，例如 1975 年获美国总统颁发的美国国家科学奖，1983 年获美国数学会“全体成就”靳蒂尔奖，1984 年获沃尔夫奖．中国数学会在 1985 年通过决议，设立陈省身数学奖．他是有史以来唯一获得数学界最高荣誉“沃尔夫奖”的华人．2004 年 11 月 2 日，经国际天文学联合会下属的小天体命名委员会讨论通过，国际小行星中心正式发布第 52733 号《小行星公报》通知国际社会，将一颗永久编号为 1998CS2 号的小行星命名为“陈省身星”，以表彰他对全人类的贡献．

第9章　重积分

上一章研究了多元函数的微分学，本章研究多元函数的积分学．多元函数的积分学比起一元函数的积分学来说，内容要丰富得多，因为一元函数只是沿着一个区间（即一条直线段）来积分，而对多元函数来说，既可以沿着平面或空间中的区域（重积分），也可以沿着曲线（线积分）或者曲面（面积分）进行积分．本章我们只讨论二重积分和三重积分的相关概念、性质和计算方法，并且给出重积分的主要应用．

9.1　二重积分

9.1.1　引例

1．几何学问题——求曲顶柱体的体积

设有一个立体，它的底面是 xOy 面上的有界闭区域 D，它的侧面是以 D 的边界曲线为准线，母线平行于 z 轴的柱面，它的顶是曲面 $z=f(x,y)$，其中 $f(x,y)$ 是 D 上的非负连续函数，如图 9.1 所示，这种立体称为**曲顶柱体**．现在我们来讨论如何求上述曲顶柱体的体积．

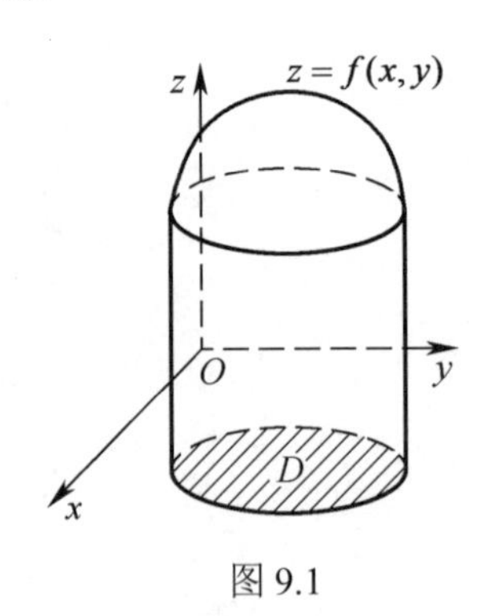

图 9.1

对于平顶柱体，因为它的高是不变的，所以体积可以用公式

$$体积=底面积\times高$$

来计算．对于曲顶柱体，在区域 D 上不同点 (x,y) 处的高度 $f(x,y)$ 是不同的，因此

它的体积不能直接用上式来计算．但第 5 章中求曲边梯形的面积时所采取的“分割—近似—求和—取极限”的方法，也可以用来解决目前的问题．

（1）分割：用任意一组曲线网把 D 分成 n 个小闭区域 $\Delta\sigma_1,\Delta\sigma_2,\cdots,\Delta\sigma_n$，其中 $\Delta\sigma_i$ 表示第 i 个小闭区域（$i=1,2,\cdots,n$），也表示它的面积．以这些小闭区域的边界曲线为准线，母线平行于 z 轴作柱面，这些柱面就将原来的曲顶柱体划分成了 n 个小曲顶柱体．

（2）近似：当这些小闭区域的直径（小闭区域的直径是指该区域上任意两点间距离的最大值）很小时，由 $f(x,y)$ 的连续性，对于同一个小闭区域来说，$f(x,y)$ 的变化很小．因此，可以将小曲顶柱体近似地看作小平顶柱体．在 $\Delta\sigma_i$ 中任取一点 (ξ_i,η_i)（$i=1,2,\cdots,n$），则第 i 个小曲顶柱体的体积 ΔV_i 近似等于以 $\Delta\sigma_i$ 为底，以 $f(\xi_i,\eta_i)$ 为高的平顶柱体的体积，如图 9.2 所示，即

$$\Delta V_i \approx f(\xi_i,\eta_i)\Delta\sigma_i \quad (i=1,2,\cdots,n).$$

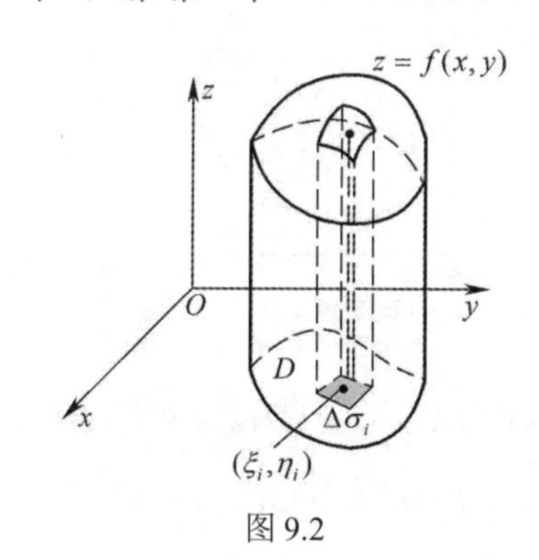

图 9.2

（3）求和：对 n 个小曲顶柱体的体积近似值求和，得到所求曲顶柱体体积的近似值

$$V=\sum_{i=1}^{n}\Delta V_i \approx \sum_{i=1}^{n} f(\xi_i,\eta_i)\Delta\sigma_i .$$

（4）取极限：记各小闭区域 $\Delta\sigma_i$（$i=1,2,\cdots,n$）直径的最大值为 λ，令 $\lambda\to 0$，取上述和式的极限，即得所求曲顶柱体的体积

$$V=\lim_{\lambda\to 0}\sum_{i=1}^{n} f(\xi_i,\eta_i)\Delta\sigma_i . \tag{9.1.1}$$

2. *物理学问题——求平面薄片的质量*

设有一平面薄片占有 xOy 面上的有界闭区域 D，它在点 (x,y) 处的面密度为 $\mu(x,y)$，其中 $\mu(x,y)$ 是 D 上的非负连续函数．现在我们来求该平面薄片的质量．

如果薄片是均匀的，即面密度是一个常数，则薄片的质量可以用公式

$$质量=面密度\times面积$$

来计算．现在面密度$\mu(x,y)$是一个变量，因此它的面积不能直接用上式来计算，但这个问题仍旧可以利用“分割－近似－求和－取极限”的方法来解决．

（1）分割：用任意一组曲线网把D分成n个小闭区域$\Delta\sigma_1,\Delta\sigma_2,\cdots,\Delta\sigma_n$，其中$\Delta\sigma_i$表示第$i$个小闭区域（$i=1,2,\cdots,n$），也表示它的面积．

（2）近似：当这些小闭区域的直径很小时，由$\mu(x,y)$的连续性，在同一个小闭区域内，$\mu(x,y)$的变化很小．因此，可以将该小薄片近似地看作是均匀的．在$\Delta\sigma_i$中任取一点(ξ_i,η_i)（$i=1,2,\cdots,n$），则第i个小薄片的质量Δm_i近似等于面积为$\Delta\sigma_i$，面密度为$\mu(\xi_i,\eta_i)$的均匀薄片的质量，如图 9.3 所示，即

$$\Delta m_i\approx\mu(\xi_i,\eta_i)\Delta\sigma_i \quad (i=1,2,\cdots,n).$$

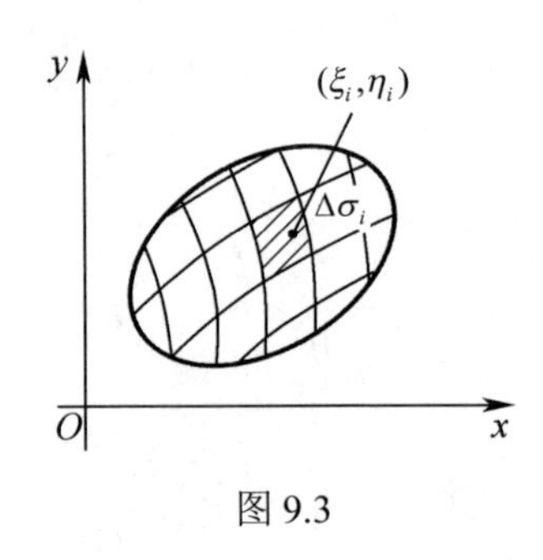

图 9.3

（3）求和：对n个小薄片的质量近似值求和，得到所求薄片的质量的近似值

$$m=\sum_{i=1}^{n}\Delta m_i\approx\sum_{i=1}^{n}\mu(\xi_i,\eta_i)\Delta\sigma_i .$$

（4）取极限：记各小闭区域$\Delta\sigma_i$（$i=1,2,\cdots,n$）直径的最大值为λ，令$\lambda\to 0$，取上述和式的极限，即得所求平面薄片的质量

$$m=\lim_{\lambda\to 0}\sum_{i=1}^{n}\mu(\xi_i,\eta_i)\Delta\sigma_i . \qquad (9.1.2)$$

上述两个问题的实际意义虽然不同，但解决方法完全类似，且所求的量都归结为同一形式的和式的极限．在几何学、力学、物理学和工程技术类问题中，有许多几何量和物理量都可归结为这种形式的和式的极限．为更一般地研究这类和式的极限，我们抽象出如下二重积分的定义．

9.1.2 二重积分的概念

定义 9.1.1 设$f(x,y)$是有界闭区域D上的有界函数，将D任意分成n个小闭区域$\Delta\sigma_1,\Delta\sigma_2,\cdots,\Delta\sigma_n$，其中$\Delta\sigma_i$表示第$i$个小闭区域，同时也表示它的面积．在$\Delta\sigma_i$

中任取一点(ξ_i,η_i)，作乘积$f(\xi_i,\eta_i)\Delta\sigma_i$（$i=1,2,\cdots,n$），并作和$\sum\limits_{i=1}^{n}f(\xi_i,\eta_i)\Delta\sigma_i$，如果当各小闭区域直径中的最大值$\lambda$趋近于零时，不论$D$如何划分和点$(\xi_i,\eta_i)$如何选取，此和式的极限总存在，则称此极限为函数$f(x,y)$在闭区域$D$上的**二重积分**，记作$\iint\limits_D f(x,y)\mathrm{d}\sigma$，即

$$\iint\limits_D f(x,y)\mathrm{d}\sigma=\lim_{\lambda\to 0}\sum_{i=1}^{n}f(\xi_i,\eta_i)\Delta\sigma_i,$$

其中$f(x,y)$称为**被积函数**，$\mathrm{d}\sigma$称为**面积元素**，$f(x,y)\mathrm{d}\sigma$称为**被积表达式**，x，y称为**积分变量**，D称为**积分区域**，$\sum\limits_{i=1}^{n}f\left(\xi_i,\eta_i\right)\Delta\sigma_i$称为**积分和**.

在直角坐标系中，如果用平行于坐标轴的直线来划分D，则除了包含D的边界点的一些不规则小闭区域外，其他的小闭区域均为小矩形. 因此可以将面积元素$\mathrm{d}\sigma$记作$\mathrm{d}x\mathrm{d}y$，二重积分也可表示为

$$\iint\limits_D f(x,y)\mathrm{d}\sigma=\iint\limits_D f(x,y)\mathrm{d}x\mathrm{d}y,$$

其中$\mathrm{d}x\mathrm{d}y$叫作直角坐标系下的**面积元素**.

注意　*这里我们指出，当函数$f(x,y)$在有界闭区域D上连续时，函数$f(x,y)$在D上的二重积分必存在. 以后我们总假定函数$f(x,y)$在D上是连续的.*

根据二重积分的定义可知，曲顶柱体的体积V是函数$f(x,y)$在底面D上的二重积分

$$V=\iint\limits_D f(x,y)\mathrm{d}\sigma;$$

平面薄片的质量是它的面密度函数$\mu(x,y)$在薄片所占闭区域D上的二重积分

$$m=\iint\limits_D \mu(x,y)\mathrm{d}\sigma.$$

根据引例 1 可得二重积分的几何意义.

如果函数$f(x,y)\geqslant 0$，则$\iint\limits_D f(x,y)\mathrm{d}\sigma$表示以$D$为底，曲面$z=f(x,y)$为顶的曲顶柱体的体积.

如果函数$f(x,y)\leqslant 0$，这时曲顶柱体在xOy面的下方，$\iint\limits_D f(x,y)\mathrm{d}\sigma<0$，这时二重积分等于曲顶柱体体积的负值.

如果$f(x,y)$在D上若干区域是正的，其他部分区域是负的，则$\iint\limits_D f(x,y)\mathrm{d}\sigma$的值等于$xOy$面上方曲顶柱体的体积减去$xOy$面下方的曲顶柱体的体积.

利用二重积分的几何意义可以直接求出一些简单的二重积分．如二重积分 $\iint\limits_D \sqrt{a^2-x^2-y^2}\,\mathrm{d}\sigma$，其中 $D=\{(x,y)\mid x^2+y^2\leqslant a^2,\ a>0\}$，这个二重积分的几何意义是半径为 a 的上半球体的体积，因此有 $\iint\limits_D \sqrt{a^2-x^2-y^2}\,\mathrm{d}\sigma=\dfrac{2}{3}\pi a^3$．

9.1.3 二重积分的性质

二重积分与定积分有类似的性质，现表述如下．

性质 9.1.1（线性性质） 若 $\iint\limits_D f(x,y)\mathrm{d}\sigma$，$\iint\limits_D g(x,y)\mathrm{d}\sigma$ 都存在，α，β 为常数，则 $\iint\limits_D [\alpha f(x,y)+\beta g(x,y)]\mathrm{d}\sigma=\alpha\iint\limits_D f(x,y)\mathrm{d}\sigma+\beta\iint\limits_D g(x,y)\mathrm{d}\sigma$．

性质 9.1.2（积分区域的可加性） 若 $f(x,y)$ 在区域 D 上可积，且 D 可分为两个除边界外互不相交的闭区域 D_1，D_2，则

$$\iint\limits_D f(x,y)\mathrm{d}\sigma=\iint\limits_{D_1} f(x,y)\mathrm{d}\sigma+\iint\limits_{D_2} f(x,y)\mathrm{d}\sigma.$$

性质 9.1.3 若在 D 上，$f(x,y)\equiv 1$，σ 为区域 D 的面积，则

$$\iint\limits_D 1\mathrm{d}\sigma=\iint\limits_D \mathrm{d}\sigma=\sigma.$$

这个性质的几何意义：高为1的平顶柱体的体积在数值上等于柱体的底面积．

性质 9.1.4 若在 D 上，$f(x,y)\leqslant g(x,y)$，则有不等式

$$\iint\limits_D f(x,y)\mathrm{d}\sigma\leqslant\iint\limits_D g(x,y)\mathrm{d}\sigma,$$

其中等号仅在 $f(x,y)\equiv g(x,y)$ 时成立．

特别地，由于 $-|f(x,y)|\leqslant f(x,y)\leqslant|f(x,y)|$，因此有

$$\left|\iint\limits_D f(x,y)\mathrm{d}\sigma\right|\leqslant\iint\limits_D |f(x,y)|\mathrm{d}\sigma.$$

性质 9.1.5（估值定理） 设 M 与 m 分别是 $f(x,y)$ 在闭区域 D 上的最大值和最小值，σ 表示 D 的面积，则

$$m\sigma\leqslant\iint\limits_D f(x,y)\mathrm{d}\sigma\leqslant M\sigma.$$

性质 9.1.6（中值定理） 设函数 $f(x,y)$ 在闭区域 D 上连续，σ 表示 D 的面积，则在 D 上至少存在一点 (ξ,η)，使得

$$\iint\limits_D f(x,y)\mathrm{d}\sigma=f(\xi,\eta)\sigma.$$

性质 9.1.7（对称性定理）　（1）如果积分区域 D 关于 x 轴对称，则：

当 $f(x,-y)=-f(x,y)$ 时，即被积函数是关于 y 的奇函数，有

$$\iint_D f(x,y)\mathrm{d}\sigma = 0;$$

当 $f(x,-y)=f(x,y)$ 时，即被积函数是关于 y 的偶函数，有

$$\iint_D f(x,y)\mathrm{d}\sigma = 2\iint_{D_1} f(x,y)\mathrm{d}\sigma,$$

其中 $D_1=\{(x,y)|(x,y)\in D, y\geqslant 0\}$.

（2）如果积分区域 D 关于 y 轴对称，则：

当 $f(-x,y)=-f(x,y)$ 时，即被积函数是关于 x 的奇函数，有

$$\iint_D f(x,y)\mathrm{d}\sigma = 0;$$

当 $f(-x,y)=f(x,y)$ 时，即被积函数是关于 x 的偶函数，有

$$\iint_D f(x,y)\mathrm{d}\sigma = 2\iint_{D_2} f(x,y)\mathrm{d}\sigma,$$

其中 $D_2=\{(x,y)|(x,y)\in D, x\geqslant 0\}$.

例 9.1.1　比较积分 $I_1=\iint_D (x+y)^2\mathrm{d}\sigma$ 与 $I_2=\iint_D (x+y)^3\mathrm{d}\sigma$ 的大小，其中 D 是由 x 轴、y 轴及直线 $x+y=1$ 所围成的闭区域.

解　积分区域 D 如图 9.4 所示．在 D 内，由于 $0\leqslant x+y\leqslant 1$，故 $(x+y)^2\geqslant (x+y)^3$，而 $(x+y)^2=(x+y)^3$ 在区域内不是恒成立的，因此

$$\iint_D (x+y)^2\mathrm{d}\sigma > \iint_D (x+y)^3\mathrm{d}\sigma.$$

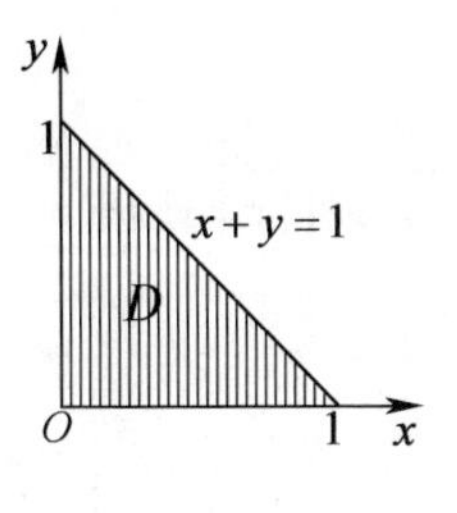

图 9.4

例 9.1.2　不进行计算，估计积分 $I=\iint_D \mathrm{e}^{x^2+y^2}\mathrm{d}\sigma$ 的值，其中 D 是椭圆形闭区域：$\dfrac{x^2}{a^2}+\dfrac{y^2}{b^2}\leqslant 1$，这里 $a>b>0$.

解 区域D的面积为$\sigma=\pi ab$.

在D上，因为$0\leqslant x^2+y^2\leqslant a^2$成立，所以$1\leqslant e^{x^2+y^2}\leqslant e^{a^2}$，由性质 9.1.5 知，

$$\sigma\leqslant\iint\limits_D e^{x^2+y^2}d\sigma\leqslant\sigma\cdot e^{a^2},$$

又因为$e^{x^2+y^2}=1$，$e^{x^2+y^2}=e^{a^2}$仅在某些点处成立，从而

$$\pi ab<\iint\limits_D e^{x^2+y^2}d\sigma<\pi ab e^{a^2}.$$

例 9.1.3 计算积分$\iint\limits_D xyf(x^2+y^2)dxdy$，其中$D$是由曲线$y=x^2$与直线$y=1$所围成的闭区域.

解 积分区域D如图 9.5 所示. 令

$$g(x,y)=xyf(x^2+y^2),$$

由于D关于y轴对称，且$g(-x,y)=-g(x,y)$，因此

$$\iint\limits_D xyf(x^2+y^2)dxdy=0.$$

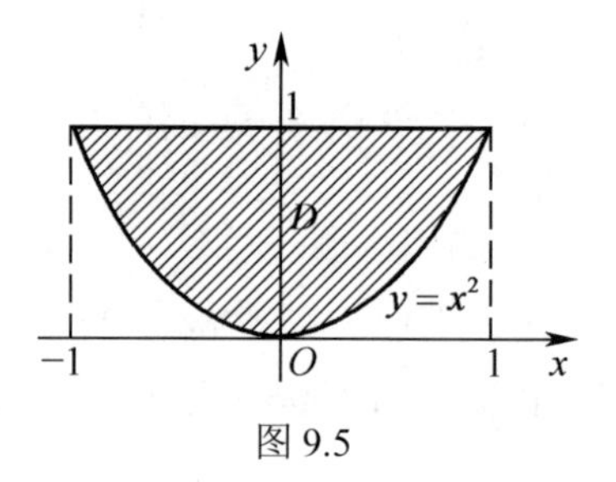

图 9.5

习题 9.1

1．比较下列二重积分的大小：

（1）$I_1=\iint\limits_D \tan(x+y)d\sigma$，$I_2=\iint\limits_D (x+y)d\sigma$，$I_3=\iint\limits_D \sin(x+y)d\sigma$，其中$D$是由直线$x=0$，$y=0$，$x+y=\dfrac{1}{2}$及$x+y=1$所围成的闭区域；

（2）$I_1=\iint\limits_D \ln(x+y)d\sigma$与$I_2=\iint\limits_D [\ln(x+y)]^2 d\sigma$，其中$D$是由直线$x+y=2$，$x=1$及$y=0$所围成的闭区域.

2．利用二重积分的性质估计下列积分的值：

（1）$I=\iint\limits_D xy(x+y+1)d\sigma$，其中$D=\{(x,y)|0\leqslant x\leqslant 1，0\leqslant y\leqslant 1\}$；

（2）$I=\iint\limits_{D}(x+y+1)\mathrm{d}\sigma$，其中 $D=\{(x,y)|0\leqslant x\leqslant 1,\ 0\leqslant y\leqslant 2\}$；

（3）$I=\iint\limits_{D}(x^2+4y^2+9)\mathrm{d}\sigma$，其中 $D=\{(x,y)|x^2+y^2\leqslant 4\}$.

3．设 $I_1=\iint\limits_{D_1}(x^2+y^2)^3\mathrm{d}\sigma$，$I_2=\iint\limits_{D_2}(x^2+y^2)^3\mathrm{d}\sigma$，其中

$$D_1=\{(x,y)|-1\leqslant x\leqslant 1,\ -2\leqslant y\leqslant 2\},\quad D_2=\{(x,y)|0\leqslant x\leqslant 1,\ 0\leqslant y\leqslant 2\}.$$

试利用二重积分的几何意义说明 I_1 与 I_2 的关系.

4．根据二重积分的几何意义，求下列二重积分的值：

（1）$I=\iint\limits_{D}\sqrt{1-x^2-y^2}\mathrm{d}\sigma$，其中 $D=\{(x,y)|x^2+y^2\leqslant 1,\ x\geqslant 0,\ y\geqslant 0\}$；

（2）$I=\iint\limits_{D}\sqrt{x^2+y^2}\mathrm{d}\sigma$，其中 $D=\{(x,y)|x^2+y^2\leqslant a^2\}$.

9.2　二重积分的计算

与定积分类似，只有少数被积函数和积分区域比较简单的二重积分能够利用定义计算，对于绝大多数二重积分，我们需要把它转化为两次定积分来计算，这是二重积分计算的基本思想.

9.2.1　利用直角坐标计算二重积分

在具体讨论二重积分的计算之前，我们先介绍 X 型区域和 Y 型区域的概念.

X 型区域：$\{(x,y)|a\leqslant x\leqslant b,\ \varphi_1(x)\leqslant y\leqslant \varphi_2(x)\}$，其中函数 $\varphi_1(x)$，$\varphi_2(x)$ 在区间 $[a,b]$ 上连续. 这种区域的特点是：穿过区域且平行于 y 轴的直线与区域的边界相交不多于两个交点，如图 9.6 所示.

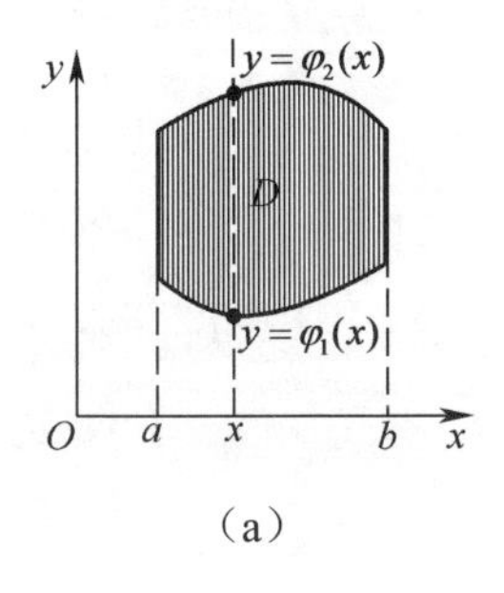

（a）

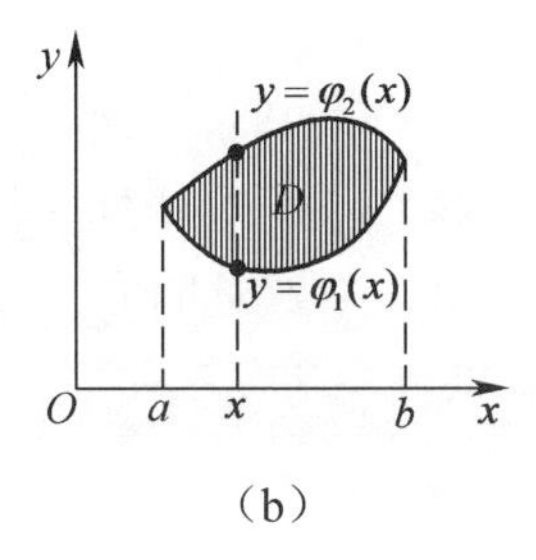

（b）

图 9.6

Y 型区域：$\{(x,y)|c\leqslant y\leqslant d,\ \psi_1(y)\leqslant x\leqslant\psi_2(y)\}$，其中函数$\psi_1(y)$，$\psi_2(y)$在区间$[c,d]$上连续．这种区域的特点是：穿过区域且平行于 x 轴的直线与区域的边界相交不多于两个交点，如图 9.7 所示．

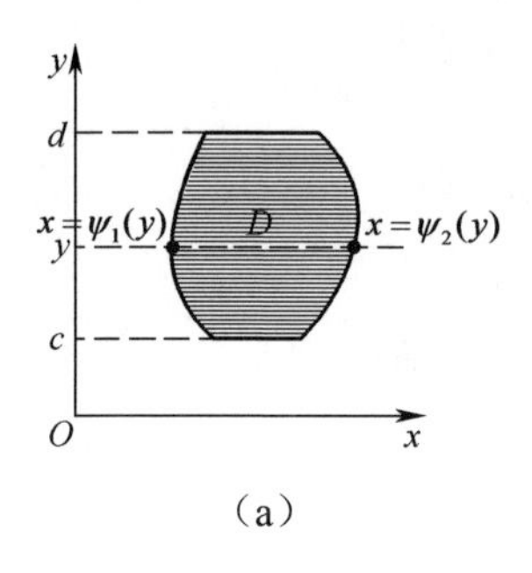

（a）

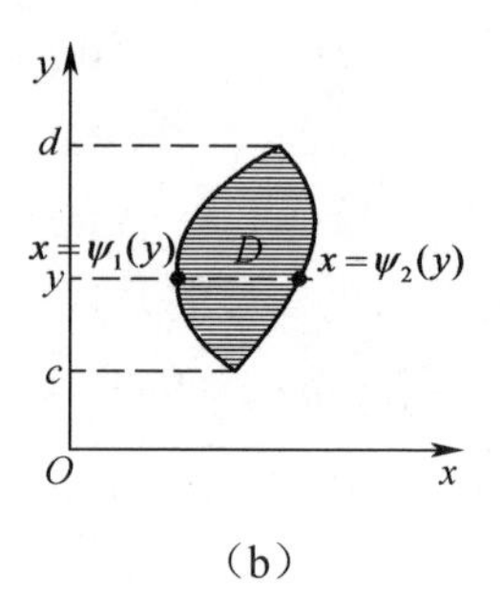

（b）

图 9.7

下面我们从二重积分的几何意义出发，给出二重积分$\iint\limits_D f(x,y)\mathrm{d}\sigma$在直角坐标系下的计算方法．

（1）如果积分区域D是 X 型区域：$\{(x,y)|a\leqslant x\leqslant b,\ \varphi_1(x)\leqslant y\leqslant\varphi_2(x)\}$，由二重积分的几何意义知，若$f(x,y)\geqslant 0$，则$\iint\limits_D f(x,y)\mathrm{d}\sigma$的值等于以$D$为底，以曲面$z=f(x,y)$为顶的曲顶柱体的体积，如图 9.8 所示．下面我们利用计算“平行截面面积为已知的立体的体积”的方法，来计算这个曲顶柱体的体积．

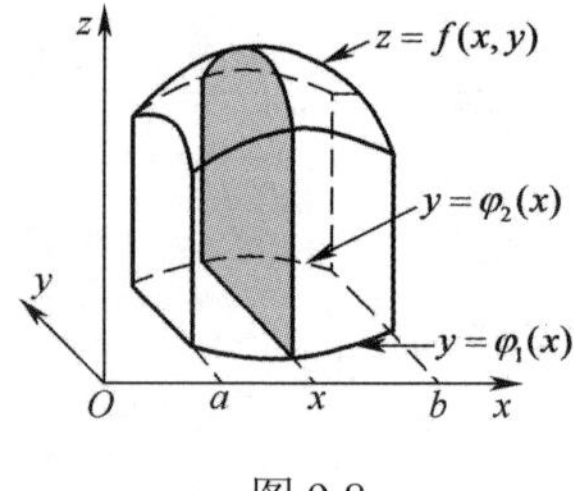

图 9.8

首先计算截面面积．在区间$[a,b]$上任意取定一点x，过x作平行于yOz面的平面．这个平面截曲顶柱体所得的截面是一个以区间$[\varphi_1(x),\varphi_2(x)]$为底，曲线$z=f(x,y)$（$x$为取定的值）为曲边的曲边梯形（图 9.8 中阴影部分），所以这个截面的面积为

$$A(x)=\int_{\varphi_1(x)}^{\varphi_2(x)}f(x,y)\mathrm{d}y\ .$$

利用计算平行截面面积为已知的立体体积的方法，得曲顶柱体体积为

$$V=\int_a^b A(x)\mathrm{d}x=\int_a^b\left[\int_{\varphi_1(x)}^{\varphi_2(x)} f(x,y)\mathrm{d}y\right]\mathrm{d}x .$$

由二重积分的几何意义知，这个体积为所求二重积分的值，从而有

$$\iint_D f(x,y)\mathrm{d}\sigma=\int_a^b\left[\int_{\varphi_1(x)}^{\varphi_2(x)} f(x,y)\mathrm{d}y\right]\mathrm{d}x . \qquad (9.2.1)$$

上式右端的积分称为**先对 y、后对 x 的二次积分**．表示先把 x 看作常数，把 $f(x,y)$ 只看作 y 的函数，并且对 y 计算从 $\varphi_1(x)$ 到 $\varphi_2(x)$ 范围的定积分，然后把计算所得的关于 x 的函数，再在 $[a,b]$ 上求定积分．这个先对 y 后对 x 的二次积分也常写作

$$\int_a^b \mathrm{d}x\int_{\varphi_1(x)}^{\varphi_2(x)} f(x,y)\mathrm{d}y .$$

这样我们得到二重积分转化为二次积分的公式为

$$\iint_D f(x,y)\mathrm{d}\sigma=\int_a^b \mathrm{d}x\int_{\varphi_1(x)}^{\varphi_2(x)} f(x,y)\mathrm{d}y . \qquad (9.2.2)$$

上面讨论过程中，为了方便说明总假定 $f(x,y)\geqslant 0$，但实际上公式（9.2.1）和（9.2.2）的成立并不受这个条件的限制．

（2）如果积分区域 D 是 Y 型区域：$\{(x,y)|c\leqslant y\leqslant d，\psi_1(y)\leqslant x\leqslant\psi_2(y)\}$，则

$$\iint_D f(x,y)\mathrm{d}\sigma=\int_c^d \mathrm{d}y\int_{\psi_1(y)}^{\psi_2(y)} f(x,y)\mathrm{d}x . \qquad (9.2.3)$$

上式右端的积分称为**先对 x、后对 y 的二次积分**．

（3）如果积分区域 D 既不是 X 型区域也不是 Y 型区域，我们可以将它分割成若干块 X 型区域或 Y 型区域，然后在每块这样的区域上分别应用公式（9.2.2）或（9.2.3），再根据二重积分对积分区域的可加性，即可计算出所给的二重积分．

（4）如果积分区域 D 既是 X 型区域也是 Y 型区域，即积分区域既可用

$$\{(x,y)|a\leqslant x\leqslant b，\varphi_1(x)\leqslant y\leqslant\varphi_2(x)\}$$

表示，又可用

$$\{(x,y)|c\leqslant y\leqslant d，\psi_1(y)\leqslant x\leqslant\psi_2(y)\}$$

表示，则有

$$\int_a^b \mathrm{d}x\int_{\varphi_1(x)}^{\varphi_2(x)} f(x,y)\mathrm{d}y=\int_c^d \mathrm{d}y\int_{\psi_1(y)}^{\psi_2(y)} f(x,y)\mathrm{d}x .$$

上式表明，这两个不同积分次序的二次积分相等．这个结果使我们在具体计算某一个二重积分时，可以有选择地将其化为其中一种二次积分，以使计算更为简单．

例 9.2.1 将二重积分 $\iint\limits_D f(x,y)\mathrm{d}\sigma$ 化为二次积分，其中 D 是由直线 $x+y=1$，$x-y=1$ 及 $x=0$ 所围成的闭区域.

解 首先画出积分区域 D，如图 9.9 所示，积分区域可以表示为 X 型区域

$$D=\{(x,y)|0\leqslant x\leqslant 1,\ x-1\leqslant y\leqslant 1-x\},$$

则
$$\iint\limits_D f(x,y)\mathrm{d}\sigma=\int_0^1\mathrm{d}x\int_{x-1}^{1-x}f(x,y)\mathrm{d}y;$$

积分区域也可以表示为 Y 型区域

$$D=\{(x,y)|-1\leqslant y\leqslant 0,\ 0\leqslant x\leqslant 1+y\}\cup\{(x,y)|0\leqslant y\leqslant 1,\ 0\leqslant x\leqslant 1-y\},$$

则
$$\iint\limits_D f(x,y)\mathrm{d}\sigma=\int_{-1}^0\mathrm{d}y\int_0^{1+y}f(x,y)\mathrm{d}x+\int_0^1\mathrm{d}y\int_0^{1-y}f(x,y)\mathrm{d}x.$$

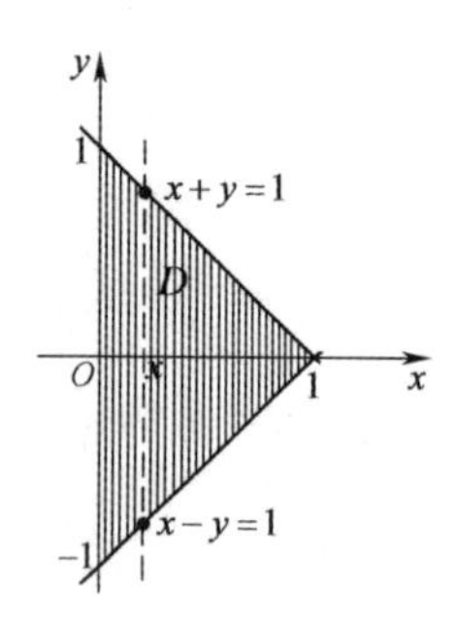

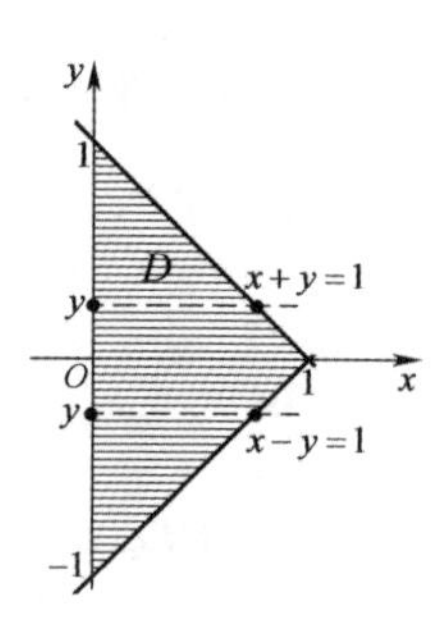

图 9.9

例 9.2.2 计算二重积分 $I=\iint\limits_D xy\mathrm{d}\sigma$，其中 D 是由直线 $x=1$，$y=x$ 及 $y=3$ 所围成的闭区域.

解法 1 画出积分区域 D，区域 D 既是 X 型区域也是 Y 型区域. 如果将区域 D 看作 X 型区域，如图 9.10 所示，则 D 可表示为

$$D=\{(x,y)|1\leqslant x\leqslant 3,\ x\leqslant y\leqslant 3\},$$

因此
$$I=\int_1^3\mathrm{d}x\int_x^3 xy\mathrm{d}y=\int_1^3 x\cdot\left[\frac{y^2}{2}\right]_x^3\mathrm{d}x=\int_1^3\left(\frac{9}{2}x-\frac{x^3}{2}\right)\mathrm{d}x=8.$$

解法 2 如果将区域 D 看作 Y 型区域，如图 9.11 所示，则 D 可表示为

$$D=\{(x,y)|1\leqslant y\leqslant 3,\ 1\leqslant x\leqslant y\},$$

因此
$$I=\int_1^3\mathrm{d}y\int_1^y xy\mathrm{d}x=\int_1^3 y\cdot\left[\frac{x^2}{2}\right]_1^y\mathrm{d}y=\int_1^3\left(\frac{y^3}{2}-\frac{y}{2}\right)\mathrm{d}y=8.$$

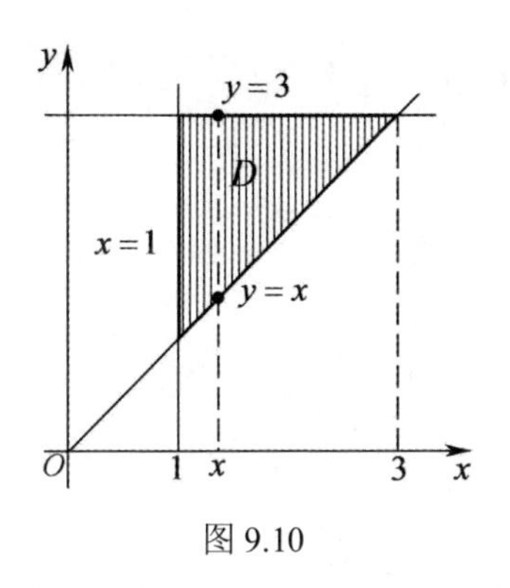

图 9.10

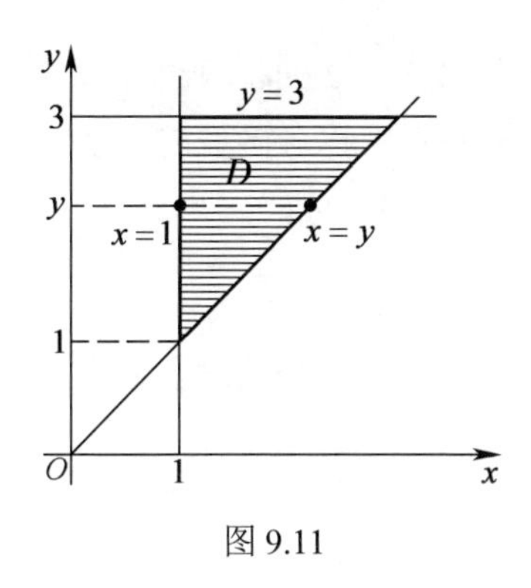

图 9.11

例 9.2.3　计算二重积分 $I=\iint\limits_{D}xy\mathrm{d}\sigma$，其中 D 是由抛物线 $y^2=x$ 及直线 $y=x-2$ 所围成的闭区域.

解法 1　画出积分区域 D，如果将区域 D 看作 Y 型区域，如图 9.12 所示，则 D 可表示为

$$D=\left\{(x,y)\middle|-1\leqslant y\leqslant 2，\ y^2\leqslant x\leqslant y+2\right\},$$

因此　$I=\int_{-1}^{2}\mathrm{d}y\int_{y^2}^{y+2}xy\mathrm{d}x=\int_{-1}^{2}y\cdot\left[\frac{x^2}{2}\right]_{y^2}^{y+2}\mathrm{d}y=\frac{1}{2}\int_{-1}^{2}[y(y+2)^2-y^5]\mathrm{d}y=\frac{45}{8}$.

解法 2　如果将区域 D 看作 X 型区域，则 D 需分成 D_1 和 D_2 两部分，如图 9.13 所示，其中 D_1 和 D_2 分别表示为

$$D_1=\left\{(x,y)\middle|0\leqslant x\leqslant 1，\ -\sqrt{x}\leqslant y\leqslant\sqrt{x}\right\};$$

$$D_2=\left\{(x,y)\middle|1\leqslant x\leqslant 4，\ x-2\leqslant y\leqslant\sqrt{x}\right\}.$$

根据二重积分的性质 9.1.2，有

$$I=\iint\limits_{D}xy\mathrm{d}\sigma=\iint\limits_{D_1}xy\mathrm{d}\sigma+\iint\limits_{D_2}xy\mathrm{d}\sigma=\int_0^1\mathrm{d}x\int_{-\sqrt{x}}^{\sqrt{x}}xy\mathrm{d}y+\int_1^4\mathrm{d}x\int_{x-2}^{\sqrt{x}}xy\mathrm{d}y=\frac{45}{8}.$$

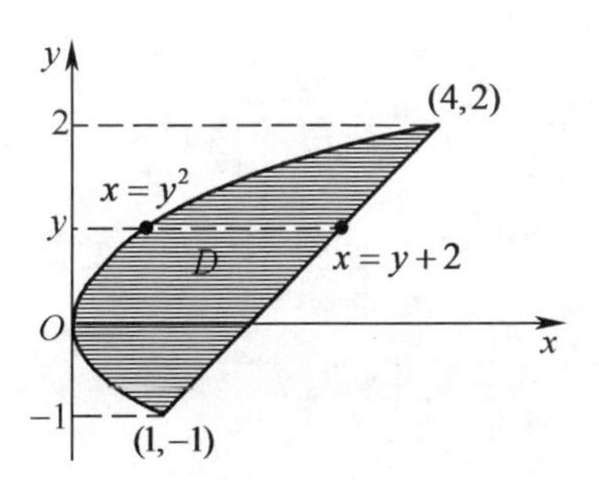

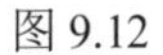
图 9.12

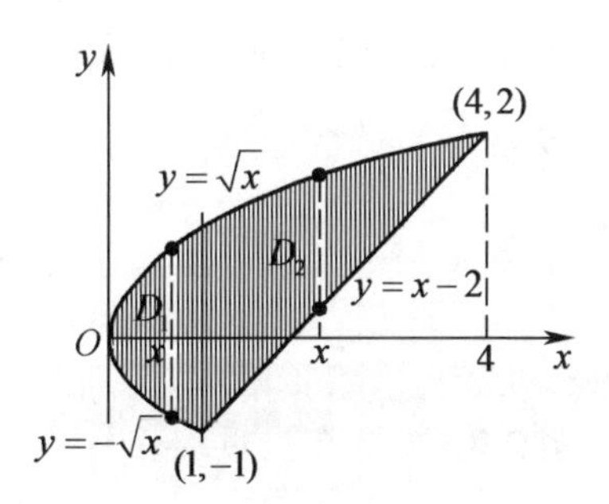

图 9.13

显然解法 2 的计算过程要比解法 1 烦琐. 由此可见，为了尽可能减少计算量，我们需要考虑积分区域的形状，从而选择合适的积分次序.

例 9.2.4 计算二重积分 $I=\iint\limits_D e^{y^2}d\sigma$，其中 D 是由直线 $y=x$，$y=1$ 及 y 轴所围成的闭区域.

解 画出积分区域 D，如果将积分区域 D 看作 X 型区域，如图 9.14 所示，则 D 可表示为

$$D=\left\{(x,y)\middle|0\leqslant x\leqslant 1,\ x\leqslant y\leqslant 1\right\},$$

从而

$$I=\iint\limits_D e^{y^2}d\sigma=\int_0^1 dx\int_x^1 e^{y^2}dy.$$

但是 $\int e^{y^2}dy$ 的原函数不能用初等函数表示，积分的计算无法进行，所以应选择另一种积分次序.

现将区域 D 看作 Y 型区域，如图 9.15 所示，则 D 可表示为

$$D=\left\{(x,y)\middle|0\leqslant y\leqslant 1,\ 0\leqslant x\leqslant y\right\}.$$

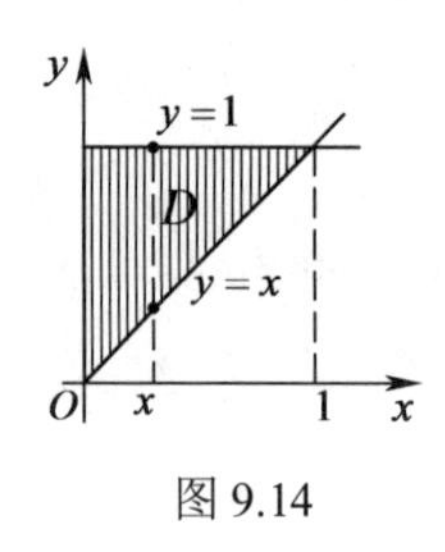

图 9.14

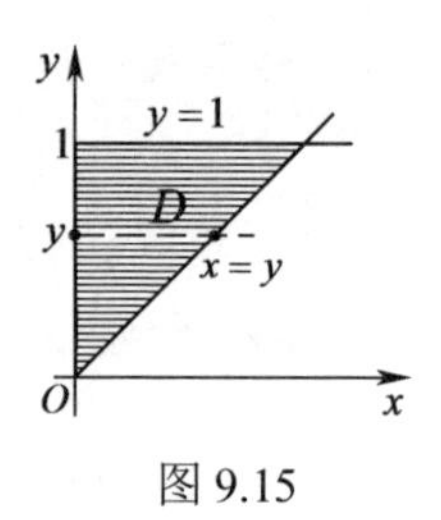

图 9.15

因此

$$\begin{aligned}I&=\int_0^1 dy\int_0^y e^{y^2}dx=\int_0^1 e^{y^2}\cdot[x]_0^y\,dy\\&=\int_0^1 ye^{y^2}dy=\frac{1}{2}\int_0^1 e^{y^2}d(y^2)=\frac{1}{2}(e-1).\end{aligned}$$

由此可见，将二重积分转化为二次积分，在选取积分次序时，不但要考虑积分区域 D 的特点，还要考虑被积函数 $f(x,y)$ 的特征，特别是遇到 $\int\frac{\sin x}{x}dx$，$\int\frac{1}{\ln x}dx$，$\int e^{-x^2}dx$，$\int\frac{1}{\sqrt{1+x^4}}dx$ 等形式的积分，由于其原函数不是初等函数，一定要将其放在外层积分.

例 9.2.5 计算二重积分 $\iint\limits_D|y-x^2|dxdy$，其中

$$D=\left\{(x,y)\,|\,-1\leqslant x\leqslant 1,\ 0\leqslant y\leqslant 1\right\}.$$

解　画出积分区域D，如图 9.16 所示.

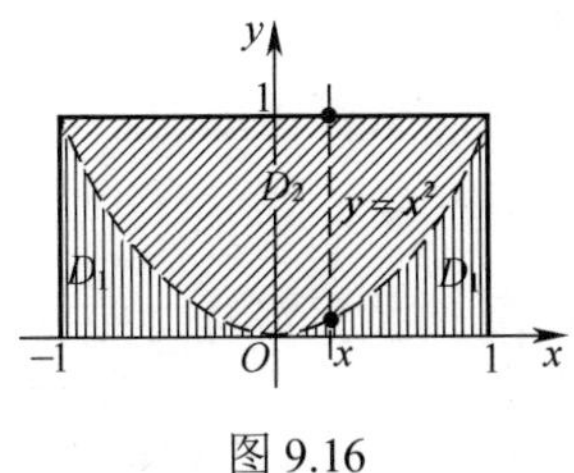

图 9.16

对此类含有绝对值的二重积分，与一元函数的定积分类似，先要根据区域的特性去掉被积函数的绝对值号．由于在抛物线$y=x^2$的下方，$y-x^2<0$，在抛物线$y=x^2$的上方，$y-x^2>0$．因此用抛物线$y=x^2$将区域D分为D_1和D_2两部分，其中

$$D_1=\{(x,y)\mid -1\leqslant x\leqslant 1,\ 0\leqslant y\leqslant x^2\};$$

$$D_2=\{(x,y)\mid -1\leqslant x\leqslant 1,\ x^2\leqslant y\leqslant 1\}.$$

根据二重积分的性质 9.1.2，有

$$\iint\limits_D |y-x^2|\mathrm{d}x\mathrm{d}y=\iint\limits_{D_1}(x^2-y)\mathrm{d}x\mathrm{d}y+\iint\limits_{D_2}(y-x^2)\mathrm{d}x\mathrm{d}y$$

$$=\int_{-1}^1\mathrm{d}x\int_0^{x^2}(x^2-y)\mathrm{d}y+\int_{-1}^1\mathrm{d}x\int_{x^2}^1(y-x^2)\mathrm{d}y=\frac{11}{15}.$$

例 9.2.6　交换二次积分$\int_0^1\mathrm{d}x\int_{x^2}^x f(x,y)\mathrm{d}y$的积分次序.

解　由所给二次积分可知，二重积分的积分区域D为 X 型，且

$$D=\{(x,y)|0\leqslant x\leqslant 1,\ x^2\leqslant y\leqslant x\},$$

画出积分区域D，如图 9.17 所示．将D看作 Y 型区域，如图 9.18 所示，则D可表示为

$$D=\{(x,y)|0\leqslant y\leqslant 1,\ y\leqslant x\leqslant \sqrt{y}\}.$$

所以
$$\int_0^1\mathrm{d}x\int_{x^2}^x f(x,y)\mathrm{d}y=\int_0^1\mathrm{d}y\int_y^{\sqrt{y}} f(x,y)\mathrm{d}x.$$

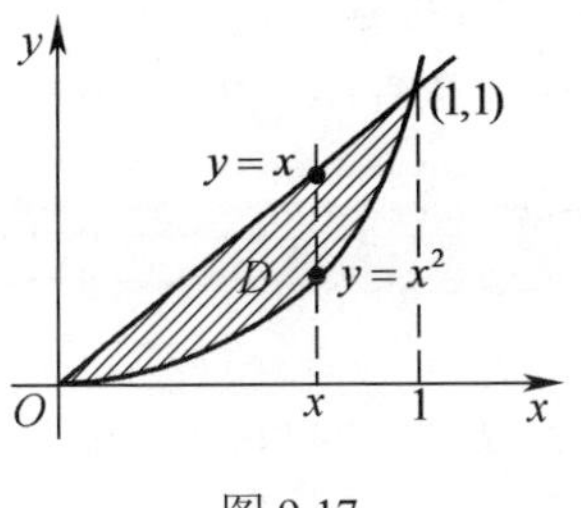

图 9.17

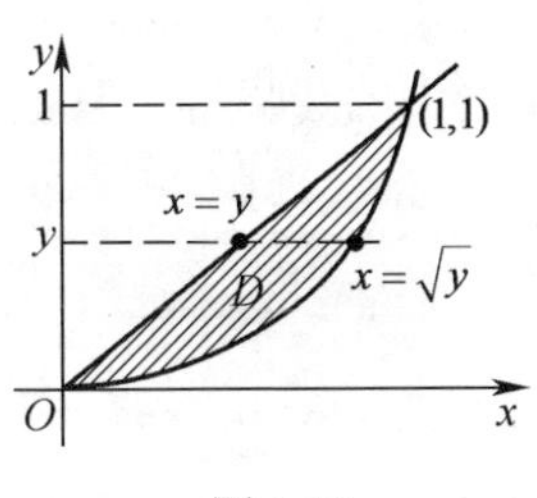

图 9.18

例 9.2.7 计算二次积分 $I=\int_0^{\frac{\pi}{2}}\mathrm{d}y\int_y^{\sqrt{\frac{\pi y}{2}}}\frac{\sin x}{x}\mathrm{d}x$ 的值.

解 由于 $\frac{\sin x}{x}$ 的原函数不能用初等函数表示，给定的积分次序无法进行积分的计算，需改变积分次序.

画出积分区域 D，如图 9.19 所示，积分区域为 Y 型区域：

$$D=\left\{(x,y)\middle|0\leqslant y\leqslant\frac{\pi}{2},\ y\leqslant x\leqslant\sqrt{\frac{\pi y}{2}}\right\}.$$

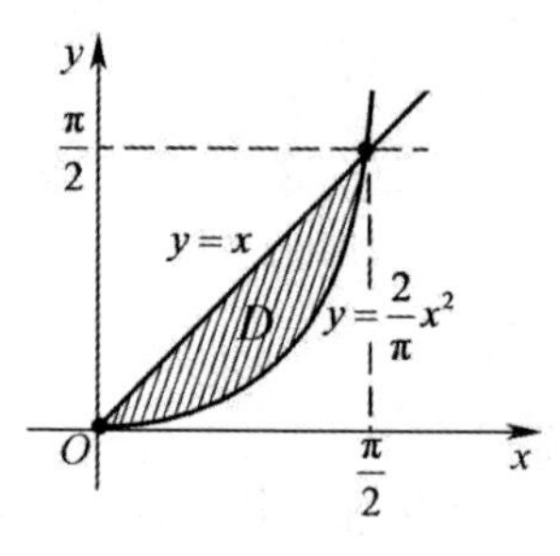

图 9.19

将 D 表示为 X 型区域：

$$D=\left\{(x,y)\middle|0\leqslant x\leqslant\frac{\pi}{2},\ \frac{2}{\pi}x^2\leqslant y\leqslant x\right\}.$$

则
$$I=\int_0^{\frac{\pi}{2}}\mathrm{d}x\int_{\frac{2}{\pi}x^2}^{x}\frac{\sin x}{x}\mathrm{d}y=\int_0^{\frac{\pi}{2}}\frac{\sin x}{x}\cdot[y]_{\frac{2}{\pi}x^2}^{x}\mathrm{d}x$$
$$=\int_0^{\frac{\pi}{2}}\frac{\sin x}{x}\left(x-\frac{2}{\pi}x^2\right)\mathrm{d}x$$
$$=\int_0^{\frac{\pi}{2}}\sin x\left(1-\frac{2}{\pi}x\right)\mathrm{d}x=1-\frac{2}{\pi}.$$

9.2.2 利用极坐标计算二重积分

有些二重积分，积分区域 D 的边界曲线用极坐标方程来表示比较方便，如圆形或扇形区域的边界等，且被积函数用极坐标变量 ρ，θ 表示比较简单，如被积函数 $f(x,y)$ 由 x^2+y^2，$\frac{y}{x}$，$\frac{x}{y}$ 等构成，这时，我们就应考虑用极坐标来计算此二重积分.

假定区域 D 的边界与过极点的射线相交不多于两点，函数 $f(x,y)$ 在 D 上连续．我们采用以极点为中心的一组同心圆：$\rho=$ 常数，以及从极点出发的一组射线：$\theta=$常数，把区域D划分成n个小闭区域，如图 9.20 所示，除包含边界点的一些小闭区域外，其他小闭区域均可以看作扇形的一部分．设其中具有代表性的小闭区域$\Delta\sigma$（$\Delta\sigma$同时也表示这个小闭区域的面积）是由半径分别为ρ，$\rho+\Delta\rho$的同心圆和极角分别为θ，$\theta+\Delta\theta$的射线所确定的，则

$$\Delta\sigma=\frac{1}{2}(\rho+\Delta\rho)^2\cdot\Delta\theta-\frac{1}{2}\rho^2\cdot\Delta\theta=\rho\cdot\Delta\rho\cdot\Delta\theta+\frac{1}{2}(\Delta\rho)^2\cdot\Delta\theta\approx\rho\cdot\Delta\rho\cdot\Delta\theta .$$

于是，可以得到极坐标系下的面积元素$\mathrm{d}\sigma=\rho\mathrm{d}\rho\mathrm{d}\theta$．

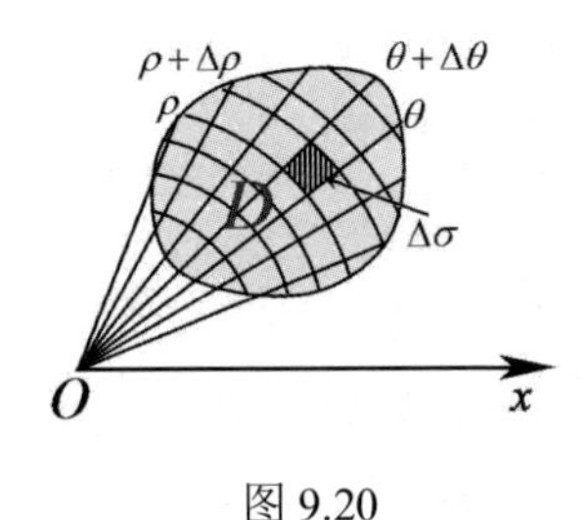

图 9.20

注意到平面上的点的直角坐标(x,y)和其极坐标(ρ,θ)之间的关系为

$$x=\rho\cos\theta，\quad y=\rho\sin\theta，$$

从而得到直角坐标系下与极坐标系下二重积分的转换公式为

$$\iint_D f(x,y)\mathrm{d}x\mathrm{d}y=\iint_D f(\rho\cos\theta,\rho\sin\theta)\rho\mathrm{d}\rho\mathrm{d}\theta .$$

极坐标系中的二重积分，同样可以化为二次积分来计算．

1．极点位于区域D的外部

设积分区域D可以用不等式组$\alpha\leqslant\theta\leqslant\beta$，$\varphi_1(\theta)\leqslant\rho\leqslant\varphi_2(\theta)$来表示，其中函数$\varphi_1(\theta)$，$\varphi_2(\theta)$在区间$[\alpha,\beta]$上连续，如图 9.21 和图 9.22 所示．

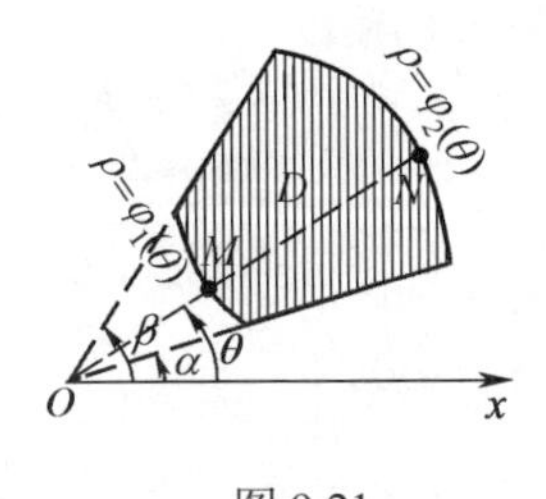

图 9.21

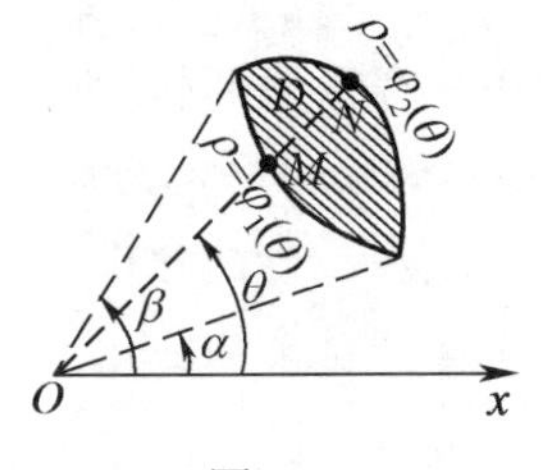

图 9.22

在区间$[\alpha,\beta]$上任取一个θ值，从极点出发作一条射线l与区域D相交，得到D内一条线段MN，MN上点的极径范围是$\varphi_1(\theta)\leqslant\rho\leqslant\varphi_2(\theta)$，又因为$\theta$是在区间$[\alpha,\beta]$内任意取定的，于是可得极坐标系中的二重积分化为二次积分的公式为

$$\iint\limits_D f(x,y)\mathrm{d}\sigma=\iint\limits_D f(\rho\cos\theta,\rho\sin\theta)\rho\mathrm{d}\rho\mathrm{d}\theta=\int_\alpha^\beta\left[\int_{\varphi_1(\theta)}^{\varphi_2(\theta)}f(\rho\cos\theta,\rho\sin\theta)\rho\mathrm{d}\rho\right]\mathrm{d}\theta .$$

上式也可以写成

$$\iint\limits_D f(x,y)\mathrm{d}\sigma=\int_\alpha^\beta\mathrm{d}\theta\int_{\varphi_1(\theta)}^{\varphi_2(\theta)}f(\rho\cos\theta,\rho\sin\theta)\rho\mathrm{d}\rho .$$

2. 极点位于区域D的边界上

如果积分区域D是如图 9.23 所示的曲边扇形，此时，区域D可表示为

$$\alpha\leqslant\theta\leqslant\beta，\quad 0\leqslant\rho\leqslant\varphi(\theta)，$$

于是

$$\iint\limits_D f(x,y)\mathrm{d}\sigma=\int_\alpha^\beta\mathrm{d}\theta\int_0^{\varphi(\theta)}f(\rho\cos\theta,\rho\sin\theta)\rho\mathrm{d}\rho .$$

3. 极点位于区域D的内部

如果积分区域D是如图 9.24 所示的图形，此时，区域D可表示为

$$0\leqslant\theta\leqslant 2\pi，\quad 0\leqslant\rho\leqslant\varphi(\theta)，$$

于是

$$\iint\limits_D f(x,y)\mathrm{d}\sigma=\int_0^{2\pi}\mathrm{d}\theta\int_0^{\varphi(\theta)}f(\rho\cos\theta,\rho\sin\theta)\rho\mathrm{d}\rho .$$

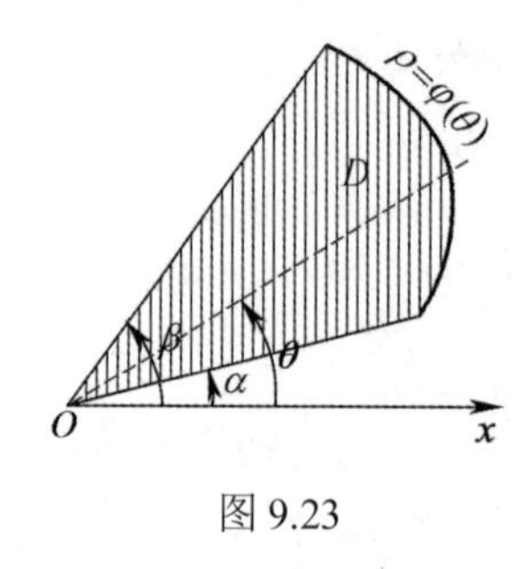

图 9.23

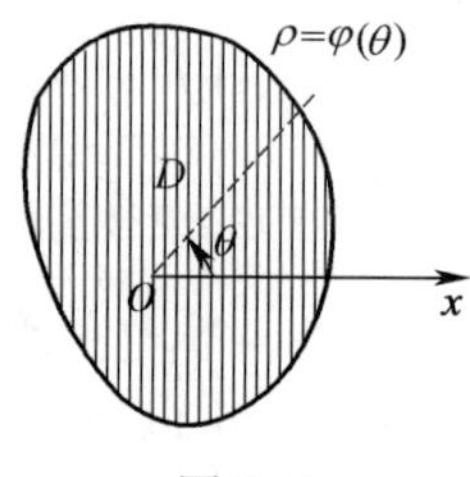

图 9.24

注意　极坐标系下计算二重积分要注意三个方面的转化:

（1）积分区域的转化: $D(x,y)\to D(\rho,\theta)$，要将D的边界曲线由直角坐标系下关于x，y的方程转化为极坐标系下关于ρ，θ的方程.

（2）被积函数的转化: $f(x,y)\to f(\rho\cos\theta,\rho\sin\theta)$.

（3）面积元素的转化: $\mathrm{d}\sigma\to\rho\mathrm{d}\rho\mathrm{d}\theta$ 或者 $\mathrm{d}x\mathrm{d}y\to\rho\mathrm{d}\rho\mathrm{d}\theta$.

例 9.2.8　计算二重积分$\iint\limits_D\frac{y^2}{x^2}\mathrm{d}x\mathrm{d}y$，其中$D$是由曲线$x^2+y^2=2x$所围成的闭区域.

解　画出积分区域D，如图 9.25 所示，其边界曲线的极坐标方程为$\rho=2\cos\theta$，于是积分区域D可表示为

$$-\frac{\pi}{2}\leqslant\theta\leqslant\frac{\pi}{2},\quad 0\leqslant\rho\leqslant 2\cos\theta .$$

所以

$$\iint_D \frac{y^2}{x^2}\mathrm{d}x\mathrm{d}y=\int_{-\frac{\pi}{2}}^{\frac{\pi}{2}}\mathrm{d}\theta\int_0^{2\cos\theta}\frac{\sin^2\theta}{\cos^2\theta}\rho\mathrm{d}\rho$$

$$=\int_{-\frac{\pi}{2}}^{\frac{\pi}{2}}2\sin^2\theta\mathrm{d}\theta=\pi .$$

例 9.2.9　计算二重积分 $\iint\limits_D \mathrm{e}^{-(x^2+y^2)}\mathrm{d}\sigma$，其中 D 是由圆 $x^2+y^2=R^2$ 所围成的闭区域.

解　积分区域 D 如图 9.26 所示，其边界曲线的极坐标方程为 $\rho=R$，于是积分区域 D 可表示为

$$0\leqslant\theta\leqslant 2\pi,\quad 0\leqslant\rho\leqslant R .$$

所以

$$\iint_D \mathrm{e}^{-(x^2+y^2)}\mathrm{d}\sigma=\int_0^{2\pi}\mathrm{d}\theta\int_0^R \mathrm{e}^{-\rho^2}\rho\mathrm{d}\rho=2\pi\int_0^R \mathrm{e}^{-\rho^2}\rho\mathrm{d}\rho$$

$$=-\pi\int_0^R \mathrm{e}^{-\rho^2}\mathrm{d}(-\rho^2)=-\pi\left[\mathrm{e}^{-\rho^2}\right]_0^R=\pi(1-\mathrm{e}^{-R^2})$$

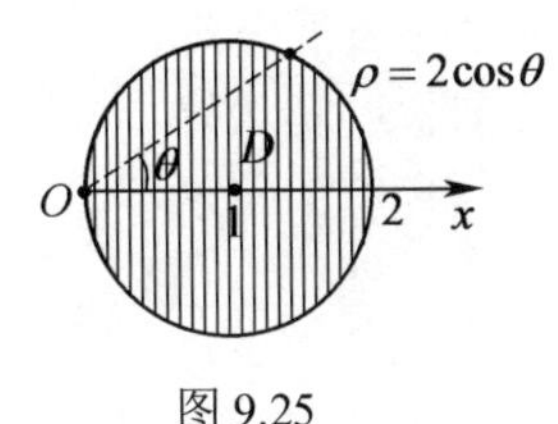

图 9.25

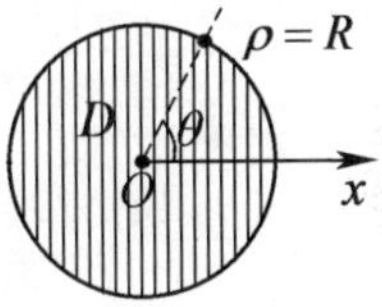

图 9.26

例 9.2.10　计算二次积分 $I=\int_0^1\mathrm{d}y\int_0^{\sqrt{1-y^2}}\sin(\pi\sqrt{x^2+y^2})\mathrm{d}x$.

解　由所给二次积分得积分区域

$$D=\left\{(x,y)\middle|x^2+y^2\leqslant 1,\ x\geqslant 0,\ y\geqslant 0\right\}.$$

如图 9.27 所示，考虑到 D 是圆的一部分，被积函数中含有 x^2+y^2，故采用极坐标计算 I.

在极坐标系中，区域 D 可表示为

$$0\leqslant\theta\leqslant\frac{\pi}{2},\quad 0\leqslant\rho\leqslant 1 .$$

于是

$$I=\iint\limits_{D}\sin(\pi\sqrt{x^2+y^2})\mathrm{d}x\mathrm{d}y=\int_0^{\frac{\pi}{2}}\mathrm{d}\theta\int_0^1\sin\pi\rho\cdot\rho\mathrm{d}\rho=\frac{1}{2}.$$

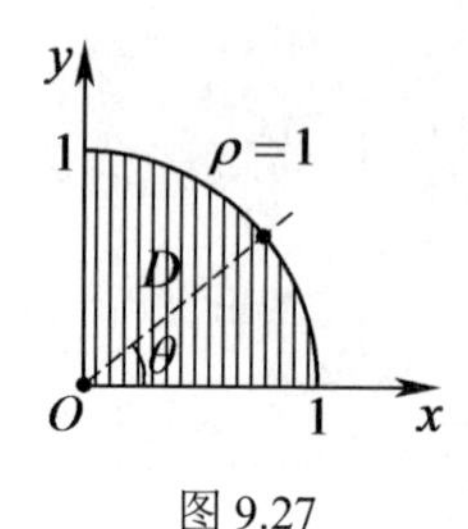

图 9.27

例 9.2.11 计算反常积分 $\int_0^{+\infty}\mathrm{e}^{-x^2}\mathrm{d}x$.

解 这是一个反常积分，由于 e^{-x^2} 的原函数不能用初等函数表示，因此利用反常积分的计算方法无法计算. 现在我们利用二重积分来计算.

设 $I(R)=\int_0^R\mathrm{e}^{-x^2}\mathrm{d}x$，则

$$I^2(R)=\int_0^R\mathrm{e}^{-x^2}\mathrm{d}x\cdot\int_0^R\mathrm{e}^{-x^2}\mathrm{d}x=\int_0^R\mathrm{e}^{-x^2}\mathrm{d}x\cdot\int_0^R\mathrm{e}^{-y^2}\mathrm{d}y=\iint\limits_{\substack{0\leqslant x\leqslant R\\0\leqslant y\leqslant R}}\mathrm{e}^{-(x^2+y^2)}\mathrm{d}x\mathrm{d}y.$$

记 $D=\{(x,y)|0\leqslant x\leqslant R,\ 0\leqslant y\leqslant R\}$，

$D_1=\{(x,y)|x^2+y^2\leqslant R^2,\ x\geqslant 0,\ y\geqslant 0\}$，

$D_2=\{(x,y)|x^2+y^2\leqslant 2R^2,\ x\geqslant 0,\ y\geqslant 0\}$.

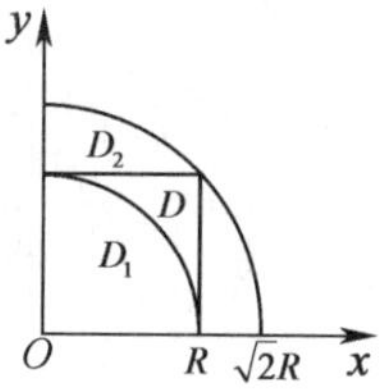

图 9.28

如图 9.28 所示，显然

$$\iint\limits_{D_1}\mathrm{e}^{-(x^2+y^2)}\mathrm{d}\sigma<I^2(R)<\iint\limits_{D_2}\mathrm{e}^{-(x^2+y^2)}\mathrm{d}\sigma,$$

利用例 9.2.9 可得

$$\frac{\pi}{4}(1-\mathrm{e}^{-R^2})<I^2(R)<\frac{\pi}{4}(1-\mathrm{e}^{-2R^2}).$$

当 $R\to+\infty$ 时，上式两端的极限都是 $\frac{\pi}{4}$，于是由夹逼准则得

$$\lim_{R\to+\infty}I^2(R)=\frac{\pi}{4}.$$

又因为 $I(R)>0$，所以 $\lim\limits_{R\to+\infty}I(R)=\frac{\sqrt{\pi}}{2}$，即

$$\int_0^{+\infty}\mathrm{e}^{-x^2}\mathrm{d}x=\frac{\sqrt{\pi}}{2}.$$

习题 9.2

1．计算下列二重积分：

（1）$\iint\limits_D (x^2+y^2)\mathrm{d}\sigma$，其中 $D=\{(x,y)\,\|x|\leqslant 1,|y|\leqslant 1\}$；

（2）$\iint\limits_D (3x+2y)\mathrm{d}\sigma$，其中 D 是由两条坐标轴及直线 $x+y=2$ 所围成的闭区域；

（3）$\iint\limits_D x\sqrt{y}\mathrm{d}\sigma$，其中 D 是由两条抛物线 $y=\sqrt{x}$，$y=x^2$ 所围成的闭区域；

（4）$\iint\limits_D \frac{\sin y}{y}\mathrm{d}\sigma$，其中 D 是由曲线 $y=\sqrt{x}$，直线 $y=x$ 所围成的闭区域.

2．交换下列二次积分的积分次序：

（1）$\int_0^1 \mathrm{d}y\int_0^y f(x,y)\mathrm{d}x$；　（2）$\int_0^1 \mathrm{d}y\int_{-\sqrt{1-y^2}}^{\sqrt{1-y^2}} f(x,y)\mathrm{d}x$；

（3）$\int_1^{\mathrm{e}} \mathrm{d}x\int_0^{\ln x} f(x,y)\mathrm{d}y$；　（4）$\int_0^1 \mathrm{d}x\int_0^{x^2} f(x,y)\mathrm{d}y+\int_1^2 \mathrm{d}x\int_0^{2-x} f(x,y)\mathrm{d}y$.

3．利用极坐标计算下列二重积分：

（1）$\iint\limits_D \mathrm{e}^{x^2+y^2}\mathrm{d}\sigma$，其中 D 是由圆周 $x^2+y^2=4$ 所围成的闭区域；

（2）$\iint\limits_D \arctan\frac{y}{x}\mathrm{d}\sigma$，其中 D 是由圆周 $x^2+y^2=4$，$x^2+y^2=1$ 及直线 $y=0$，$y=x$ 所围成的第一象限内的闭区域.

（3）$\iint\limits_D \frac{\sin(\pi\sqrt{x^2+y^2})}{\sqrt{x^2+y^2}}\mathrm{d}\sigma$，其中 D 是由 $1\leqslant x^2+y^2\leqslant 4$ 所确定的圆环形闭区域.

4．把下列二次积分化为极坐标形式的二次积分：

（1）$\int_0^1 \mathrm{d}x\int_0^1 f(x,y)\mathrm{d}y$；　（2）$\int_0^2 \mathrm{d}x\int_x^{\sqrt{3}x} f(\sqrt{x^2+y^2})\mathrm{d}y$；

（3）$\int_0^1 \mathrm{d}x\int_{1-x}^{\sqrt{1-x^2}} f(x,y)\mathrm{d}y$；　（4）$\int_0^1 \mathrm{d}x\int_0^{x^2} f(x,y)\mathrm{d}y$.

5．选择适当的坐标计算下列二重积分：

（1）$\iint\limits_D \frac{x^2}{y^2}\mathrm{d}\sigma$，其中 D 是由直线 $y=x$，$x=2$ 及曲线 $xy=1$ 所围成的闭区域；

（2）$\iint\limits_D \sqrt{x^2+y^2}\mathrm{d}\sigma$，其中 D 是圆环形闭区域 $\{(x,y)\,|a^2\leqslant x^2+y^2\leqslant b^2\}$.

9.3 三重积分

9.3.1 引例——求空间物体的质量

已知物体所占有的空间闭区域是Ω，$\rho(x,y,z)$表示物体在点(x,y,z)处的密度，且$\rho(x,y,z)$在Ω上连续，求该物体的质量M.

与求平面薄片的质量类似，我们仍旧可以采用“分割－近似－求和－取极限”的方法.

（1）分割：将Ω任意分成n个小闭区域$\Delta v_1,\Delta v_2,\cdots,\Delta v_n$，其中$\Delta v_i$表示第$i$个小闭区域，也表示它的体积.

（2）近似：在第i个小闭区域上任取一点(ξ_i,η_i,ζ_i)，求出第i小块物体质量的近似值$\rho(\xi_i,\eta_i,\zeta_i)\Delta v_i$（$i=1,2,3,\cdots,n$）.

（3）求和：对n个小闭区域物体质量的近似值求和，得到所求物体质量的近似值

$$M\approx\sum_{i=1}^{n}\rho(\xi_i,\eta_i,\zeta_i)\Delta v_i .$$

（4）取极限：记各小闭区域Δv_i（$i=1,2,3,\cdots,n$）直径的最大值为λ，令$\lambda\to 0$，取上述和式的极限，即得所求物体的质量

$$M=\lim_{\lambda\to 0}\sum_{i=1}^{n}\rho(\xi_i,\eta_i,\zeta_i)\Delta v_i . \qquad (9.3.1)$$

为更一般地研究此类和式的极限，我们抽象出如下三重积分的定义.

9.3.2 三重积分的概念

定义 9.3.1 设$f(x,y,z)$是空间有界闭区域Ω上的有界函数，将Ω任意分成n个小闭区域$\Delta v_1,\Delta v_2,\cdots,\Delta v_n$，其中$\Delta v_i$表示第$i$个小闭区域，同时也表示它的体积. 在$\Delta v_i$上任取一点$(\xi_i,\eta_i,\zeta_i)$，作乘积$f(\xi_i,\eta_i,\zeta_i)\Delta v_i$（$i=1,2,3,\cdots,n$），并作和$\sum\limits_{i=1}^{n}f(\xi_i,\eta_i,\zeta_i)\Delta v_i$. 如果当各小闭区域直径中的最大值$\lambda$趋近于零时，不论$\Omega$如何划分和点$(\xi_i,\eta_i,\zeta_i)$如何选取，该和式的极限总存在，则称此极限为函数$f(x,y,z)$在闭区域$\Omega$上的**三重积分**，记作$\iiint\limits_{\Omega}f(x,y,z)\mathrm{d}v$，即

$$\lim_{\lambda\to 0}\sum_{i=1}^{n}f(\xi_i,\eta_i,\zeta_i)\Delta v_i=\iiint\limits_{\Omega}f(x,y,z)\mathrm{d}v .$$

其中 $f(x,y,z)$ 叫作**被积函数**，$\mathrm{d}v$ 叫作**体积元素**，Ω 叫作**积分区域**.

在直角坐标系中，如果用平行于坐标面的平面来划分 Ω，则除了包含 Ω 的边界的一些不规则小闭区域外，其他的小闭区域 Δv_i 均为长方体. 设小长方体 Δv_i 的边长分别为 Δx_i，Δy_i，Δz_i，则 $\Delta v_i = \Delta x_i \Delta y_i \Delta z_i$，因此在直角坐标系中，我们把体积元素 $\mathrm{d}v$ 记作 $\mathrm{d}x\mathrm{d}y\mathrm{d}z$，于是

$$\iiint_{\Omega} f(x,y,z)\mathrm{d}v = \iiint_{\Omega} f(x,y,z)\mathrm{d}x\mathrm{d}y\mathrm{d}z,$$

其中 $\mathrm{d}x\mathrm{d}y\mathrm{d}z$ 叫作直角坐标系中的**体积元素**.

注意　当函数 $f(x,y,z)$ 在空间有界闭区域 Ω 上连续时，函数 $f(x,y,z)$ 在 Ω 上的三重积分必存在. 以后我们总假定函数 $f(x,y,z)$ 在 Ω 上是连续的.

根据三重积分的定义，密度为 $\rho(x,y,z)$ 的空间立体 Ω 的质量为

$$M = \iiint_{\Omega} \rho(x,y,z)\mathrm{d}v,$$

这也是三重积分的物理意义.

三重积分具有和二重积分类似的性质，这里不再叙述，只强调一点：当 $f(x,y,z) \equiv 1$ 时，设积分区域 Ω 的体积为 V，则有 $\iiint\limits_{\Omega} 1\mathrm{d}v = \iiint\limits_{\Omega} \mathrm{d}v = V$，此时三重积分的值表示积分区域 Ω 的体积.

9.3.3　三重积分的计算

三重积分的计算，与二重积分计算类似，其基本思路也是化为累次积分. 下面我们按不同坐标系来分别讨论将三重积分化为三次积分的方法.

1. 利用直角坐标计算三重积分

方法 1　投影法.

假设平行于 z 轴且穿过 Ω 内部的直线与 Ω 的边界曲面 S 相交不多于两点（母线平行于 z 轴的侧面除外）. 把 Ω 投影到 xOy 面上，得一平面区域 D_{xy}，如图 9.29 所示，过平面区域 D_{xy} 内任一点 (x,y) 作平行于 z 轴的直线，沿 z 轴正向穿过 Ω，直线穿入 Ω 经过的曲面称为 S_1，穿出 Ω 经过的曲面称为 S_2，其中

$$S_1\text{：}z = z_1(x,y),\quad S_2\text{：}z = z_2(x,y),$$

于是穿入点与穿出点的竖坐标分别为 $z_1(x,y)$，$z_2(x,y)$，积分区域 Ω 可表示为

$$\Omega = \left\{(x,y,z)\middle| z_1(x,y) \leqslant z \leqslant z_2(x,y),\ (x,y) \in D_{xy}\right\},$$

从而

$$\iiint_{\Omega} f(x,y,z)\mathrm{d}v = \iint_{D_{xy}} \left[\int_{z_1(x,y)}^{z_2(x,y)} f(x,y,z)\mathrm{d}z\right]\mathrm{d}x\mathrm{d}y \quad \text{（先一后二）}.$$

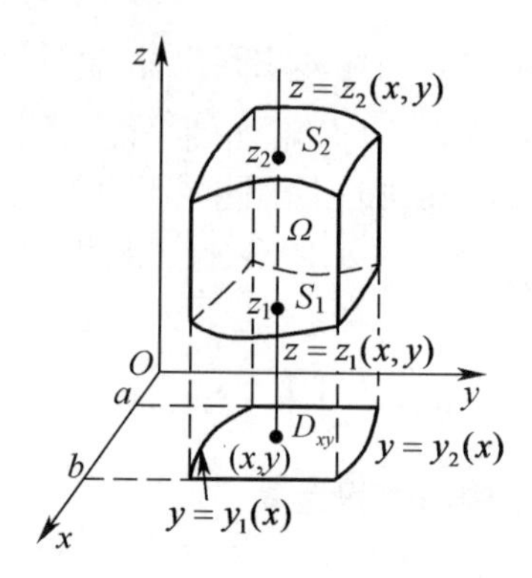

图 9.29

若 D_{xy} 是 X 型区域：$D_{xy}=\{(x,y)|a\leqslant x\leqslant b，y_1(x)\leqslant y\leqslant y_2(x)\}$，则

$$\iiint_{\Omega} f(x,y,z)\mathrm{d}v=\int_a^b \mathrm{d}x\int_{y_1(x)}^{y_2(x)}\mathrm{d}y\int_{z_1(x,y)}^{z_2(x,y)} f(x,y,z)\mathrm{d}z,$$

三重积分化为先对 z，再对 y，最后对 x 的三次积分.

类似地，若 D_{xy} 是 Y 型区域：$D_{xy}=\{(x,y)|c\leqslant y\leqslant d，x_1(y)\leqslant x\leqslant x_2(y)\}$，则

$$\iiint_{\Omega} f(x,y,z)\mathrm{d}v=\int_c^d \mathrm{d}y\int_{x_1(y)}^{x_2(y)}\mathrm{d}x\int_{z_1(x,y)}^{z_2(x,y)} f(x,y,z)\mathrm{d}z,$$

三重积分化为先对 z，再对 x，最后对 y 的三次积分.

如果平行于 x 轴或 y 轴且穿过 Ω 内部的直线与 Ω 的边界曲面 S 相交不多于两点，也可以把 Ω 投影到 yOz 面上或者 xOz 面上，这样就可以把三重积分转化成其他次序的三次积分. 如果平行于坐标轴且穿过 Ω 内部的直线与边界曲面 S 的交点多于两个，我们可以把 Ω 分成若干个满足条件的小闭区域，将 Ω 上的三重积分化为各小闭区域上的三重积分的和.

例9.3.1 计算三重积分 $\iiint_{\Omega} x\mathrm{d}x\mathrm{d}y\mathrm{d}z$，其中 Ω 是三个坐标面与平面 $x+2y+z=1$ 所围成的闭区域.

解 如图 9.30 所示，将 Ω 向 xOy 面投影，得投影区域 D_{xy}. D_{xy} 由直线 OA：$y=0$，OB：$x=0$ 及 AB：$x+2y=1$ 围成，所以

$$D_{xy}=\left\{(x,y)\middle|0\leqslant x\leqslant 1，0\leqslant y\leqslant \frac{1-x}{2}\right\}.$$

在 D_{xy} 内任取一点，过此点作平行于 z 轴的直线，该直线从平面 $z=0$ 穿入 Ω 内，然后从平面 $z=1-x-2y$ 穿出 Ω 外，于是 $0\leqslant z\leqslant 1-x-2y$，从而

$$\iiint_{\Omega} x\mathrm{d}x\mathrm{d}y\mathrm{d}z = \int_0^1 \mathrm{d}x \int_0^{\frac{1-x}{2}} \mathrm{d}y \int_0^{1-x-2y} x\mathrm{d}z = \int_0^1 \mathrm{d}x \int_0^{\frac{1-x}{2}} x(1-x-2y)\mathrm{d}y$$

$$= \frac{1}{4}\int_0^1 (x-2x^2+x^3)\mathrm{d}x = \frac{1}{48}$$

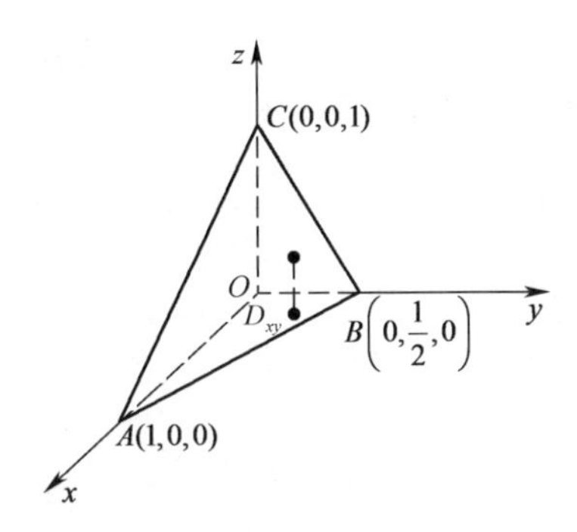

图 9.30

方法 2　截面法.

设空间有界闭区域 Ω 介于两平面 $z=c$ ，$z=d$ 之间，过点 $(0,0,z)$ 作垂直于 z 轴的平面（ $z\in[c,d]$ ），截 Ω 得一平面 D_z ，如图 9.31 所示，于是 Ω 可表示为

$$\Omega = \left\{(x,y,z)\middle|(x,y)\in D_z,\ c\leqslant z\leqslant d\right\}.$$

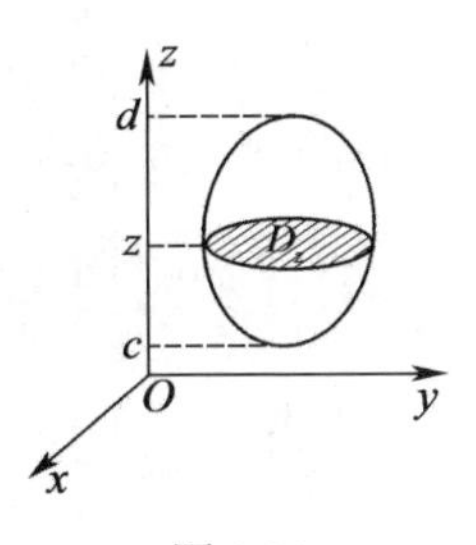

图 9.31

从而

$$\iiint_{\Omega} f(x,y,z)\mathrm{d}v = \int_c^d \mathrm{d}z \iint_{D_z} f(x,y,z)\mathrm{d}x\mathrm{d}y \quad （先二后一）.$$

特别地，当 $f(x,y,z)$ 仅是 z 的表达式，而 D_z 的面积又容易计算时，使用这种方法尤其方便，因为这时 $f(x,y,z)=g(z)$，从而有

$$\iiint_{\Omega} f(x,y,z)\mathrm{d}v = \iiint_{\Omega} g(z)\mathrm{d}v = \int_c^d \mathrm{d}z \iint_{D_z} g(z)\mathrm{d}\sigma$$

$$= \int_c^d g(z)\mathrm{d}z \iint_{D_z} \mathrm{d}\sigma = \int_c^d g(z)S_{D_z}\mathrm{d}z$$

其中 S_{D_z} 表示 D_z 的面积.

类似地，也可以考虑其他积分次序的情形.

例 9.3.2 计算三重积分 $\iiint\limits_{\Omega} z\mathrm{d}x\mathrm{d}y\mathrm{d}z$，其中 Ω 为三个坐标面与平面 $x+y+z=1$ 所围成的闭区域.

解 如图9.32所示，区域 Ω 介于平面 $z=0$ 与 $z=1$ 之间，在 $[0,1]$ 内任取一点 z，作垂直于 z 轴的平面，截区域 Ω 得一截面

$$D_z=\left\{(x,y)\middle|x+y\leqslant 1-z\right\}.$$

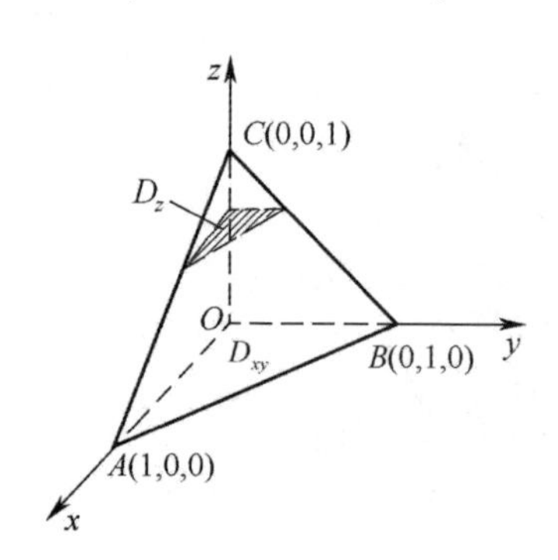

图 9.32

于是 Ω 可表示为

$$\Omega=\left\{(x,y,z)\middle|(x,y)\in D_z,\ 0\leqslant z\leqslant 1\right\}.$$

于是

$$\iiint\limits_{\Omega} z\mathrm{d}x\mathrm{d}y\mathrm{d}z=\int_0^1 z\mathrm{d}z\iint\limits_{D_z}\mathrm{d}x\mathrm{d}y.$$

因为

$$\iint\limits_{D_z}\mathrm{d}x\mathrm{d}y=\frac{1}{2}(1-z)(1-z),$$

所以

$$\iiint\limits_{\Omega} z\mathrm{d}x\mathrm{d}y\mathrm{d}z=\int_0^1 z\cdot\frac{1}{2}(1-z)^2\mathrm{d}z=\frac{1}{24}.$$

2. 利用柱面坐标计算三重积分

在利用投影法计算三重积分时，如果选择极坐标计算其中的二重积分，那么此时对三重积分而言，就是所谓的利用柱面坐标计算三重积分.

设 $M(x,y,z)$ 为空间内一点，并设点 M 在 xOy 面上的投影 M' 的极坐标为 (ρ,θ)，则数组 (ρ,θ,z) 就称为点 M 的**柱面坐标**. 如图 9.33 所示，规定 ρ，θ，z 的变化范围为：$0\leqslant\rho<+\infty$，$0\leqslant\theta\leqslant 2\pi$，$-\infty<z<+\infty$.

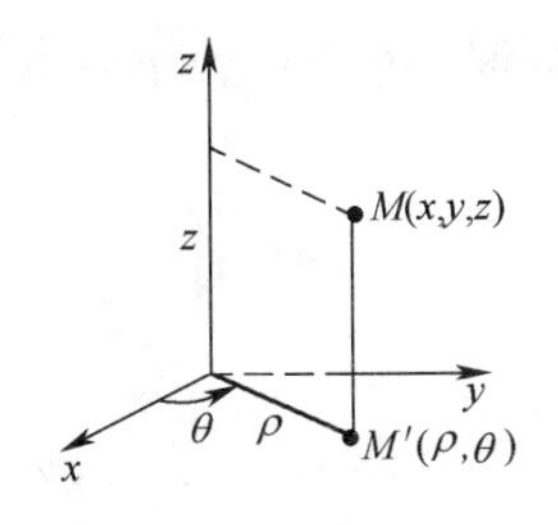

图 9.33

点 M 的直角坐标 (x,y,z) 与柱面坐标 (ρ,θ,z) 之间的关系为

$$x=\rho\cos\theta\text{，}\quad y=\rho\sin\theta\text{，}\quad z=z\text{ .}\tag{9.3.2}$$

在柱面坐标系中，三组坐标面分别为

$\rho=$常数，表示以 z 轴为轴的圆柱面；

$\theta=$常数，表示过 z 轴的半平面；

$z=$常数，表示与 xOy 面平行的平面.

现在考察三重积分在柱面坐标系下的形式. 用三组坐标面 $\rho=$常数，$\theta=$常数，$z=$常数，把 Ω 分成许多小闭区域，除了含 Ω 的边界点的一些不规则小闭区域外，其他小闭区域都是柱体，如图 9.34 所示. 考虑由 ρ，θ，z 各取得微小增量 $\mathrm{d}\rho$，$\mathrm{d}\theta$，$\mathrm{d}z$ 所成的小柱体的体积，在不计高阶无穷小时，这个体积可近似地看作高为 $\mathrm{d}z$，底面积为 $\rho\mathrm{d}\rho\mathrm{d}\theta$ 的长方体的体积，于是得柱面坐标系中的体积元素为

$$\mathrm{d}v=\rho\mathrm{d}\rho\mathrm{d}\theta\mathrm{d}z\text{ .}$$

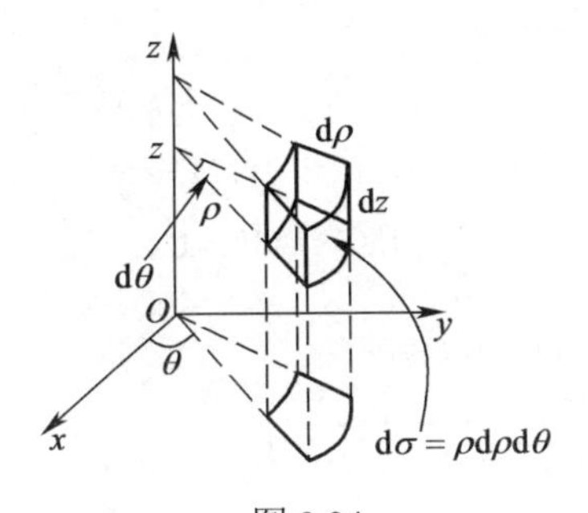

图 9.34

再利用关系式（9.3.2），就得到柱面坐标系下三重积分的表达式

$$\begin{aligned}\iiint_{\Omega} f(x,y,z)\mathrm{d}v &= \iiint_{\Omega} f(x,y,z)\mathrm{d}x\mathrm{d}y\mathrm{d}z\\ &= \iiint_{\Omega} f(\rho\cos\theta,\rho\sin\theta,z)\rho\mathrm{d}\rho\mathrm{d}\theta\mathrm{d}z.\end{aligned}$$

计算柱面坐标系下的三重积分仍然需要转化为三次积分. 积分变量 z 的范围

确定与其在直角坐标系下方法类似，ρ，θ 的范围确定与其在平面极坐标系下的方法类似，下面举例来说明.

例 9.3.3 利用柱面坐标计算三重积分 $\iiint\limits_{\Omega} z\mathrm{d}x\mathrm{d}y\mathrm{d}z$，其中 Ω 是由 $z=x^2+y^2$ 与平面 $z=4$ 所围成的闭区域.

解 如图 9.35 所示，把空间闭区域 Ω 投影到 xOy 面，得平面闭区域

$$D_{xy}=\left\{(\rho,\theta)\middle|0\leqslant\theta\leqslant 2\pi，0\leqslant\rho\leqslant 2\right\}.$$

在 D_{xy} 内任取一点 (ρ,θ)，过该点作平行于 z 轴的直线，此直线通过曲面 $z=x^2+y^2$（其柱面坐标方程是 $z=\rho^2$）穿入 Ω 内，然后通过平面 $z=4$ 穿出 Ω 外，因此 z 的范围为 $\rho^2\leqslant z\leqslant 4$，于是

$$\iiint\limits_{\Omega} z\mathrm{d}x\mathrm{d}y\mathrm{d}z=\iiint\limits_{\Omega} z\rho\mathrm{d}\rho\mathrm{d}\theta\mathrm{d}z=\int_0^{2\pi}\mathrm{d}\theta\int_0^2\rho\mathrm{d}\rho\int_{\rho^2}^4 z\mathrm{d}z=\frac{1}{2}\cdot 2\pi\int_0^2\rho(16-\rho^4)\mathrm{d}\rho=\frac{64}{3}\pi.$$

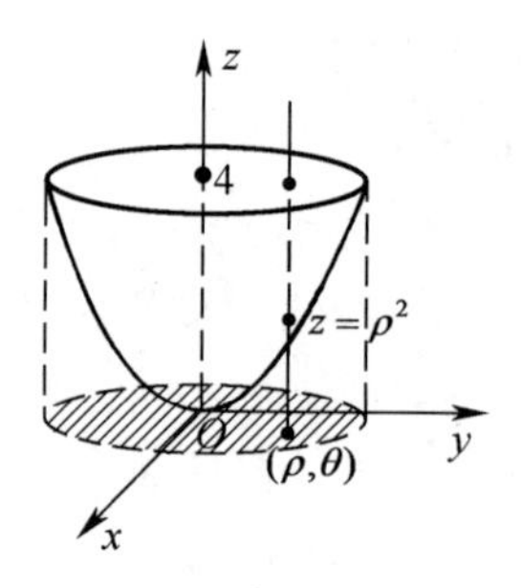

图 9.35

注意 如果积分区域 Ω 关于 yOz 面对称，Ω 位于 yOz 面前方的部分记为 Ω_1，则当被积函数 $f(x,y,z)$ 是关于 x 的奇函数时，即 $f(-x,y,z)=-f(x,y,z)$，有

$$\iiint\limits_{\Omega} f(x,y,z)\mathrm{d}v=0;$$

当被积函数 $f(x,y,z)$ 是关于 x 的偶函数时，即 $f(-x,y,z)=f(x,y,z)$，有

$$\iiint\limits_{\Omega} f(x,y,z)\mathrm{d}v=2\iiint\limits_{\Omega_1} f(x,y,z)\mathrm{d}v.$$

如果积分区域 Ω 关于 xOy 面或者 xOz 面对称，也有完全类似的结果.

例 9.3.4 计算三重积分 $\iiint\limits_{\Omega}\frac{z\ln(x^2+y^2+z^2+1)}{x^2+y^2+z^2+1}\mathrm{d}x\mathrm{d}y\mathrm{d}z$，其中积分区域 $\Omega=\left\{(x,y,z)\middle|x^2+y^2+z^2\leqslant 1\right\}$.

解 因为积分区域关于三个坐标面都对称，且被积函数是变量 z 的奇函数，所以

$$\iiint\limits_{\Omega}\frac{z\ln(x^2+y^2+z^2+1)}{x^2+y^2+z^2+1}\mathrm{d}x\mathrm{d}y\mathrm{d}z=0\,.$$

3. 利用球面坐标计算三重积分

当被积函数中含有 $x^2+y^2+z^2$，积分区域是球面围成的区域或由球面及锥面所围成的区域等，利用球面坐标能简化积分的计算.

设 $M(x,y,z)$ 为空间内任一点，则点 M 可用三个有次序的数 r，φ，θ 来确定，其中 r 为点 M 到原点 O 的距离，φ 为有向线段 $\overrightarrow{OM}$ 与 z 轴正向的夹角，θ 为从 z 轴正向来看自 x 轴按逆时针方向转到有向线段 $\overrightarrow{OP}$ 的角，这里 P 为点 M 在 xOy 面上的投影，则 (r,φ,θ) 叫作 M 点的**球面坐标**（图 9.36），其中 r，φ，θ 的变化范围为

$$0\leqslant r<+\infty\,,\quad 0\leqslant\varphi\leqslant\pi\,,\quad 0\leqslant\theta\leqslant 2\pi\,.$$

在球面坐标系中，三组坐标面分别为

$r=$常数，表示以原点为球心的球面;

$\varphi=$常数，表示以原点为顶点，z 轴为对称轴的圆锥面;

$\theta=$常数，表示过 z 轴的半平面.

由图 9.36 易见，点 M 的直角坐标 (x,y,z) 与球面坐标 (r,φ,θ) 之间的关系为

$$\begin{cases}x=\left|\overrightarrow{OP}\right|\cos\theta=r\sin\varphi\cos\theta,\\ y=\left|\overrightarrow{OP}\right|\sin\theta=r\sin\varphi\sin\theta,\\ z=\left|\overrightarrow{OM}\right|\cos\varphi=r\cos\varphi.\end{cases}\tag{9.3.3}$$

为了把直角坐标系下的三重积分变换为球面坐标系下的三重积分，用三组坐标面 $r=$常数，$\varphi=$常数，$\theta=$常数，把积分区域 Ω 分成许多小闭区域. 考虑由 r，φ，θ 各取得微小增量 $\mathrm{d}r$，$\mathrm{d}\varphi$，$\mathrm{d}\theta$ 所成的“六面体”的体积 $\mathrm{d}v$（图 9.37），不计高阶无穷小，可把这个六面体近似地看作长方体，三边长分别为 $r\mathrm{d}\varphi$，$r\sin\varphi\mathrm{d}\theta$，$\mathrm{d}r$，于是得

$$\mathrm{d}v=r^2\sin\varphi\,\mathrm{d}r\mathrm{d}\varphi\mathrm{d}\theta\,,$$

这就是球面坐标系中的**体积元素**. 再由关系式（9.3.3），得

$$\iiint\limits_{\Omega}f(x,y,z)\mathrm{d}v=\iiint\limits_{\Omega}f(r\sin\varphi\cos\theta,r\sin\varphi\sin\theta,r\cos\varphi)\,r^2\sin\varphi\,\mathrm{d}r\mathrm{d}\varphi\mathrm{d}\theta\,.\tag{9.3.4}$$

这就是把直角坐标系下的三重积分化为球面坐标系下的三重积分的变换公式. 要计算球面坐标系下的三重积分，可把它化为先对 r，后对 φ，最后对 θ 的三次积分.

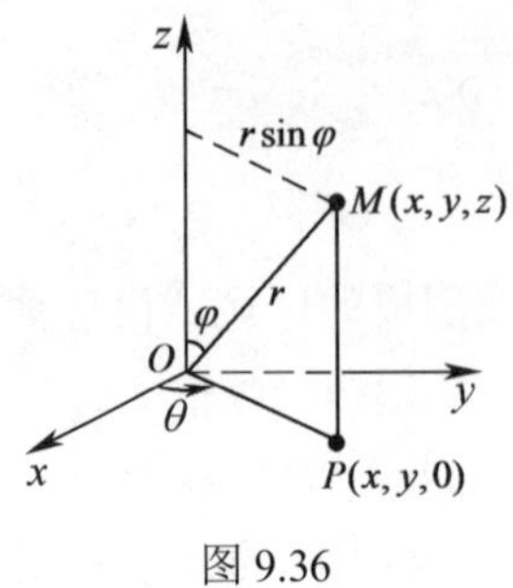

图 9.36

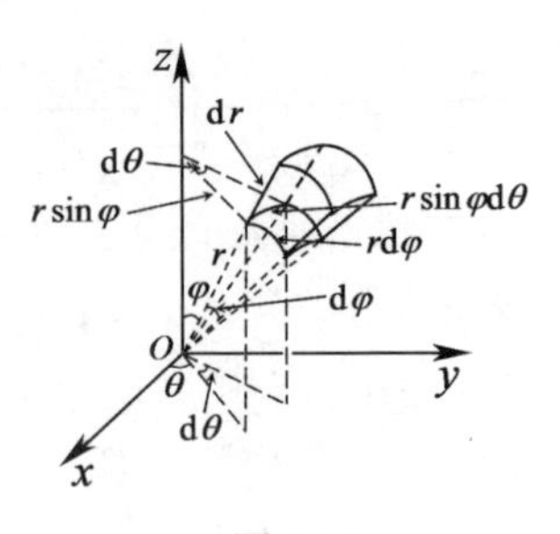

图 9.37

例 9.3.5 计算三重积分$\iiint\limits_{\Omega} xyz\mathrm{d}x\mathrm{d}y\mathrm{d}z$，其中$\Omega$是由球面$x^2+y^2+z^2=1$，以及坐标面 $x=0$，$y=0$，$z=0$所围成的第一卦限闭区域（图 9.38）.

解 在球面坐标系下，球面的方程为$r=1$，积分区域Ω可表示为

$$0\leqslant\theta\leqslant\frac{\pi}{2}，\ 0\leqslant\varphi\leqslant\frac{\pi}{2}，\ 0\leqslant r\leqslant 1，$$

于是

$$\begin{aligned}\iiint\limits_{\Omega} xyz\,\mathrm{d}x\mathrm{d}y\mathrm{d}z &= \iiint\limits_{\Omega} r^5\sin^3\varphi\cos\varphi\cos\theta\sin\theta\,\mathrm{d}r\mathrm{d}\varphi\mathrm{d}\theta \\ &= \int_0^{\frac{\pi}{2}}\cos\theta\sin\theta\mathrm{d}\theta\int_0^{\frac{\pi}{2}}\sin^3\varphi\cos\varphi\mathrm{d}\varphi\int_0^1 r^5\mathrm{d}r=\frac{1}{48}.\end{aligned}$$

例 9.3.6 计算三重积分$\iiint\limits_{\Omega}(x^2+y^2+z^2)\,\mathrm{d}v$，其中$\Omega$是由锥面$x^2+y^2=z^2$与球面 $x^2+y^2+z^2=2Rz$所围成的含z轴部分的立体（图 9.39）.

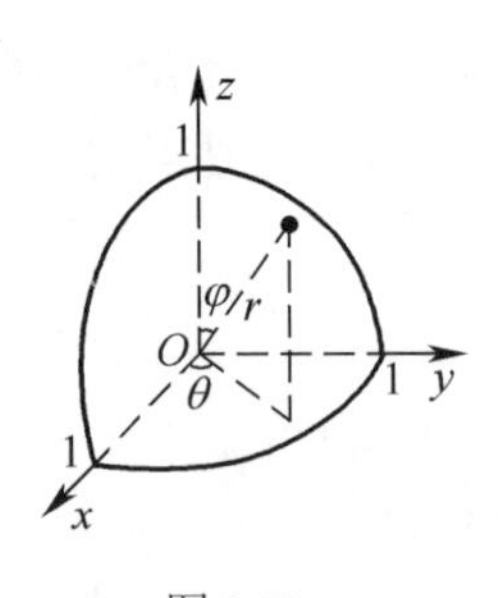

图 9.38

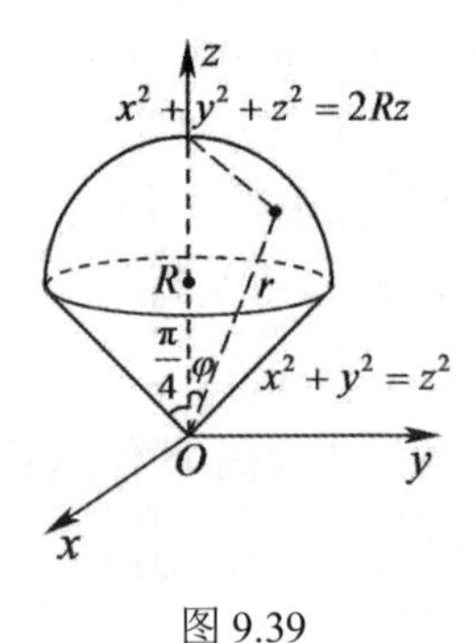

图 9.39

解 在球面坐标系下，球面的方程为$r=2R\cos\varphi$，锥面方程为$\varphi=\frac{\pi}{4}$.积分区域Ω可表示为

$$0\leqslant\theta\leqslant 2\pi，\ 0\leqslant\varphi\leqslant\frac{\pi}{4}，\ 0\leqslant r\leqslant 2R\cos\varphi .$$

所以 $\iiint\limits_{\Omega}(x^2+y^2+z^2)\,\mathrm{d}v=\iiint\limits_{\Omega}r^2\cdot r^2\sin\varphi\,\mathrm{d}r\mathrm{d}\varphi\mathrm{d}\theta$

$$=\int_0^{2\pi}\mathrm{d}\theta\int_0^{\frac{\pi}{4}}\mathrm{d}\varphi\int_0^{2R\cos\varphi}r^4\sin\varphi\mathrm{d}r$$

$$=\frac{2\pi}{5}\int_0^{\frac{\pi}{4}}\sin\varphi\left[r^5\right]_0^{2R\cos\varphi}\mathrm{d}\varphi$$

$$=\frac{28}{15}\pi R^5 .$$

习题 9.3

1．计算三重积分 $\iiint\limits_{\Omega}x\mathrm{d}x\mathrm{d}y\mathrm{d}z$，其中 Ω 是由三个坐标面与平面 $x+y+z=1$ 所围成的空间闭区域.

2．计算三重积分 $\iiint\limits_{\Omega}z\mathrm{d}v$，其中 Ω 是由 $x\geqslant 0$， $y\geqslant 0$， $z\geqslant 0$ 和 $x^2+y^2+z^2\leqslant R^2$ 所围成的空间闭区域.

3．计算三重积分 $\iiint\limits_{\Omega}z^2\mathrm{d}x\mathrm{d}y\mathrm{d}z$，其中 Ω 是由椭球面 $\frac{x^2}{a^2}+\frac{y^2}{b^2}+\frac{z^2}{c^2}=1$ 所围成的空间闭区域.

4．计算三重积分 $\iiint\limits_{\Omega}z\mathrm{d}v$，其中 Ω 是由曲面 $z=\sqrt{2-x^2-y^2}$ 及 $z=x^2+y^2$ 所围成的空间闭区域.

5．计算三重积分 $\iiint\limits_{\Omega}(x^2+y^2)\mathrm{d}v$，其中 Ω 是由曲面 $2z=x^2+y^2$ 和平面 $z=2$ 所围成的空间闭区域.

6．计算三重积分 $\iiint\limits_{\Omega}xy\mathrm{d}v$，其中 Ω 是由柱面 $x^2+y^2=1$ 和平面 $z=1$， $z=0$， $x=0$， $y=0$ 所围成的在第一卦限内的空间闭区域.

7．计算三重积分 $\iiint\limits_{\Omega}(x^2+y^2+z^2)\mathrm{d}v$，其中 Ω 是由球面 $x^2+y^2+z^2=1$ 所围成的空间闭区域.

9.4　重积分的应用

重积分的思想和方法在数学及其他学科有很多应用，本质上都是定积分应用中的元素法的推广．本节主要探讨重积分在几何及其在物理上的应用，如求立体的体积和曲面的面积，求物体的质量、质心和转动惯量.

9.4.1 求立体的体积

由二重积分的引入和定义可知，如果曲顶柱体的顶部曲面方程是 $z=f(x,y)$，所占底部区域为 D，则该曲顶柱体的体积 $V=\iint\limits_D |f(x,y)|\,\mathrm{d}\sigma$；另外，由三重积分的引例可知，占有空间有界闭区域 Ω 的立体的体积 $V=\iiint\limits_\Omega \mathrm{d}v$.

例 9.4.1 求两个底圆半径都等于 R 的直交圆柱面所围成的立体的体积.

解 设两个圆柱面的方程分别为 $x^2+y^2=R^2$，$x^2+z^2=R^2$.

利用立体关于坐标面的对称性，只要算出它在第一卦限部分的体积（图 9.40），然后再乘以 8 即可.

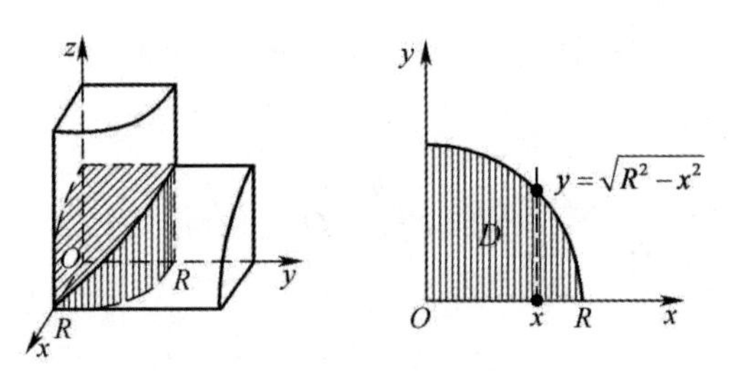

图 9.40

易见所求立体在第一卦限部分可以看成一个曲顶柱体，它的底可表示为

$$D=\left\{(x,y)\middle|0\leqslant x\leqslant R，0\leqslant y\leqslant\sqrt{R^2-x^2}\right\},$$

它的顶是柱面 $z=\sqrt{R^2-x^2}$，所以第一卦限部分体积为

$$\begin{aligned}V_1&=\iint\limits_D\sqrt{R^2-x^2}\,\mathrm{d}\sigma=\int_0^R\sqrt{R^2-x^2}\,\mathrm{d}x\int_0^{\sqrt{R^2-x^2}}\mathrm{d}y\\&=\int_0^R(R^2-x^2)\,\mathrm{d}x=\frac{2}{3}R^3.\end{aligned}$$

因此所求立体体积为 $V=8V_1=\dfrac{16}{3}R^3$.

例 9.4.2 求由曲面 $z=8-x^2-y^2$ 和 $z=x^2+y^2$ 所围成的立体的体积.

解 由两曲面方程联立消 z，得 $x^2+y^2=4$，所以立体在 xOy 面上的投影区域 $D_{xy}=\left\{(x,y)\middle|x^2+y^2\leqslant4\right\}$. 如图 9.41 所示，所求立体体积

$$V=\iiint\limits_\Omega\mathrm{d}v=\int_0^{2\pi}\mathrm{d}\theta\int_0^2\rho\,\mathrm{d}\rho\int_{\rho^2}^{8-\rho^2}\mathrm{d}z=\int_0^{2\pi}\mathrm{d}\theta\int_0^2\rho(8-2\rho^2)\,\mathrm{d}\rho=16\pi.$$

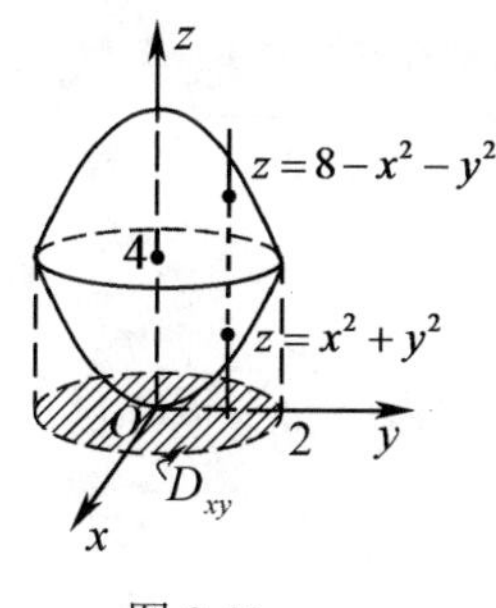

图 9.41

9.4.2　求曲面的面积

设曲面 S 的方程为 $z=f(x,y)$，曲面 S 在 xOy 坐标面上的投影区域为 D_{xy}，$f(x,y)$ 在 D_{xy} 上具有连续偏导数，求曲面 S 的面积 A．

分析：在 D_{xy} 上任意取一个直径非常小的闭区域 $\mathrm{d}\sigma$，$\mathrm{d}\sigma$ 也表示该小闭区域的面积．在 $\mathrm{d}\sigma$ 内任取一点 $M'(x,y)$，在曲面 S 上对应点为 $M(x,y,f(x,y))$，即点 M 在 xOy 平面上的投影是点 M'，设曲面 S 在点 M 处的切平面为 Π，如图 9.42 所示．以 $\mathrm{d}\sigma$ 的边界为准线作母线平行于 z 轴的柱面，该柱面在曲面 S 上截下一小片曲面，在切平面 Π 上截下一小片平面．由于 $\mathrm{d}\sigma$ 的直径非常小，曲面 S 上截下的那一小片曲面的面积可以用切平面 Π 上截下的那一小片平面的面积 $\mathrm{d}A$ 近似代替．设曲面 S 在点 M 处指向朝上的法线与 z 轴所成的夹角为 γ，则有

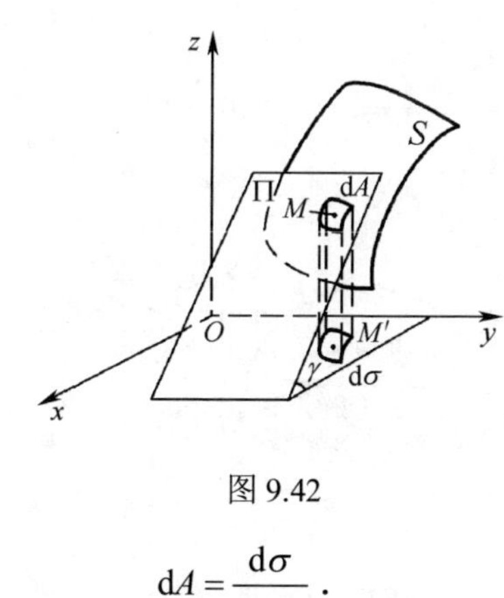

图 9.42

$$\mathrm{d}A=\frac{\mathrm{d}\sigma}{\cos\gamma}.$$

又因为
$$\cos\gamma=\frac{1}{\sqrt{1+f_x^2(x,y)+f_y^2(x,y)}},$$

所以
$$\mathrm{d}A=\sqrt{1+f_x^2(x,y)+f_y^2(x,y)}\,\mathrm{d}\sigma.$$

这就是曲面S的**面积元素**，面积元素在闭区域D_{xy}上积分，便得

$$A=\iint_{D_{xy}}\sqrt{1+f_x^2(x,y)+f_y^2(x,y)}\mathrm{d}\sigma .$$

上式也可简写成

$$A=\iint_{D_{xy}}\sqrt{1+z_x^2+z_y^2}\mathrm{d}\sigma . \tag{9.4.1}$$

这就是计算曲面面积的公式.

类似地，若曲面方程是$x=g(y,z)$，可把曲面投影到yOz面上，投影区域为D_{yz}，得到曲面面积$A=\iint\limits_{D_{yz}}\sqrt{1+x_y^2+x_z^2}\mathrm{d}\sigma$；若曲面方程是$y=h(x,z)$，则可把曲面投影到$xOz$面上，投影区域为$D_{xz}$，得到曲面面积$A=\iint\limits_{D_{xz}}\sqrt{1+y_z^2+y_x^2}\mathrm{d}\sigma$.

例 9.4.3 求球面$z=\sqrt{a^2-x^2-y^2}$介于平面$z=b$，$z=a$（$0<b<a$）之间部分的面积.

解 如图9.43所示，曲面在xOy面上的投影$D=\left\{(x,y)\middle|x^2+y^2\leqslant a^2-b^2\right\}$，因为

$$\frac{\partial z}{\partial x}=-\frac{x}{\sqrt{a^2-x^2-y^2}},\quad \frac{\partial z}{\partial y}=-\frac{y}{\sqrt{a^2-x^2-y^2}},$$

所以由公式（9.4.1），所求面积为

$$A=\iint_D\sqrt{1+z_x^2+z_y^2}\mathrm{d}\sigma=\iint_D\frac{a}{\sqrt{a^2-x^2-y^2}}\mathrm{d}x\mathrm{d}y=a\iint_D\frac{\rho}{\sqrt{a^2-\rho^2}}\mathrm{d}\rho\mathrm{d}\theta$$

$$=a\int_0^{2\pi}\mathrm{d}\theta\int_0^{\sqrt{a^2-b^2}}\frac{\rho}{\sqrt{a^2-\rho^2}}\mathrm{d}\rho=2\pi a(a-b)$$

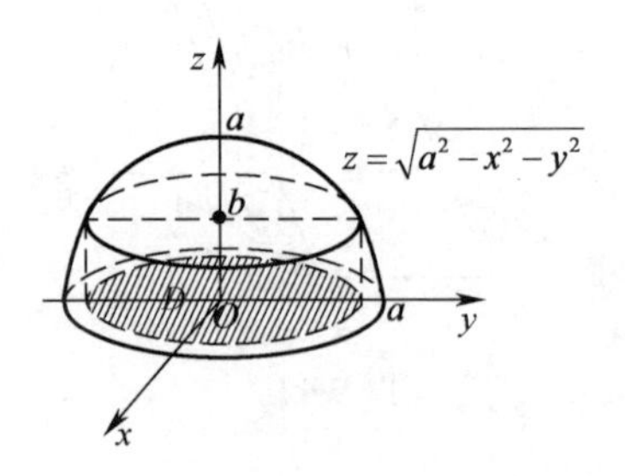

图 9.43

特别地，当$b=0$时，就得到半球面的面积$A=2\pi a^2$.

9.4.3 求物体的质量

由二重积分的引入和定义可知，若平面薄片的面密度为$\mu(x,y)$，所占平面闭区域为D，则该平面薄片的质量$M=\iint\limits_D \mu(x,y)\mathrm{d}\sigma$；另外，由三重积分的物理意义可知，若空间物体的密度为$\rho(x,y,z)$，所占空间有界闭区域为Ω，则该物体的质量$M=\iiint\limits_{\Omega}\rho(x,y,z)\mathrm{d}v$.

例 9.4.4 一平面薄片占有xOy平面上的闭区域$D=\left\{(x,y)\middle|x^2+y^2\leqslant 2y\right\}$，并且在任意点$(x,y)$处的面密度等于该点到坐标原点的距离，求该薄片的质量.

解 由题意，薄片的面密度$\mu(x,y)=\sqrt{x^2+y^2}$，其所占闭区域如图 9.44 所示，则平面薄片的质量

$$M=\iint\limits_D \mu(x,y)\mathrm{d}\sigma=\iint\limits_D \sqrt{x^2+y^2}\mathrm{d}\sigma=\int_0^{\pi}\mathrm{d}\theta\int_0^{2\sin\theta}\rho\cdot\rho\mathrm{d}\rho$$

$$=\frac{8}{3}\int_0^{\pi}\sin^3\theta\mathrm{d}\theta=\frac{8}{3}\cdot 2\int_0^{\frac{\pi}{2}}\sin^3\theta\mathrm{d}\theta=\frac{16}{3}\cdot\frac{2}{3}=\frac{32}{9}.$$

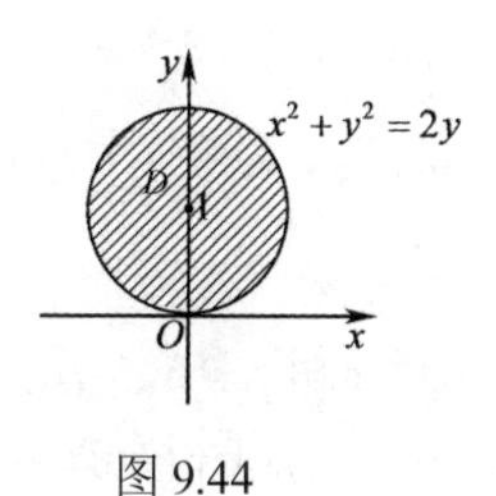

图 9.44

9.4.4 求质心

假设xOy坐标面上有n个质点，它们的质量分别为$m_1,m_2,\cdots,m_n$，坐标分别为$(x_1,y_1),(x_2,y_2),\cdots,(x_n,y_n)$. 根据力学知识可知，该质点系的质心的坐标为

$$\overline{x}=\frac{M_y}{M},\quad \overline{y}=\frac{M_x}{M},$$

其中$M=\sum\limits_{i=1}^{n}m_i$表示该质点系的总质量，而

$$M_y=\sum_{i=1}^{n}m_i x_i,\quad M_x=\sum_{i=1}^{n}m_i y_i,$$

分别称为该质点系对y轴和x轴的**静矩**.

假设有一个平面薄片，占有xOy平面上的闭区域D，在点(x,y)处的面密度为

$\mu(x,y)$，$\mu(x,y)$ 在区域 D 上连续，我们来求该薄片的质心坐标.

在 9.1 中，我们已经知道平面薄片的质量为 $M=\iint\limits_D \mu(x,y)\mathrm{d}\sigma$，故下面只需讨论静矩的表达式. 在闭区域 D 上任意取一直径非常小的闭区域 $\mathrm{d}\sigma$，$\mathrm{d}\sigma$ 也表示该小闭区域的面积，(x,y) 是这个小区域内任一点. 因为 $\mathrm{d}\sigma$ 的直径很小，并且 $\mu(x,y)$ 在 D 上连续，所以薄片上相应于 $\mathrm{d}\sigma$ 的部分的质量近似等于 $\mu(x,y)\mathrm{d}\sigma$，又由于小薄片质量可近似看作集中在点 (x,y) 上，于是薄片关于 x 轴和 y 轴的静矩元素分别为

$$\mathrm{d}M_x = y\mu(x,y)\mathrm{d}\sigma\text{，}\quad \mathrm{d}M_y = x\mu(x,y)\mathrm{d}\sigma\text{ .}$$

因此，该平面薄片关于 x 轴和 y 轴的静矩分别为

$$M_x=\iint\limits_D y\mu(x,y)\mathrm{d}\sigma\text{，}\qquad M_y=\iint\limits_D x\mu(x,y)\mathrm{d}\sigma\text{ .}$$

从而，所求平面薄片的质心坐标为

$$\overline{x}=\frac{M_y}{M}=\frac{\iint\limits_D x\mu(x,y)\mathrm{d}\sigma}{\iint\limits_D \mu(x,y)\mathrm{d}\sigma}\text{，}\qquad \overline{y}=\frac{M_x}{M}=\frac{\iint\limits_D y\mu(x,y)\mathrm{d}\sigma}{\iint\limits_D \mu(x,y)\mathrm{d}\sigma}\text{ .}\tag{9.4.2}$$

如果平面薄片是均匀的，即 $\mu(x,y)$ 为常数，其质心通常称为**形心**. 坐标为

$$\overline{x}=\frac{1}{A}\iint\limits_D x\mathrm{d}\sigma\text{，}\qquad \overline{y}=\frac{1}{A}\iint\limits_D y\mathrm{d}\sigma\text{，}\tag{9.4.3}$$

其中 A 是区域 D 的面积.

例 9.4.5 求位于两圆 $\rho=2\sin\theta$ 和 $\rho=4\sin\theta$ 之间的均匀薄片的质心.

解 如图 9.45 所示，薄片均匀且所占区域关于 y 轴对称，所以质心必在 y 轴上，于是 $\overline{x}=0$，$\overline{y}=\frac{1}{A}\iint\limits_D y\mathrm{d}\sigma$.

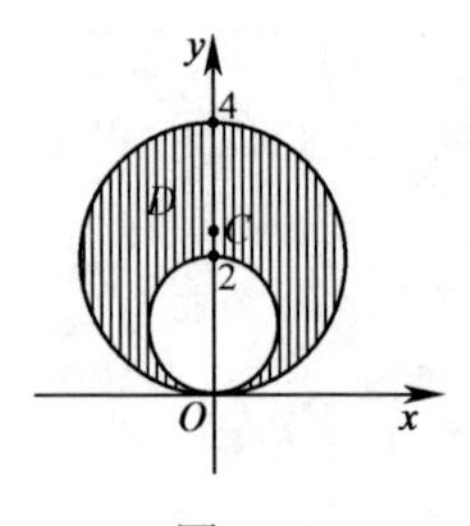

图 9.45

由于所占区域位于半径为 1 和半径为 2 的两圆之间，因此区域面积 $A=3\pi$，又

$$\iint_D y\mathrm{d}\sigma = \iint_D \rho^2 \sin\theta \mathrm{d}\rho \mathrm{d}\theta = \int_0^{\pi} \sin\theta \mathrm{d}\theta \int_{2\sin\theta}^{4\sin\theta} \rho^2 \mathrm{d}\rho$$

$$= \frac{56}{3}\int_0^{\pi} \sin^4\theta \mathrm{d}\theta = \frac{56}{3}\cdot 2\cdot \frac{3!!}{4!!}\cdot\frac{\pi}{2} = 7\pi .$$

由公式（9.4.3），得 $\overline{y} = \dfrac{7\pi}{3\pi} = \dfrac{7}{3}$，即所求质心为 $C\left(0,\dfrac{7}{3}\right)$.

类似地，若空间物体占有空间有界闭区域 Ω，在点 (x,y,z) 处的密度为 $\rho(x,y,z)$，$\rho(x,y,z)$ 在 Ω 上连续，则该物体的质心坐标是

$$\overline{x} = \frac{1}{M}\iiint_{\Omega} x\rho(x,y,z)\mathrm{d}v ,$$

$$\overline{y} = \frac{1}{M}\iiint_{\Omega} x\rho(x,y,z)\mathrm{d}v ,$$

$$\overline{z} = \frac{1}{M}\iiint_{\Omega} z\rho(x,y,z)\mathrm{d}v , \qquad (9.4.4)$$

其中 $M = \iiint_{\Omega} \rho(x,y,z)\mathrm{d}v$.

9.4.5　转动惯量

假设 xOy 平面上有 n 个质点，它们质量分别为 $m_1, m_2, \cdots, m_n$，坐标分别是 $(x_1,y_1),(x_2,y_2),\cdots,(x_n,y_n)$. 根据力学知识，该质点系关于 x 轴和 y 轴的转动惯量分别为 $I_x = \sum_{i=1}^{n} m_i y_i^2$，$I_y = \sum_{i=1}^{n} m_i x_i^2$.

假设有一平面薄片，占有 xOy 面上的闭区域 D，且在点 (x,y) 处的面密度为 $\mu(x,y)$，$\mu(x,y)$ 在 D 上连续，求该薄片分别对于 x 轴和 y 轴的转动惯量.

在闭区域 D 上任意取一直径很小的闭区域 $\mathrm{d}\sigma$，$\mathrm{d}\sigma$ 也表示该小闭区域的面积，(x,y) 是这个小区域内任一点. 因为 $\mathrm{d}\sigma$ 的直径很小，并且 $\mu(x,y)$ 在 D 上连续，所以薄片上相应于 $\mathrm{d}\sigma$ 部分的质量近似等于 $\mu(x,y)\mathrm{d}\sigma$，又由于小薄片质量可近似看作集中在点 (x,y) 上，于是薄片对于 x 轴和 y 轴的转动惯量元素分别为

$$\mathrm{d}I_x = y^2\mu(x,y)\mathrm{d}\sigma ,\quad \mathrm{d}I_y = x^2\mu(x,y)\mathrm{d}\sigma .$$

因此，平面薄片对于 x 轴和 y 轴的转动惯量分别为

$$I_x = \iint_D y^2\mu(x,y)\mathrm{d}\sigma ,\quad I_y = \iint_D x^2\mu(x,y)\mathrm{d}\sigma . \qquad (9.4.5)$$

例 9.4.6　设一均匀直角三角形薄板，面密度为常量 μ，两直角边边长分别为 a，b，求三角形薄板分别对两直角边的转动惯量.

解 如图 9.46 所示建立坐标系，由公式（9.4.5），三角形对于 x 轴，即边长为 a 的直角边的转动惯量为

$$I_x = \iint_D y^2 \mu(x,y)\mathrm{d}\sigma = \mu\iint_D y^2 \mathrm{d}\sigma = \mu\int_0^b y^2 \mathrm{d}y\int_0^{a\left(1-\frac{y}{b}\right)}\mathrm{d}x = \frac{1}{12}\mu ab^3 .$$

同理，三角形对于 y 轴，即边长为 b 的直角边的转动惯量为

$$I_y = \iint_D x^2 \mu(x,y)\mathrm{d}\sigma = \mu\iint_D x^2 \mathrm{d}\sigma = \mu\int_0^a x^2 \mathrm{d}x\int_0^{b\left(1-\frac{x}{a}\right)}\mathrm{d}y = \frac{1}{12}\mu a^3 b .$$

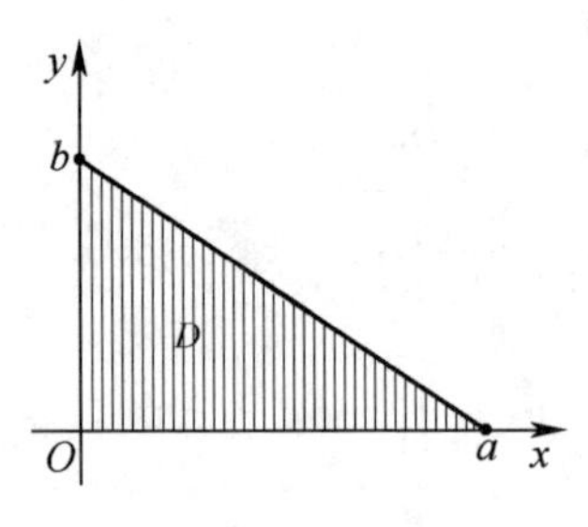

图 9.46

类似地，若空间物体占有空间有界闭区域 Ω，在点 (x,y,z) 处的密度为 $\rho(x,y,z)$，$\rho(x,y,z)$ 在 Ω 上连续，则该物体对于 x 轴、y 轴、z 轴的转动惯量分别为

$$I_x = \iiint_\Omega (y^2+z^2)\rho(x,y,z)\mathrm{d}v ,$$
$$I_y = \iiint_\Omega (x^2+z^2)\rho(x,y,z)\mathrm{d}v ,$$
$$I_z = \iiint_\Omega (x^2+y^2)\rho(x,y,z)\mathrm{d}v . \tag{9.4.6}$$

习题 9.4

1．计算以 xOy 面上的圆周 $x^2+y^2=ax$ 围成的闭区域为底，以曲面 $z=x^2+y^2$ 为顶的曲顶柱体的体积．

2．设平面薄片所占的闭区域 D 由直线 $x+y=2$，$y=x$ 和 x 轴所围成，它的面密度为 $\mu(x,y)=x^2+y^2$，求该薄片的质量．

3．设一物体，占有空间闭区域 $\Omega=\{(x,y,z)|0\leqslant x\leqslant 1，0\leqslant y\leqslant 1，0\leqslant z\leqslant 1\}$，在点 (x,y,z) 处的密度为 $\rho(x,y,z)=x+y+z$，求该物体的质量．

4．利用三重积分计算由曲面 $z=6-x^2-y^2$ 和 $z=\sqrt{x^2+y^2}$ 所围成的立体的体积．

5．求球面 $x^2+y^2+z^2=a^2$ 含在圆柱面 $x^2+y^2=ax$ 内部的那部分面积．

6．均匀薄片所占闭区域 D 由抛物线 $y=\sqrt{2px}$，直线 $x=x_0$，$y=0$ 所围成，求该薄片的质心.

7．均匀薄片的面密度为常数 1，所占闭区域 D 由抛物线 $y^2=\dfrac{9}{2}x$ 与直线 $x=2$ 所围成，求薄片对两坐标轴的转动惯量 I_x 和 I_y .

复习题 9

1．计算下列二重积分：

（1）$\iint\limits_D (1+x)\sin y\mathrm{d}\sigma$，其中 D 是顶点分别为 $(0,0)$，$(1,0)$，$(1,2)$，$(0,1)$ 的梯形闭区域；

（2）$\iint\limits_D 6x^2y\mathrm{d}\sigma$，其中 D 是由直线 $y=x$，$y=-x$ 及曲线 $y=2-x^2$ 所围成的在 x 轴上方的闭区域；

（3）$\iint\limits_D \sqrt{R^2-x^2-y^2}\mathrm{d}\sigma$，其中 D 是圆周 $x^2+y^2=Rx$ 所围成的闭区域；

（4）$\iint\limits_D \ln(1+x^2+y^2)\mathrm{d}\sigma$，其中 D 是圆周 $x^2+y^2=4$ 及坐标轴所围成的在第一象限内的闭区域.

2．交换下列二次积分的积分次序：

（1）$\int_0^4 \mathrm{d}y\int_{-\sqrt{4-y}}^{\frac{1}{2}(y-4)} f(x,y)\mathrm{d}x$；

（2）$\int_0^1 \mathrm{d}y\int_0^{2y} f(x,y)\mathrm{d}x+\int_1^3 \mathrm{d}y\int_0^{3-y} f(x,y)\mathrm{d}x$；

（3）$\int_0^1 \mathrm{d}x\int_{\sqrt{x}}^{1+\sqrt{1-x^2}} f(x,y)\mathrm{d}y$.

3．证明：

$$\int_0^a \mathrm{d}y\int_0^y \mathrm{e}^{m(a-x)}f(x)\mathrm{d}x=\int_0^a (a-x)\mathrm{e}^{m(a-x)}f(x)\mathrm{d}x .$$

4．计算下列三重积分：

（1）$\iiint\limits_\Omega (x+y+z)\mathrm{d}x\mathrm{d}y\mathrm{d}z$，其中 Ω 是由平面 $x+y+z=1$ 与三个坐标面所围成的闭区域；

（2）$\iiint\limits_\Omega z\mathrm{d}x\mathrm{d}y\mathrm{d}z$，其中 Ω 是由锥面 $z=\dfrac{h}{R}\sqrt{x^2+y^2}$ 与平面 $z=h$（$R>0$，$h>0$）所围成的闭区域.

5．求平面$\frac{x}{a}+\frac{y}{b}+\frac{z}{c}=1$被三个坐标面所割出的有限部分的面积．

6．计算由四个平面$x=0$，$y=0$，$x=1$，$y=1$所围成的柱体被平面$z=0$及$2x+3y+z=6$截得的立体的体积．

7．求圆锥面$z=\sqrt{x^2+y^2}$在圆柱体$x^2+y^2\leqslant x$内的那一部分曲面的面积．

8．设平面薄片所占有的闭区域D由抛物线$y=x^2$及直线$y=x$所围成，它在点(x,y)处的面密度$\mu(x,y)=x^2y$，求该薄片的质心．

9．求由抛物线$y=x^2$及直线$y=1$所围成的均匀薄片（面密度为常数μ）对于直线$y=-1$的转动惯量．

数学家简介——牛顿

牛顿（Isaac Newton，1643—1727 年）是英国数学家、物理学家和天文学家．1643 年 1 月 4 日，牛顿生于英格兰林肯郡的伍尔索普；1727 年 3 月 31 日卒于伦敦．牛顿出身于农民家庭，幼年颇为不幸：他是一个遗腹子又是早产儿，3 岁时母亲改嫁，把他留给了外祖父母，从小过着贫困孤苦的生活．他在条件较差的地方学校接受了初等教育，中学时也没有显示出特殊的才华．1661 年牛顿考入剑桥大学三一学院，由于家庭经济困难，学习期间还要从事一些勤杂劳动以减免学费．由于他学习勤奋，并有幸得到著名数学家巴罗教授的指导，认真钻研了伽利略、开普勒、沃利斯、笛卡尔、巴罗等的著作，还做了不少实验，打下了坚实的基础，1665 年获学士学位．1665 年，伦敦地区流行鼠疫，剑桥大学暂时关闭．牛顿回到伍尔索普，在乡村幽居的两年中，终日思考各种问题，探索大自然的奥秘．他平生三大发明——微积分、万有引力定律和光谱分析，都萌发于此，这时他年仅 23 岁．后来牛顿在追忆这段峥嵘的青春岁月时，深有感触地说：“当年我正值发明创造能力最强的年华，比以后任何时期更专心致志于数学和科学．”并说：“我的成功当归功于精微的思索．”“没有大胆的猜想就做不出伟大的发现．”1667 年，牛顿回到剑桥攻读硕士学位，在获得学位后，成为三一学院的教师，并协助巴罗编写讲义，撰写微积分和光学论文．牛顿的学术成就得到了巴罗的高度评价，巴罗在 1669 年 7 月向皇家学会数学顾问柯林斯（Collins）推荐牛顿的《运用无穷多项方程的分析学》时，称牛顿为“卓越天才”．巴罗还坦然宣称牛顿的学识已超

过自己，并在 1669 年 10 月把“卢卡斯教授”的职位让给了牛顿，牛顿当时年仅 26 岁.

牛顿发现微积分，首先得助于他的老师巴罗，巴罗关于“微分三角形”的深刻思想，给他极大影响；另外费马作切线的方法和沃利斯的《无穷算术》也给了他很大启发. 牛顿的微积分思想（流数术）最早出现在他 1665 年 5 月 21 日写的一页文件中. 他的微积分理论主要体现在《运用无穷多项方程的分析学》《流数术和无穷级数》及《求曲边形的面积》三部论著里.

牛顿上述三部论著是微积分发展史上的重要里程碑，也为近代数学甚至近代科学的产生与发展开辟了新纪元. 正如恩格斯在《自然辩证法》中所说：“一切理论成就中未必再有像 17 世纪后半期微积分的发明那样可以被看作人类精神的最高胜利了.”

由于牛顿对科学作出了巨大贡献，因而受到了人们的尊敬：1688 年当选为国会议员，1689 年被选为法国科学院院士，1703 年当选为英国皇家学会会长，1705 年被英国女王封为爵士. 牛顿的研究工作为近代自然科学奠定了四个重要基础：他创建的微积分，为近代数学奠定了基础；他的光谱分析，为近代光学奠定了基础；他发现的力学三大定律，为经典力学奠定了基础；他发现的万有引力定律，为近代天文学奠定了基础. 1701 年莱布尼茨说：“纵观有史以来的全部数学，牛顿做了一半多的工作.”而牛顿本人非常谦虚并在临终前说：“我不知道世人对我有怎样的看法，但是在我看来，我只不过像一个在海滨玩耍的孩子，偶尔很高兴地拾到几颗光滑美丽的石子或贝壳，但那浩瀚无涯的真理的大海，却还在我的前面未曾被我发现.”

牛顿终生未娶. 他死后安葬在威斯敏斯特大教堂之内，与英国的英雄们安葬在一起. 当时法国大文豪伏尔泰正在英国访问，他看到英国的大人物们都争抬牛顿的灵柩时感叹地评论说：“英国人悼念牛顿就像悼念一位造福于民的国王.”牛顿是对人类科学作出卓越贡献的巨擘，得到了世人的尊敬和仰慕. 牛顿墓碑上拉丁语墓志铭的最后一句是：“他是人类的真正骄傲，让我们为之欢呼吧！”

第10章 曲线积分与曲面积分

上一章我们已经讨论了重积分，本章将讨论多元函数积分学的另一组成部分——曲线积分与曲面积分，主要介绍它们的概念、性质、计算方法及相关应用. 它们与重积分的区别在于二重与三重积分的积分区域分别为平面和空间中的区域，而曲线积分的积分区域则是平面或空间中的一条曲线，曲面积分的积分区域则是空间中的一片曲面.

10.1 对弧长的曲线积分

10.1.1 引例——金属曲线的质量问题

设有一根有限长度的平面金属曲线L，在L上的点(x,y)处的线密度为$\mu(x,y)$，且$\mu(x,y)$连续，求该金属曲线的质量（图10.1）.

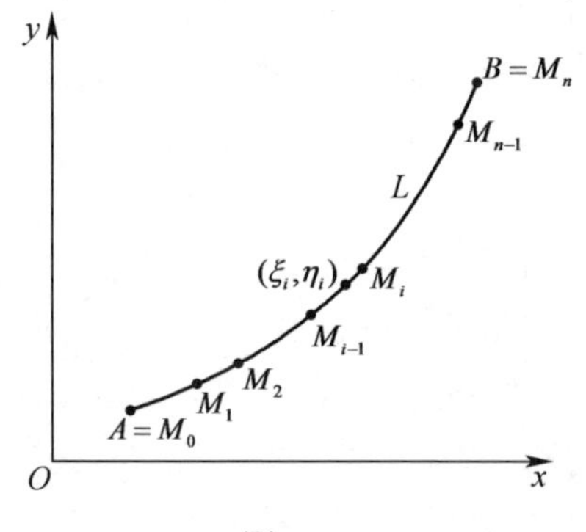

图10.1

设曲线L的端点为A、B，从A到B依次任意插入点列$M_1, M_2, \cdots, M_{n-1}$，这些点把曲线$L$分成了$n$个小弧段$\overset{\frown}{M_{i-1}M_i}$，其弧长记为$\Delta s_i$（$i=1,2,\cdots,n$，$A=M_0$，$B=M_n$）. 在第$i$个小弧段$\overset{\frown}{M_{i-1}M_i}$上任取一点$(\xi_i,\eta_i)$. 当$\Delta s_i$很小时，对应于弧段$\overset{\frown}{M_{i-1}M_i}$的部分质量$\Delta m_i$近似等于$\mu(\xi_i,\eta_i)\Delta s_i$（$i=1,2,\cdots,n$），从而整个金属曲线$L$的质量$m$的近似值为

$$m=\sum_{i=1}^{n}\Delta m_i\approx\sum_{i=1}^{n}\mu(\xi_i,\eta_i)\Delta s_i\text{，}$$

令 $\lambda=\max\limits_{1\leqslant i\leqslant n}\{\Delta s_i\}\to 0$，则

$$m=\lim_{\lambda\to 0}\sum_{i=1}^{n}\mu(\xi_i,\eta_i)\Delta s_i\text{ .}$$

这种和式的极限在研究其他问题时也会遇到，为此，引入以下定义.

10.1.2　对弧长的曲线积分的概念与性质

1. 对弧长的曲线积分的概念

定义 10.1.1　设 L 为 xOy 面上的光滑曲线弧，$f(x,y)$ 在 L 上有界. 在 L 上任意插入一点列 $M_1,M_2,\ldots,M_{n-1}$，把 L 任意分成 n 小段光滑曲线弧 ΔL_i（$i=1,2,\cdots,n$），设第 i 个小曲线段 ΔL_i 的弧长为 Δs_i，在 ΔL_i 上任取一点 (ξ_i,η_i)，作乘积 $f(\xi_i,\eta_i)\Delta s_i$（$i=1,2,\cdots,n$），并作和

$$\sum_{i=1}^{n}f(\xi_i,\eta_i)\Delta s_i\text{ .}$$

记 $\lambda=\max\limits_{1\leqslant i\leqslant n}\{\Delta s_i\}$，如果极限 $I=\lim\limits_{\lambda\to 0}\sum\limits_{i=1}^{n}f(\xi_i,\eta_i)\Delta s_i$ 总存在，则称此极限为 $f(x,y)$ 在 L 上**对弧长的曲线积分**，记作 $\int_L f(x,y)\mathrm{d}s$，即

$$\int_L f(x,y)\,\mathrm{d}s=\lim_{\lambda\to 0}\sum_{i=1}^{n}f(\xi_i,\eta_i)\Delta s_i\text{，}$$

其中 $f(x,y)$ 叫作**被积函数**，L 叫作**积分弧段**，$\mathrm{d}s$ 叫作**弧长元素**. 对弧长的曲线积分也称为**第一类曲线积分**.

当 $f(x,y)$ 在光滑曲线弧 L 上连续时，对弧长的曲线积分 $\int_L f(x,y)\mathrm{d}s$ 一定存在，以后我们总假定 $f(x,y)$ 在 L 上连续.

根据上述定义，引例中的金属曲线的质量 m 为密度函数 $\mu(x,y)$ 在 L 上的第一类曲线积分，即

$$m=\int_L\mu(x,y)\,\mathrm{d}s\text{ .}$$

上述定义可以推广到空间曲线弧 Γ 的情形，即函数 $f(x,y,z)$ 在空间曲线弧 Γ 上的第一类曲线积分

$$\int_\Gamma f(x,y,z)\,\mathrm{d}s=\lim_{\lambda\to 0}\sum_{i=1}^{n}f(\xi_i,\eta_i,\zeta_i)\Delta s_i\text{ .}$$

注意　如果平面曲线 L（空间曲线 Γ）是闭曲线，则第一类曲线积分记为

$\oint_L f(x,y)\mathrm{d}s$（$\oint_\Gamma f(x,y,z)\mathrm{d}s$）.

2. 对弧长的曲线积分的性质

以平面曲线为例，给出对弧长的曲线积分的性质，对空间曲线同样适用.

性质 10.1.1 当 $f(x,y)\equiv 1$ 时，$\int_L \mathrm{d}s$ 等于 L 的弧长.

性质 10.1.2 设 α,β 为常数，则

$$\int_L [\alpha f(x,y)+\beta g(x,y)]\mathrm{d}s=\alpha\int_L f(x,y)\mathrm{d}s+\beta\int_L g(x,y)\mathrm{d}s .$$

性质 10.1.3（可加性） 若积分弧段 L 可分成两段光滑曲线段 L_1，L_2，则

$$\int_L f(x,y)\mathrm{d}s=\int_{L_1} f(x,y)\mathrm{d}s+\int_{L_2} f(x,y)\mathrm{d}s .$$

性质 10.1.4 若在 L 上 $f(x,y)\leqslant g(x,y)$，则

$$\int_L f(x,y)\mathrm{d}s\leqslant\int_L g(x,y)\mathrm{d}s$$（等号仅在 $f(x,y)\equiv g(x,y)$ 时成立）.

特别地，有

$$\left|\int_L f(x,y)\mathrm{d}s\right|\leqslant\int_L |f(x,y)|\mathrm{d}s .$$

10.1.3 对弧长的曲线积分的计算

定理 10.1.1 设有光滑曲线弧 L：$\begin{cases}x=\varphi(t)\\ y=\psi(t)\end{cases}$，$t\in[\alpha,\beta]$，函数 $f(x,y)$ 在 L 上有定义且连续，$\varphi(t),\psi(t)$ 在 $[\alpha,\beta]$ 上有连续导数，且 $\varphi'^2(t)+\psi'^2(t)\neq 0$，则曲线积分 $\int_L f(x,y)\mathrm{d}s$ 存在，且

$$\int_L f(x,y)\mathrm{d}s=\int_\alpha^\beta f[\varphi(t),\psi(t)]\sqrt{\varphi'^2(t)+\psi'^2(t)}\mathrm{d}t . \tag{10.1.1}$$

证明略.

公式（10.1.1）表明，计算第一类曲线积分 $\int_L f(x,y)\mathrm{d}s$ 时，只要把 x，y，$\mathrm{d}s$ 依次换为 $\varphi(t)$，$\psi(t)$，$\sqrt{\varphi'^2(t)+\psi'^2(t)}\mathrm{d}t$，然后从 α 到 β 计算定积分就行了. 这里必须注意，定积分的**下限 α 一定要小于上限 β** .

若曲线弧 L 的方程为 $y=\psi(x)$，$x\in[a,b]$，且 $y=\psi(x)$ 在 $[a,b]$ 上有连续导数，曲线积分

$$\int_L f(x,y)\mathrm{d}s=\int_a^b f[x,\psi(x)]\sqrt{1+\psi'^2(x)}\mathrm{d}x .$$

类似地，若曲线弧 L 的方程为 $x=\varphi(y)$，$y\in[c,d]$，且 $x=\varphi(y)$ 在 $[c,d]$ 上有连续导数，曲线积分

$$\int_L f(x,y)\mathrm{d}s=\int_c^d f[\varphi(y),y]\sqrt{1+\varphi'^2(y)}\mathrm{d}y .$$

例 10.1.1　计算曲线积分$\int_L(x^2+y^2)\mathrm{d}s$，其中$L$是半圆周

$$\begin{cases}x=a\cos t\\ y=a\sin t\end{cases}，\ t\in[0,\pi]，(a>0).$$

解　$\int_L(x^2+y^2)\mathrm{d}s=\int_0^\pi a^2\sqrt{(-a\sin t)^2+(a\cos t)^2}\mathrm{d}t=\int_0^\pi a^3\mathrm{d}t=\pi a^3$.

例 10.1.2　设L是抛物线$y^2=4x$上从$O(0,0)$到$A(1,2)$的一段弧，计算曲线积分$\int_L y\mathrm{d}s$.

解　$\int_L y\mathrm{d}s=\int_0^2 y\sqrt{1+\frac{y^2}{4}}\mathrm{d}y=2\cdot\frac{2}{3}\left(1+\frac{y^2}{4}\right)^{\frac{3}{2}}\Bigg|_0^2=\frac{4}{3}\cdot(2\sqrt{2}-1)$.

公式（10.1.1）可推广到空间曲线弧，若空间曲线弧$\varGamma$的参数方程为

$$x=\varphi(t),\quad y=\psi(t),\quad z=\omega(t),\quad t\in[\alpha,\beta],$$

这时有

$$\int_\varGamma f(x,y,z)\mathrm{d}s=\int_\alpha^\beta f[\varphi(t),\psi(t),\omega(t)]\sqrt{\varphi'^2(t)+\psi'^2(t)+\omega'^2(t)}\mathrm{d}t .$$

例 10.1.3　计算曲线积分$\int_\varGamma(x^2+y^2+z^2)\mathrm{d}s$，其中$\varGamma$为螺旋线$x=a\cos t$，$y=a\sin t$，$z=kt$上相应于$t$从0到$2\pi$的一段弧.

解　$\int_\varGamma(x^2+y^2+z^2)\mathrm{d}s$

$$=\int_0^{2\pi}[(a\cos t)^2+(a\sin t)^2+(kt)^2]\sqrt{(-a\sin t)^2+(a\cos t)^2+k^2}\,\mathrm{d}t$$

$$=\int_0^{2\pi}[a^2+(kt)^2]\sqrt{a^2+k^2}\,\mathrm{d}t=\sqrt{a^2+k^2}\left[a^2t+\frac{k^2}{3}t^3\right]_0^{2\pi}$$

$$=\frac{2\pi}{3}\sqrt{a^2+k^2}(3a^2+4\pi^2k^2) .$$

若L是由极坐标方程$\rho=\rho(\theta)$，$\alpha\leqslant\theta\leqslant\beta$给出，其中$\rho=\rho(\theta)$有连续导数，则利用$x=\rho(\theta)\cos\theta$，$y=\rho(\theta)\sin\theta$，可得$\mathrm{d}s=\sqrt{\rho^2(\theta)+\rho'^2(\theta)}\mathrm{d}\theta$，于是

$$\int_L f(x,y)\mathrm{d}s=\int_\alpha^\beta f[\rho(\theta)\cos\theta,\rho(\theta)\sin\theta]\sqrt{\rho^2(\theta)+\rho'^2(\theta)}\mathrm{d}\theta .$$

例 10.1.4　计算曲线积分$\oint_L(x^2+y^2)\mathrm{d}s$，其中$L$为圆周$x^2+y^2=ax$（$a>0$）.

解　L的极坐标方程为$\rho=a\cos\theta$，$\mathrm{d}s=\sqrt{a^2\cos^2\theta+a^2\sin^2\theta}\mathrm{d}\theta=a\mathrm{d}\theta$，

$$\oint_L(x^2+y^2)\mathrm{d}s=\int_{-\frac{\pi}{2}}^{\frac{\pi}{2}}a^2\cos^2\theta\cdot a\mathrm{d}\theta=\frac{\pi a^3}{2} .$$

与利用二重积分可以求平面薄片的质心坐标和转动惯量类似，我们可以用对弧长的曲线积分求曲线的质心坐标和转动惯量.

例 10.1.5 设曲线弧 L 为圆周 $x^2+y^2=2ax$（$a>0$），它的线密度 $\mu=x+a$，求 L 关于 y 轴的转动惯量 I_y.

解 如图 10.2 所示，在 L 上任意取一小段弧 $\mathrm{d}s$，(x,y) 为 $\mathrm{d}s$ 上任意一点，则 $\mathrm{d}s$ 的质量近似等于 $\mu(x,y)\mathrm{d}s$，关于 y 轴的转动惯量元素

$$\mathrm{d}I_y=x^2\mu(x,y)\mathrm{d}s=x^2(x+a)\mathrm{d}s,$$

于是

$$I_y=\int_L x^2(x+a)\mathrm{d}s.$$

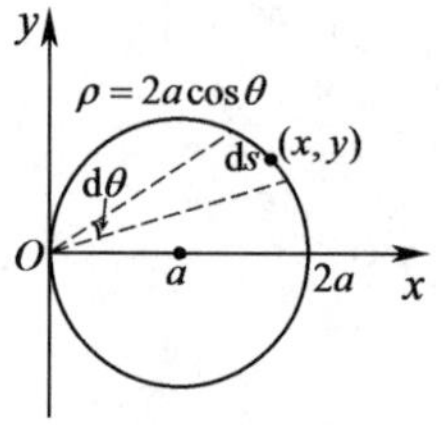

图 10.2

由于 L 的极坐标方程为 $\rho=2a\cos\theta$，则

$$\mathrm{d}s=\sqrt{\rho^2(\theta)+\rho'^2(\theta)}\mathrm{d}\theta=\sqrt{4a^2\cos^2\theta+4a^2\sin^2\theta}\mathrm{d}\theta=2a\mathrm{d}\theta,$$

所以

$$\begin{aligned}I_y&=\int_L x^2(x+a)\mathrm{d}s=2a\int_{-\frac{\pi}{2}}^{\frac{\pi}{2}}[(2a\cos^2\theta)^3+a\cdot(2a\cos^2\theta)^2]\mathrm{d}\theta\\&=32a^4\int_0^{\frac{\pi}{2}}\cos^6\theta\mathrm{d}\theta+16a^4\int_0^{\frac{\pi}{2}}\cos^4\theta\mathrm{d}\theta\\&=32a^4\cdot\frac{5}{6}\cdot\frac{3}{4}\cdot\frac{1}{2}\cdot\frac{\pi}{2}+16a^4\cdot\frac{3}{4}\cdot\frac{1}{2}\cdot\frac{\pi}{2}=8\pi a^4.\end{aligned}$$

对弧长的曲线积分 $\int_L f(x,y)\mathrm{d}s$，有与二重积分类似的对称性.

（1）如果曲线弧 L 关于 y 轴对称，记 L_1 是 L 位于 y 轴右侧的部分，则：

当 $f(x,y)=-f(-x,y)$ 时，$\int_L f(x,y)\mathrm{d}s=0$；

当 $f(x,y)=f(-x,y)$ 时，$\int_L f(x,y)\mathrm{d}s=2\int_{L_1} f(x,y)\mathrm{d}s$.

（2）如果曲线弧 L 关于 x 轴对称，记 L_1 是 L 位于 x 轴上方的部分，则：

当 $f(x,y)=-f(x,-y)$ 时，$\int_L f(x,y)\mathrm{d}s=0$；

当 $f(x,y)=f(x,-y)$ 时，$\int_L f(x,y)\mathrm{d}s=2\int_{L_1} f(x,y)\mathrm{d}s$.

习题 10.1

1．计算下列第一类曲线积分：

（1）$\int_L (x^2+y^2)^n \mathrm{d}s$，其中 L 是上半圆周 $x=a\cos\theta$，$y=a\sin\theta$，$\theta\in[0,\pi]$；

（2）$\int_L x\mathrm{d}s$，其中 L 是抛物线 $y=2x^2-1$ 上介于 $x=0$ 与 $x=1$ 之间的一段弧；

（3）$\oint_L |y|\mathrm{d}s$，其中 L 是单位圆周 $x^2+y^2=1$；

（4）$\int_\Gamma (x^2+y^2)z\mathrm{d}s$，其中 Γ 是锥面螺旋线 $x=t\cos t$，$y=t\sin t$，$z=t$ 上相应于 t 从 0 到 1 的一段弧；

（5）$\int_\Gamma xyz\mathrm{d}s$，其中 Γ 是折线 ABC，这里 A，B，C 依次为点 $(0,0,0)$，$(1,2,3)$，$(1,4,3)$；

（6）$\int_L \mathrm{e}^{\sqrt{x^2+y^2}}\mathrm{d}s$，其中 L 是曲线 $\rho=a\left(0\leqslant\theta\leqslant\dfrac{\pi}{4}\right)$ 上的一段弧.

2. 设曲线弧 Γ：$x=a$，$y=at$，$z=\dfrac{at^2}{2}$（$0\leqslant t\leqslant 1$，$a>0$），它的线密度 $\mu=\sqrt{\dfrac{2z}{a}}$，求其质量.

3．设曲线弧 L：$x=a\cos t$，$y=a\sin t$（$0\leqslant t\leqslant\pi$，$a>0$）的线密度 $\mu=y$，求它的质心坐标.

4．求半径为 R、中心角为 2α 的均匀圆弧对于其对称轴的转动惯量（设线密度为 1）.

10.2　对坐标的曲线积分

10.2.1　引例——变力沿曲线所做的功

设一质点受变力 $\boldsymbol{F}(x,y)=P(x,y)\boldsymbol{i}+Q(x,y)\boldsymbol{j}$ 的作用，沿平面光滑曲线弧 L 从 A 移动到 B，如图 10.3 所示，其中 $P(x,y)$，$Q(x,y)$ 在 L 上连续，求变力 $\boldsymbol{F}(x,y)$ 所做的功 W.

我们知道，如果质点受常力 $\boldsymbol{F}$ 的作用沿直线运动，位移为 $\boldsymbol{s}$，那么这个常力所做的功 $W=|\boldsymbol{F}|\cdot|\boldsymbol{s}|\cdot\cos\theta=\boldsymbol{F}\cdot\boldsymbol{s}$，其中 θ 为 $\boldsymbol{F}$ 与 $\boldsymbol{s}$ 的夹角.

当质点所受的力是变力，而路径又是曲线时，显然不能使用上述方法求力所做的功.

为此，我们在曲线弧内任意插入 $n-1$ 个分点 $M_1(x_1,y_1)$，$M_2(x_2,y_2)$，…，

$M_{n-1}(x_{n-1},y_{n-1})$，把曲线弧 L 分成 n 个有向小弧段 $\widehat{M_{i-1}M_i}$（$i=1,2,\cdots,n$），如图 10.3 所示．记第 i 个小弧段 $\widehat{M_{i-1}M_i}$ 的弧长为 Δs_i，$\lambda=\max\limits_{1\leqslant i\leqslant n}\{\Delta s_i\}$．由于 $\widehat{M_{i-1}M_i}$ 光滑而且很短，可用有向直线段 $\overrightarrow{M_{i-1}M_i}=\Delta x_i\boldsymbol{i}+\Delta y_i\boldsymbol{j}$ 来近似代替，其中 $\Delta x_i=x_i-x_{i-1}$，$\Delta y_i=y_i-y_{i-1}$．在 $\widehat{M_{i-1}M_i}$ 上任取一点 (ξ_i,η_i)，从而变力 $\boldsymbol{F}(x,y)$ 在小曲线段 $\widehat{M_{i-1}M_i}$ 上所做的功 $\Delta W_i\approx\boldsymbol{F}(\xi_i,\eta_i)\cdot\overrightarrow{M_{i-1}M_i}=P(\xi_i,\eta_i)\Delta x_i+Q(\xi_i,\eta_i)\Delta y_i$，于是变力 $\boldsymbol{F}(x,y)$ 沿 L 所做的功

$$W=\sum_{i=1}^{n}\Delta W_i\approx\sum_{i=1}^{n}[P(\xi_i,\eta_i)\Delta x_i+Q(\xi_i,\eta_i)\Delta y_i],$$

当 $\lambda\to0$ 时，右端和式的极限就是变力 $\boldsymbol{F}(x,y)$ 沿 L 所做的功，即

$$W=\lim_{\lambda\to0}\sum_{i=1}^{n}[P(\xi_i,\eta_i)\Delta x_i+Q(\xi_i,\eta_i)\Delta y_i].$$

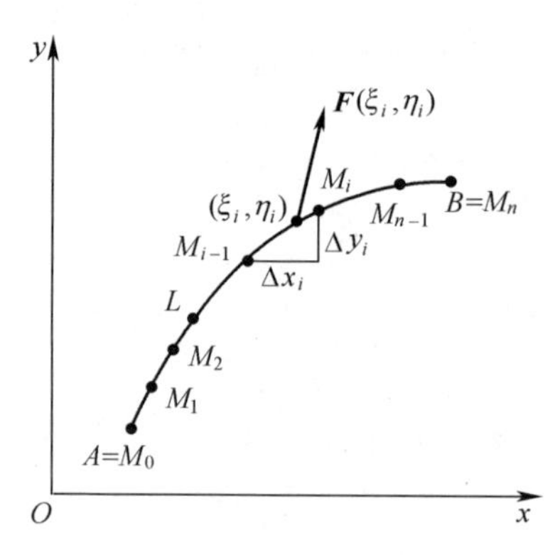

图 10.3

这种和式的极限在研究其他问题时也会遇到，为此，引入以下定义．

10.2.2 对坐标的曲线积分的概念与性质

1．对坐标的曲线积分的概念

定义 10.2.1 设 L 为 xOy 面内从点 A 到点 B 的光滑或分段光滑的有向曲线弧，函数 $P(x,y)$，$Q(x,y)$ 在 L 上有界．在 L 上沿 L 的方向任意插入一点列 $M_1(x_1,y_1)$，$M_2(x_2,y_2)$，$\cdots$，$M_{n-1}(x_{n-1},y_{n-1})$，把 L 分成 n 个有向小弧段 $\widehat{M_{i-1}M_i}$（$i=1,2,\cdots,n$；$A=M_0$，$B=M_n$），记 $\widehat{M_{i-1}M_i}$ 的弧长为 Δs_i，$\lambda=\max\limits_{1\leqslant i\leqslant n}\{\Delta s_i\}$，$\Delta x_i=x_i-x_{i-1}$，$\Delta y_i=y_i-y_{i-1}$，任取 $(\xi_i,\eta_i)\in\widehat{M_{i-1}M_i}$，如果极限

$$\lim_{\lambda\to0}\sum_{i=1}^{n}[P(\xi_i,\eta_i)\Delta x_i+Q(\xi_i,\eta_i)\Delta y_i]$$

总存在，则称此极限为函数 $P(x,y)$，$Q(x,y)$ 在有向曲线弧 L 上**对坐标的曲线积分**，记为

$$\int_L P(x,y)\mathrm{d}x + \int_L Q(x,y)\mathrm{d}y ,$$

其中

$$\int_L P(x,y)\mathrm{d}x = \lim_{\lambda\to 0}\sum_{i=1}^{n} P(\xi_i,\eta_i)\Delta x_i ,$$

$$\int_L Q(x,y)\mathrm{d}y = \lim_{\lambda\to 0}\sum_{i=1}^{n} Q(\xi_i,\eta_i)\Delta y_i ,$$

分别称为函数 $P(x,y)$ 在 L 上对坐标 x 的曲线积分，函数 $Q(x,y)$ 在 L 上对坐标 y 的曲线积分；而 $P(x,y)$，$Q(x,y)$ 叫作**被积函数**，L 叫作**积分弧段**．对坐标的曲线积分也称为**第二类曲线积分**.

当 $P(x,y)$，$Q(x,y)$ 在有向光滑曲线弧 L 上连续时，对坐标的曲线积分 $\int_L P(x,y)\mathrm{d}x$ 及 $\int_L Q(x,y)\mathrm{d}y$ 都存在，以后我们总假定 $P(x,y)$，$Q(x,y)$ 在 L 上连续.

在应用上常把以上两个积分结合起来，为方便起见，把

$$\int_L P(x,y)\mathrm{d}x + \int_L Q(x,y)\mathrm{d}y$$

简写为

$$\int_L P(x,y)\mathrm{d}x + Q(x,y)\mathrm{d}y .$$

另外，若记 $\boldsymbol{F}(x,y)=(P(x,y),Q(x,y))$，$\mathrm{d}\boldsymbol{r}=(\mathrm{d}x,\mathrm{d}y)$，则曲线积分 $\int_L P(x,y)\mathrm{d}x + Q(x,y)\mathrm{d}y$ 可写成向量形式

$$\int_L \boldsymbol{F}(x,y)\cdot\mathrm{d}\boldsymbol{r} .$$

上述引例中变力 $\boldsymbol{F}(x,y)=P(x,y)\boldsymbol{i}+Q(x,y)\boldsymbol{j}$ 所做的功可表示为

$$W=\int_{\widehat{AB}} P(x,y)\mathrm{d}x + Q(x,y)\mathrm{d}y = \int_{\widehat{AB}} \boldsymbol{F}(x,y)\cdot\mathrm{d}\boldsymbol{r} .$$

类似地，如果 $\varGamma$ 为光滑或分段光滑的空间有向曲线弧，$P(x,y,z)$，$Q(x,y,z)$，$R(x,y,z)$ 为定义在 $\varGamma$ 上的有界函数，则可以定义有向曲线 $\varGamma$ 上的第二类曲线积分，并记为

$$\int_\varGamma \boldsymbol{F}(x,y,z)\cdot\mathrm{d}\boldsymbol{r} = \int_\varGamma P(x,y,z)\mathrm{d}x + Q(x,y,z)\mathrm{d}y + R(x,y,z)\mathrm{d}z .$$

第二类曲线积分的鲜明特征是曲线的**方向性**．对第二类曲线积分有

$$\int_{\widehat{AB}} P(x,y)\mathrm{d}x + Q(x,y)\mathrm{d}y = -\int_{\widehat{BA}} P(x,y)\mathrm{d}x + Q(x,y)\mathrm{d}y ,$$

显然当曲线弧为 x 轴上的线段时，第二类曲线积分就是定积分.

注意　如果平面曲线 L（空间曲线 $\varGamma$）是闭曲线，则第二类曲线积分记为 $\oint_L P(x,y)\mathrm{d}x + Q(x,y)\mathrm{d}y$（$\oint_\varGamma P(x,y,z)\mathrm{d}x + Q(x,y,z)\mathrm{d}y + R(x,y,z)\mathrm{d}z$）.

2. 对坐标的曲线积分的性质

以平面曲线为例说明对坐标的曲线积分的性质，对空间曲线同样适用.

性质 10.2.1 设 L 为有向光滑曲线弧，则对任意的 $\alpha,\beta\in R$，有

$$\int_L[\alpha\boldsymbol{F}_1(x,y)+\beta\boldsymbol{F}_2(x,y)]\cdot\mathrm{d}\boldsymbol{r}=\alpha\int_L\boldsymbol{F}_1(x,y)\cdot\mathrm{d}\boldsymbol{r}+\beta\int_L\boldsymbol{F}_2(x,y)\cdot\mathrm{d}\boldsymbol{r}.$$

性质 10.2.2 若有向光滑曲线弧 L 可分成两段光滑的有向曲线弧 L_1 和 L_2，则

$$\int_L\boldsymbol{F}(x,y)\cdot\mathrm{d}\boldsymbol{r}=\int_{L_1}\boldsymbol{F}(x,y)\cdot\mathrm{d}\boldsymbol{r}+\int_{L_2}\boldsymbol{F}(x,y)\cdot\mathrm{d}\boldsymbol{r}.$$

性质 10.2.3 设 L 为有向光滑曲线弧，L^- 是 L 的反向曲线弧，则

$$\int_L\boldsymbol{F}(x,y)\cdot\mathrm{d}\boldsymbol{r}=-\int_{L^-}\boldsymbol{F}(x,y)\cdot\mathrm{d}\boldsymbol{r}.$$

第二类曲线积分与曲线弧的方向有关，第一类曲线积分与曲线弧的方向无关，这是两种类型曲线积分的一个重要区别.

10.2.3 对坐标的曲线积分的计算

定理 10.2.1 设函数 $P(x,y)$，$Q(x,y)$ 在有向光滑曲线弧 L 上有定义且连续，L 的参数方程为

$$\begin{cases}x=\varphi(t),\\ y=\psi(t),\end{cases}$$

当参数 t 单调地由 α 变到 β 时，点 $M(x,y)$ 从 L 的起点 A 沿 L 运动到终点 B，$\varphi(t)$ 和 $\psi(t)$ 在以 α 及 β 为端点的闭区间上具有一阶连续导数，且 $\varphi'^2(t)+\psi'^2(t)\neq0$，则曲线积分 $\int_L P(x,y)\mathrm{d}x+Q(x,y)\mathrm{d}y$ 存在，且

$$\begin{aligned}&\int_L P(x,y)\mathrm{d}x+Q(x,y)\mathrm{d}y\\&=\int_\alpha^\beta\{P[\varphi(t),\psi(t)]\varphi'(t)+Q[\varphi(t),\psi(t)]\psi'(t)\}\mathrm{d}t.\end{aligned}\tag{10.2.1}$$

这里必须注意，下限 α 对应于 L 的起点，上限 β 对应于 L 的终点.

证明略.

如果曲线 L 的方程为 $y=\varphi(x)$，$x:a\to b$，则

$$\int_L P(x,y)\mathrm{d}x+Q(x,y)\mathrm{d}y=\int_a^b\{P[x,\varphi(x)]+Q[x,\varphi(x)]\varphi'(x)\}\mathrm{d}x.$$

类似地，如果曲线 L 的方程为 $x=\psi(y)$，$y:c\to d$，则

$$\int_L P(x,y)\mathrm{d}x+Q(x,y)\mathrm{d}y=\int_c^d\{P[\psi(y),y]\psi'(y)+Q[\psi(y),y]\}\mathrm{d}y.$$

例 10.2.1 计算曲线积分 $\int_L xy\mathrm{d}x+(y-x)\mathrm{d}y$，其中 L 分别沿以下路径从点 $A(1,1)$ 到点 $B(2,3)$（图 10.4）：

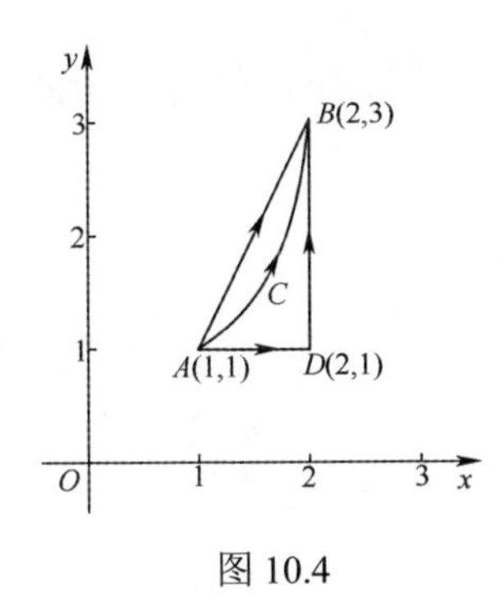

图 10.4

（1）直线 $\overline{AB}$；

（2）抛物线 $\widehat{ACB}$： $y=2(x-1)^2+1$；

（3）有向折线 ADB，其中点 D 坐标为 $(2,1)$.

解　（1）直线 AB 的参数方程：

$$\begin{cases} x=1+t \\ y=1+2t \end{cases},\quad t:0\to 1,\quad \text{所以}$$

$$\int_{\overline{AB}} xy\mathrm{d}x+(y-x)\mathrm{d}y=\int_0^1[(1+t)(1+2t)+2t]\mathrm{d}t=\frac{25}{6}.$$

（2）抛物线 $\widehat{ACB}$： $y=2(x-1)^2+1$， $x:1\to 2$，所以

$$\int_{\widehat{ACB}} xy\mathrm{d}x+(y-x)\mathrm{d}y=\int_1^2\{x[2(x-1)^2+1]+[2(x-1)^2+1-x]4(x-1)\}\mathrm{d}x=\frac{10}{3}.$$

（3）直线段 AD：$y=1$，$x:1\to 2$； DB：$x=2$，$y:1\to 3$，所以

$$\int_{\widehat{ADB}} xy\mathrm{d}x+(y-x)\mathrm{d}y=\int_{\overline{AD}} xy\mathrm{d}x+(y-x)\mathrm{d}y+\int_{\overline{DB}} xy\mathrm{d}x+(y-x)\mathrm{d}y$$

$$=\int_1^2 x\mathrm{d}x+\int_1^3(y-2)\mathrm{d}y=\frac{3}{2}+0=\frac{3}{2}.$$

从例 10.2.1 可以看出，虽然曲线积分的被积函数相同，起点和终点也相同，但沿不同路径的积分值却不相等.

例 10.2.2　计算曲线积分 $\int_L (y+1)\mathrm{d}x+x\mathrm{d}y$，其中 L 为（图 10.5）：

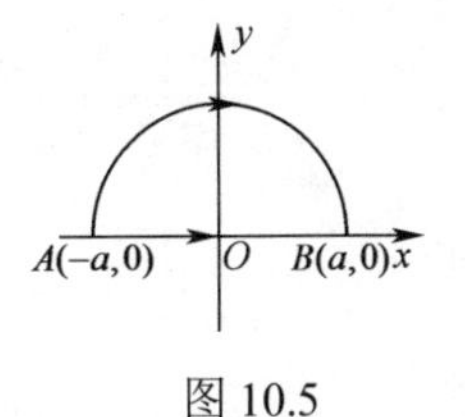

图 10.5

（1）上半圆周 $x^2+y^2=a^2$（$y\geqslant 0$），按顺时针方向绕行；

（2）从点 $A(-a,0)$ 沿 x 轴到点 $B(a,0)$ 的直线段.

解　（1）L 的参数方程： $\begin{cases} x=a\cos\theta \\ y=a\sin\theta \end{cases}$， $\theta:\pi\to 0$. 所以

$$\int_L (y+1)\mathrm{d}x+x\mathrm{d}y=\int_\pi^0(-a^2\sin^2\theta-a\sin\theta+a^2\cos^2\theta)\mathrm{d}\theta$$

$$=\int_{\pi}^{0}(a^2\cos 2\theta-a\sin\theta)\mathrm{d}\theta=2a\ .$$

（2）L 的方程：$y=0$，$x:-a\to a$．所以

$$\int_L (y+1)\mathrm{d}x+x\mathrm{d}y=\int_{-a}^{a}\mathrm{d}x=2a\ .$$

从例 10.2.2 可以看出，虽然沿不同路径，曲线积分的值却可以相等．

公式（10.2.1）可推广到空间曲线，如果空间曲线 Γ 的参数方程为

$$x=\varphi(t)\ ,\quad y=\psi(t)\ ,\quad z=\omega(t)\ ,\quad t:\alpha\to\beta\ ,$$

则 $\int_\Gamma P(x,y,z)\mathrm{d}x+Q(x,y,z)\mathrm{d}y+R(x,y,z)\mathrm{d}z$

$$=\int_\alpha^\beta\{P[\varphi(t),\psi(t),\omega(t)]\varphi'(t)+Q[\varphi(t),\psi(t),\omega(t)]\psi'(t)+R[\varphi(t),\psi(t),\omega(t)]\omega'(t)\}\mathrm{d}t\ ,$$

这里下限 α 对应于 Γ 的起点，上限 β 对应于 Γ 的终点．

例 10.2.3 计算曲线积分 $\int_\Gamma xy\mathrm{d}x+(x+y)\mathrm{d}y+x^2\mathrm{d}z$，其中 Γ 是螺旋线

$$x=a\cos t\ ,\quad y=a\sin t\ ,\quad z=bt\ \ (\ a>0\ )$$

上相应于 t 从 0 到 π 的一段弧．

解 $\int_\Gamma xy\mathrm{d}x+(x+y)\mathrm{d}y+x^2\mathrm{d}z$

$$=\int_0^\pi(-a^3\cos t\sin^2 t+a^2\cos^2 t+a^2\sin t\cos t+a^2b\cos^2 t)\mathrm{d}t$$

$$=\frac{1}{2}a^2(1+b)\pi\ .$$

例 10.2.4 设一质点受变力作用，力的方向指向原点，大小与质点到原点的距离成正比（比例系数为 k）．若质点在第一象限内沿圆周 $x^2+y^2=a^2$ 由 $A(a,0)$ 移动到 $B(0,a)$，求变力所做的功．

解 如图 10.6 所示，设质点在 $M(x,y)$ 所受到的力为 $\boldsymbol{F}$，则由题意，

$$|\boldsymbol{F}|=k\sqrt{x^2+y^2}\ ,\quad \overrightarrow{MO}=(-x,-y)\ ,$$ $\boldsymbol{F}$ 与 $\overrightarrow{MO}$ 方向相同，所以

$$\boldsymbol{F}=|\boldsymbol{F}|\cdot\frac{\overrightarrow{MO}}{|\overrightarrow{MO}|}=k\sqrt{x^2+y^2}\cdot\frac{(-x,-y)}{\sqrt{x^2+y^2}}=(-kx,-ky)\ .$$

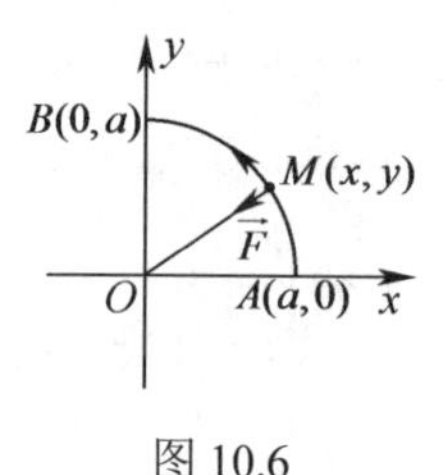

图 10.6

所以

$$W=\int_{\overset{\frown}{AB}}\boldsymbol{F}(x,y)\cdot\mathrm{d}\boldsymbol{r}=\int_{\overset{\frown}{AB}}-kx\mathrm{d}x-ky\mathrm{d}y\ .$$

$\overset{\frown}{AB}$ 的参数方程：$\begin{cases}x=a\cos t\\ y=a\sin t\end{cases}$，$t:0\to\dfrac{\pi}{2}$．于是

$$W=-k\int_0^{\frac{\pi}{2}}(-a^2\cos t\sin t+a^2\sin t\cos t)\mathrm{d}t=0\ .$$

习题 10.2

1．计算下列第二类曲线积分：

（1）$\int_L (x^2-y^2)\mathrm{d}x$，其中 L 是抛物线 $y=x^2$ 上从点 $(0,0)$ 到点 $(2,4)$ 的一段弧；

（2）$\oint_L xy\mathrm{d}x$，其中 L 是圆周 $(x-a)^2+y^2=a^2$（$a>0$）及 x 轴所围成的第一象限区域的整个边界（沿顺时针方向绕行）；

（3）$\int_L (x+y)\mathrm{d}x+xy\mathrm{d}y$，其中 L 是折线 $y=1-|1-x|$ 上从点 $(0,0)$ 到点 $(2,0)$ 的一段弧；

（4）$\oint_L \dfrac{(x+y)\mathrm{d}x-(x-y)\mathrm{d}y}{x^2+y^2}$，其中 L 是圆周 $x^2+y^2=a^2$（沿逆时针方向绕行）；

（5）$\int_\Gamma y\mathrm{d}x+z\mathrm{d}y$，其中 Γ 是曲线 $x=1-\cos t$，$y=\sin t$，$z=t$ 上对应 $t=0$ 到 $t=\pi$ 的一段弧；

（6）$\int_\Gamma x\mathrm{d}x+y\mathrm{d}y+z\mathrm{d}z$，其中 Γ 是从 $(1,1,1)$ 到 $(2,-1,0)$ 的直线段.

2．设 L 为 xOy 面内直线 $x=a$ 上的一段，证明

$$\int_L P(x,y)\mathrm{d}x=0.$$

3．设质点 M 所受的作用力为 $\boldsymbol{F}$，其大小与点 M 到坐标原点 O 的距离成反比，比例系数为 k，其方向指向坐标原点，试求质点 M 由 $A(0,1)$ 沿曲线 $y=\cos x$ 移动到 $B\left(\dfrac{\pi}{2},0\right)$ 时，变力 $\boldsymbol{F}$ 所做的功.

4．设 z 轴与重力的方向一致，求质量为 m 的质点从位置 (x_1,y_1,z_1) 沿直线移动到 (x_2,y_2,z_2) 时重力所做的功.

10.3　格林公式及其应用

10.3.1　格林公式

首先介绍平面单连通区域的概念．设 D 为平面区域，如果 D 内任一闭曲线所围的部分都属于 D，则称 D 为**单连通区域**，否则称为**复连通区域**．通俗地讲，平面单连通区域就是不含有“洞”（包含点“洞”）的区域，复连通区域是含有“洞”

（包含点“洞”）的区域．例如，平面上的圆形区域$\{(x,y)\,|\,x^2+y^2<1\}$、上半平面$\{(x,y)\,|\,y>0\}$都是单连通区域，而圆环形区域$\{(x,y)\,|\,1<x^2+y^2<4\}$、$\{(x,y)\,|\,0<x^2+y^2<1\}$都是复连通区域．

对平面区域D的边界曲线L，我们规定L的正向如下：当观察者沿L的这个方向行走时，D内距它最近的部分总在它的左边（图 10.7）．为了明确起见，把D带有正向的边界曲线记为∂D^+，并称之为D的**正向边界**．显然，L_1的正向是逆时针方向，L_2的正向是顺时针方向．

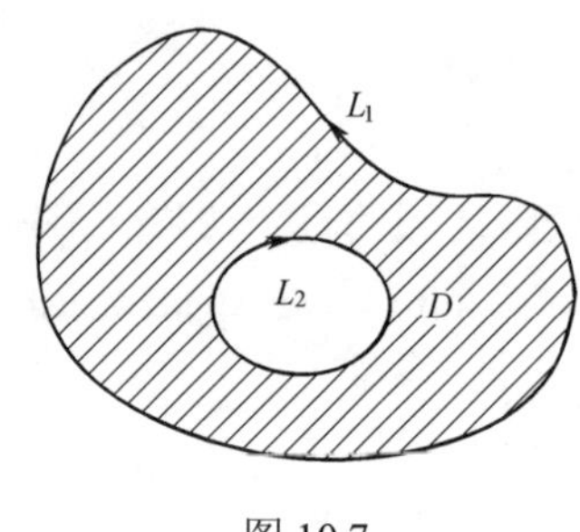

图 10.7

定理 10.3.1 如果函数$P(x,y)$，$Q(x,y)$在有界闭区域D上具有一阶连续偏导数，则有

$$\oint_L P\mathrm{d}x+Q\mathrm{d}y=\iint_D\left(\frac{\partial Q}{\partial x}-\frac{\partial P}{\partial y}\right)\mathrm{d}\sigma\ . \qquad (10.3.1)$$

其中L是D的正向边界曲线．公式（10.3.1）称为**格林公式**．

证明 按区域的形状分三种情况来证明．

（1）若区域D既是 X 型区域，又是 Y 型区域（图 10.8），区域D既可以表示为

$$D=\{(x,y)|\,a\leqslant x\leqslant b,\ \varphi_1(x)\leqslant y\leqslant\varphi_2(x)\}\ .$$

又可以表示为

$$D=\{(x,y)|\,\alpha\leqslant y\leqslant\beta,\ \psi_1(y)\leqslant x\leqslant\psi_2(y)\}\ .$$

所以
$$\begin{aligned}\iint_D\frac{\partial Q}{\partial x}\mathrm{d}\sigma&=\int_\alpha^\beta\mathrm{d}y\int_{\psi_1(y)}^{\psi_2(y)}\frac{\partial Q}{\partial x}\mathrm{d}x=\int_\alpha^\beta\{Q[(\psi_2(y),y)]-Q[(\psi_1(y),y)]\}\mathrm{d}y\\&=\int_{\overset{\frown}{CBE}}Q(x,y)\mathrm{d}y-\int_{\overset{\frown}{CAE}}Q(x,y)\mathrm{d}y\\&=\int_{\overset{\frown}{CBE}}Q(x,y)\mathrm{d}y+\int_{\overset{\frown}{EAC}}Q(x,y)\mathrm{d}y\\&=\oint_L Q(x,y)\mathrm{d}y\end{aligned}$$

同理可证$\iint_D-\frac{\partial P}{\partial y}\mathrm{d}\sigma=\oint_L P(x,y)\mathrm{d}x$．上述两式相加即得

$$\oint_L P\mathrm{d}x+Q\mathrm{d}y=\iint_D\left(\frac{\partial Q}{\partial x}-\frac{\partial P}{\partial y}\right)\mathrm{d}\sigma\ .$$

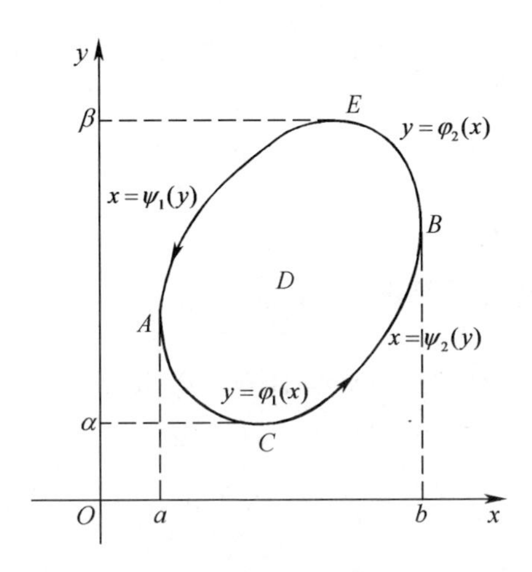

图 10.8

（2）若闭区域 D 不满足（1）的条件，可在 D 内引进一条或几条辅助曲线，将 D 分成有限个既是 X 型又是 Y 型的子区域，然后逐块应用公式（10.3.1），再分别相加．如图 10.9 所示的情况，则有

$$\begin{aligned}\iint_D\left(\frac{\partial Q}{\partial x}-\frac{\partial P}{\partial y}\right)\mathrm{d}\sigma &= \iint_{D_1}\left(\frac{\partial Q}{\partial x}-\frac{\partial P}{\partial y}\right)\mathrm{d}\sigma+\iint_{D_2}\left(\frac{\partial Q}{\partial x}-\frac{\partial P}{\partial y}\right)\mathrm{d}\sigma\\ &= \oint_{\partial D_1^+}P\mathrm{d}x+Q\mathrm{d}y+\oint_{\partial D_2^+}P\mathrm{d}x+Q\mathrm{d}y\\ &= \oint_L P\mathrm{d}x+Q\mathrm{d}y\,.\end{aligned}$$

（3）对复连通区域，如图 10.10 所示，可添加直线段 AB 和 EC，把区域转化为（2）的情况来处理．此时公式（10.3.1）的左边包含区域 D 的全部边界的曲线积分，且方向都是正向．

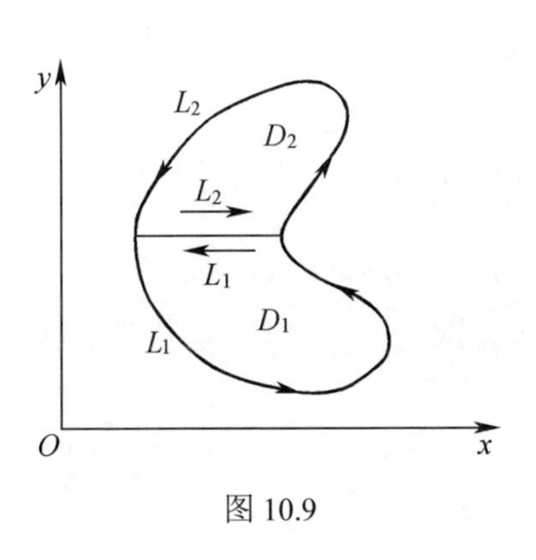

图 10.9

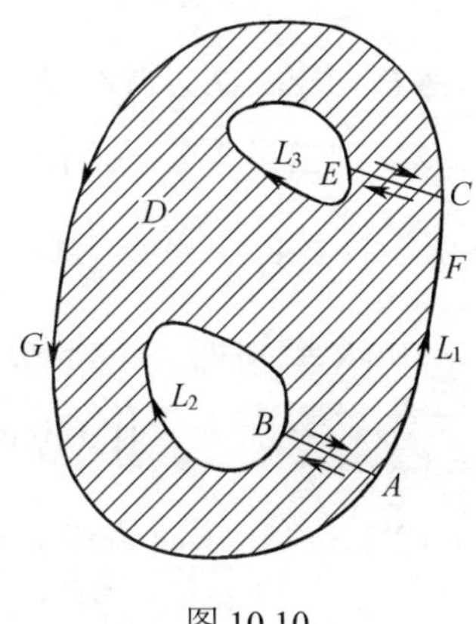

图 10.10

$$\iint_D \left(\frac{\partial Q}{\partial x}-\frac{\partial P}{\partial y}\right)\mathrm{d}\sigma=\left(\int_{\overline{AB}}+\int_{L_2}+\int_{\overline{BA}}+\int_{\widehat{AFC}}+\int_{\overline{CE}}+\int_{L_3}+\int_{\overline{EC}}+\int_{\widehat{CGA}}\right)(P\mathrm{d}x+Q\mathrm{d}y)$$

$$=\left(\oint_{L_1}+\oint_{L_2}+\oint_{L_3}\right)(P\mathrm{d}x+Q\mathrm{d}y)$$

$$=\oint_L P\mathrm{d}x+Q\mathrm{d}y .$$

为方便记忆，格林公式可以写成下述形式：

$$\oint_L P\mathrm{d}x+Q\mathrm{d}y=\iint_D \begin{vmatrix}\dfrac{\partial}{\partial x} & \dfrac{\partial}{\partial y}\\ P & Q\end{vmatrix}\mathrm{d}\sigma .$$

其中把$\dfrac{\partial}{\partial x}$与$Q$的“积”理解为$\dfrac{\partial Q}{\partial x}$，$\dfrac{\partial}{\partial y}$与$P$的“积”理解为$\dfrac{\partial P}{\partial y}$.

例 10.3.1 计算曲线积分$\oint_L (2x-y+4)\mathrm{d}x+(5y+3x-6)\mathrm{d}y$，其中$L$是以点$O(0,0)$，$A(1,1)$，$B(0,1)$为顶点的三角形的正向边界曲线（图 10.11）.

解 $P(x,y)=2x-y+4$，$Q(x,y)=5y+3x-6$，从而

$$\frac{\partial P}{\partial y}=-1，\quad \frac{\partial Q}{\partial x}=3，$$

显然$P(x,y)$，$Q(x,y)$在整个坐标面内具有一阶连续偏导数，记L所围成的闭区域为D，则由格林公式，得

$$\oint_L (2x-y+4)\mathrm{d}x+(5y+3x-6)\mathrm{d}y=\iint_D 4\mathrm{d}x\mathrm{d}y=2 .$$

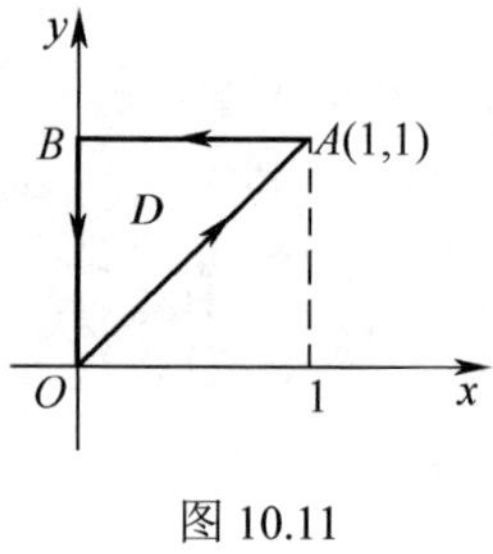

图 10.11

例 10.3.2 计算曲线积分$I=\oint_L xy^2\mathrm{d}y-x^2y\mathrm{d}x$，其中$L$为圆周$x^2+y^2=a^2$，沿逆时针方向.

解 $P(x,y)=-x^2y$，$Q(x,y)=xy^2$，$\dfrac{\partial Q}{\partial x}-\dfrac{\partial P}{\partial y}=x^2+y^2$.

显然$P(x,y)$，$Q(x,y)$在整个坐标面内具有一阶连续偏导数，记L所围成的闭区域为D，则由格林公式，得

$$I=\oint_L xy^2\mathrm{d}y-x^2y\mathrm{d}x=\iint_D\left(\frac{\partial Q}{\partial x}-\frac{\partial P}{\partial y}\right)\mathrm{d}\sigma=\iint_D (x^2+y^2)\mathrm{d}\sigma .$$

再利用极坐标计算二重积分，得

$$I=\iint_D \rho^3\mathrm{d}\rho\mathrm{d}\theta=\int_0^{2\pi}\mathrm{d}\theta\int_0^a\rho^3\mathrm{d}\rho=\frac{\pi}{2}a^4 .$$

例 10.3.3 计算曲线积分$\int_L (x^2+3y)\mathrm{d}x+(y^2-x)\mathrm{d}y$，其中$L$为沿上半圆周

$y=\sqrt{4x-x^2}$ 从 $O(0,0)$ 到 $A(4,0)$（图 10.12）.

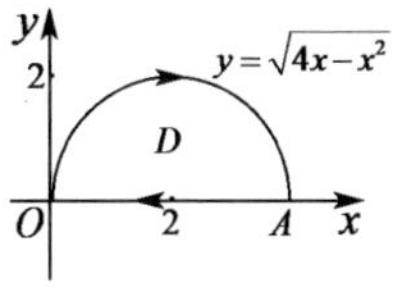

图 10.12

解　添加辅助线段 $\overline{AO}$：$y=0$，$x:4\to 0$，与 L 围成平面闭区域 D.

$$\int_L (x^2+3y)\mathrm{d}x+(y^2-x)\mathrm{d}y$$

$$=\oint_{L\cup\overline{AO}}(x^2+3y)\,\mathrm{d}x+(y^2-x)\mathrm{d}y-\int_{\overline{AO}}(x^2+3y)\,\mathrm{d}x+(y^2-x)\mathrm{d}y.$$

由格林公式，得 $\oint_{L\cup\overline{AO}}(x^2+3y)\,\mathrm{d}x+(y^2-x)\mathrm{d}y=-\iint\limits_D -4\mathrm{d}x\mathrm{d}y=8\pi$.

而
$$\int_{\overline{AO}}(x^2+3y)\,\mathrm{d}x+(y^2-x)\mathrm{d}y=\int_4^0 x^2\,\mathrm{d}x=-\frac{64}{3}.$$

所以
$$\int_L (x^2+3y)\mathrm{d}x+(y^2-x)\,\mathrm{d}y=8\pi+\frac{64}{3}.$$

注意　在格林公式中，如果 $P(x,y)=-y$，$Q(x,y)=x$，可得由闭曲线所围成的平面闭区域 D 的面积 A 的计算公式:

$$A=\frac{1}{2}\oint_L x\mathrm{d}y-y\mathrm{d}x\cdot \tag{10.3.2}$$

例 10.3.4　求椭圆 $x=a\cos\theta$，$y=b\sin\theta$ 所围成的平面图形的面积.

解　根据公式（10.3.2），有

$$A=\frac{1}{2}\oint_L x\mathrm{d}y-y\mathrm{d}x=\frac{1}{2}\int_0^{2\pi}(ab\cos^2\theta+ab\sin^2\theta)\mathrm{d}\theta$$

$$=\frac{1}{2}ab\int_0^{2\pi}\mathrm{d}\theta=\pi ab.$$

10.3.2　平面上曲线积分与路径无关的等价条件

在物理、力学中研究势场，就是要研究场力所做的功在什么条件下与路径无关，这个问题在数学上就是要研究曲线积分与路径无关的条件．首先要明确的是什么叫与路径无关.

设 D 是一个区域，$P(x,y)$，$Q(x,y)$ 在区域 D 内具有一阶连续偏导数．在 D 内任取两点 A、B，以及在 D 内以 A 为起点，以 B 为终点的任意两条曲线 L_1，L_2（图 10.13)，如果等式 $\int_{L_1}P\mathrm{d}x+Q\mathrm{d}y=\int_{L_2}P\mathrm{d}x+Q\mathrm{d}y$ 恒成立，就称曲线积分 $\int_L P\mathrm{d}x+Q\mathrm{d}y$ 在 D **内与路径无关**，否则就称**与路径有关**.

定理 10.3.2　设 D 是单连通区域，若函数 $P(x,y)$，$Q(x,y)$ 在 D 内连续，且具有一阶连续偏导数，则以下四个条件等价：

（1）对于 D 内任一分段光滑的闭曲线 L，有 $\oint_L P\mathrm{d}x+Q\mathrm{d}y=0$；

（2）对于 D 内任一分段光滑的曲线弧 L，曲线积分 $\int_L P\mathrm{d}x+Q\mathrm{d}y$ 与路径无关，只与 L 的起点及终点有关；

（3）$P\mathrm{d}x+Q\mathrm{d}y$ 是 D 内某一函数 $u(x,y)$ 的全微分，即 $\mathrm{d}u=P\mathrm{d}x+Q\mathrm{d}y$；

（4）在 D 内 $\dfrac{\partial P}{\partial y}=\dfrac{\partial Q}{\partial x}$ 恒成立.

***证明** （1）⇒（2）如图 10.13 所示.

$$\int_{L_1} P\mathrm{d}x+Q\mathrm{d}y-\int_{L_2} P\mathrm{d}x+Q\mathrm{d}y=\int_{L_1} P\mathrm{d}x+Q\mathrm{d}y+\int_{L_2^-} P\mathrm{d}x+Q\mathrm{d}y$$
$$=\oint_{L_1+L_2^-} P\mathrm{d}x+Q\mathrm{d}y=0,$$

所以
$$\int_{L_1} P\mathrm{d}x+Q\mathrm{d}y=\int_{L_2} P\mathrm{d}x+Q\mathrm{d}y.$$

（2）⇒（3）如图 10.14 所示，设 $M_0(x_0,y_0)$ 为 D 内一定点，$M(x,y)$ 为 D 内任意一点，由（2）知曲线积分 $\int_{\widehat{M_0M}} P\mathrm{d}x+Q\mathrm{d}y$ 与路线的选择无关，于是可把这个曲线积分记作 $\int_{M_0(x_0,y_0)}^{M(x,y)} P\mathrm{d}x+Q\mathrm{d}y$. 故当 $M(x,y)$ 在 D 内变动时，其积分值是 x，y 的函数，把这个函数记为 $u(x,y)$，即 $u(x,y)=\int_{M_0(x_0,y_0)}^{M(x,y)} P\mathrm{d}x+Q\mathrm{d}y$.

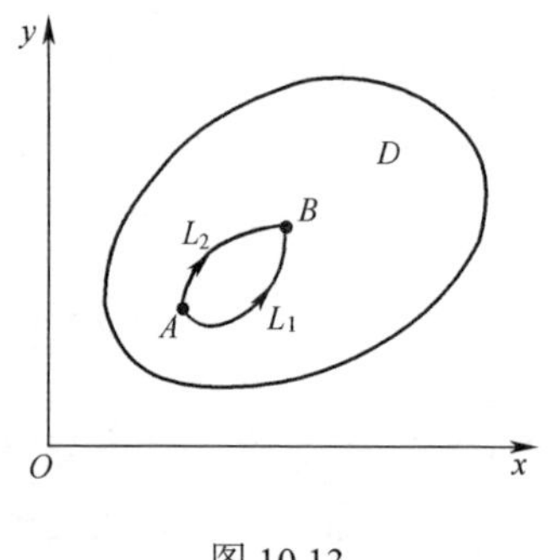

图 10.13

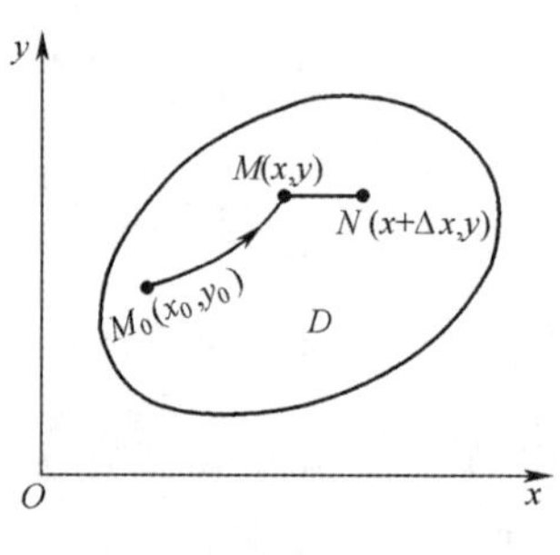

图 10.14

取 Δx 充分小，使 $N(x+\Delta x,y)\in D$，由于曲线积分与路径无关，因此函数 $u(x,y)$ 对于 x 的偏增量

$$u(x+\Delta x,y)-u(x,y)=\int_{\widehat{M_0N}} P\mathrm{d}x+Q\mathrm{d}y-\int_{\widehat{M_0M}} P\mathrm{d}x+Q\mathrm{d}y=\int_{\overline{MN}} P\mathrm{d}x+Q\mathrm{d}y,$$

其中直线段 MN 平行于 x 轴，由积分中值定理可得

$$\Delta u(x,y)=u(x+\Delta x,y)-u(x,y)=\int_{\overline{MN}} P\mathrm{d}x+Q\mathrm{d}y=\int_x^{x+\Delta x} P(x,y)\mathrm{d}x=P(x+\theta\Delta x,y)\Delta x,$$

其中 $0<\theta<1$. 由 $P(x,y)$ 在 D 上的连续性可得

$$\frac{\partial u}{\partial x}=\lim_{\Delta x\to 0}\frac{\Delta u}{\Delta x}=\lim_{\Delta x\to 0}P(x+\theta\Delta x,y)=P(x,y).$$

同理可证$\dfrac{\partial u}{\partial y}=Q(x,y)$．因此$\mathrm{d}u=P\mathrm{d}x+Q\mathrm{d}y$．

（3）⇒（4）设存在$u(x,y)$，使得$\mathrm{d}u=P\mathrm{d}x+Q\mathrm{d}y$，所以

$$\frac{\partial u}{\partial x}=P(x,y),\quad \frac{\partial u}{\partial y}=Q(x,y)\Rightarrow\frac{\partial P}{\partial y}=\frac{\partial^2 u}{\partial x\partial y},\quad \frac{\partial Q}{\partial x}=\frac{\partial^2 u}{\partial y\partial x},$$

而$P(x,y)$，$Q(x,y)$在区域D内有连续的偏导数，因此

$$\frac{\partial P}{\partial y}=\frac{\partial^2 u}{\partial x\partial y}=\frac{\partial^2 u}{\partial y\partial x}=\frac{\partial Q}{\partial x},$$

从而在D内每一点处有$\dfrac{\partial P}{\partial y}=\dfrac{\partial Q}{\partial x}$．

（4）⇒（1）设L为D内任一分段光滑封闭曲线，记L所围的区域为D_1．由于D为单连通区域，因此区域D_1含在D内．应用格林公式及在D内恒有$\dfrac{\partial P}{\partial y}=\dfrac{\partial Q}{\partial x}$的条件，可得到

$$\oint_L P\mathrm{d}x+Q\mathrm{d}y=\iint_{D_1}\left(\frac{\partial Q}{\partial x}-\frac{\partial P}{\partial y}\right)\mathrm{d}\sigma=0.$$

这就证明了所述四个条件是等价的．

在例 10.2.1 中，由于$\dfrac{\partial P}{\partial y}\neq\dfrac{\partial Q}{\partial x}$，曲线积分与路径有关；而在例 10.2.2 中，由于$\dfrac{\partial P}{\partial y}=\dfrac{\partial Q}{\partial x}$，曲线积分与路径无关．

如果曲线积分与路径无关，计算时可选择方便的积分路径．

例 10.3.5　利用曲线积分与路径无关求$\int_{(1,1)}^{(2,3)}(x+y)\mathrm{d}x+(x-y)\mathrm{d}y$．

解　由于$P(x,y)=x+y$，$Q(x,y)=x-y$，在整个坐标面上有连续的一阶偏导数，且$\dfrac{\partial P}{\partial y}=\dfrac{\partial Q}{\partial x}=1$，故积分与路径无关．为简便起见，可以选择平行于坐标轴的直线段连成的折线作为积分路径（图 10.15），则

$$\begin{aligned}\int_{(1,1)}^{(2,3)}(x+y)\mathrm{d}x+(x-y)\mathrm{d}y&=\int_{\overline{AC}}(x+y)\mathrm{d}x+(x-y)\mathrm{d}y+\int_{\overline{CB}}(x+y)\mathrm{d}x+(x-y)\mathrm{d}y\\&=\int_1^2(x+1)\mathrm{d}x+\int_1^3(2-y)\mathrm{d}y\\&=\left[\frac{x^2}{2}+x\right]_1^2+\left[2y-\frac{y^2}{2}\right]_1^3=\frac{5}{2}.\end{aligned}$$

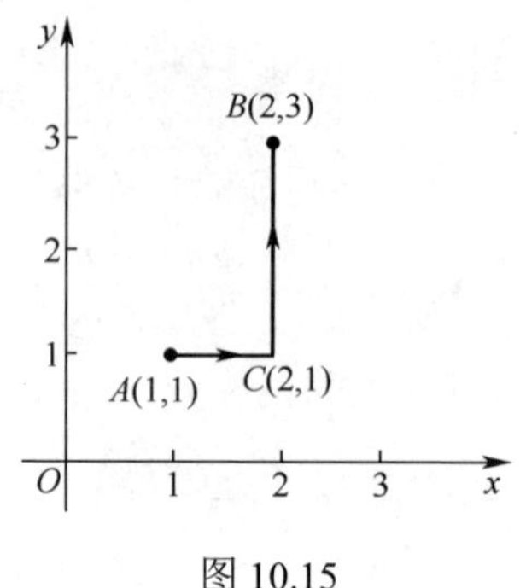

图 10.15

若 $P(x,y)$，$Q(x,y)$ 满足定理 10.3.2 的条件，则 $P\mathrm{d}x+Q\mathrm{d}y$ 一定是某个二元函数 $u(x,y)$ 的全微分，由于积分与路径无关，可通过积分 $u(x,y)=\int_{(x_0,y_0)}^{(x,y)}P\mathrm{d}x+Q\mathrm{d}y$ 求出一个这样的二元函数，其中 (x_0,y_0) 是区域内的一个定点，(x,y) 是区域内的一个动点. 与一元函数的原函数相仿，我们称 $u(x,y)$ 是 $P\mathrm{d}x+Q\mathrm{d}y$ 的一个**原函数**.

例 10.3.6 求 $(2x+\sin y)\mathrm{d}x+x\cos y\mathrm{d}y$ 的一个原函数.

解 由于 $P(x,y)=2x+\sin y$，$Q(x,y)=x\cos y$，在整个坐标面上有连续的一阶偏导数，且 $\dfrac{\partial P}{\partial y}=\dfrac{\partial Q}{\partial x}=\cos y$，故积分与路径无关. 取原点 $O(0,0)$ 为起点，$B(x,y)$ 为终点，如图 10.16 所示的折线作为积分路径，则 $(2x+\sin y)\mathrm{d}x+x\cos y\mathrm{d}y$ 的一个原函数为

$$
\begin{aligned}
u(x,y)&=\int_{O(0,0)}^{B(x,y)}(2x+\sin y)\mathrm{d}x+x\cos y\mathrm{d}y\\
&=\int_{\overline{OA}}(2x+\sin y)\mathrm{d}x+x\cos y\mathrm{d}y+\int_{\overline{AB}}(x+y)\mathrm{d}x+x\cos y\mathrm{d}y\\
&=\int_0^x 2t\mathrm{d}t+x\int_0^y\cos t\mathrm{d}t=x^2+x\sin y\,.
\end{aligned}
$$

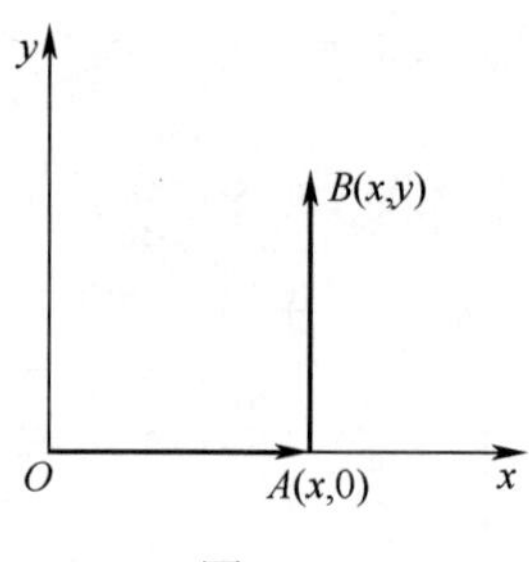

图 10.16

注意 微分方程 $(2x+\sin y)\mathrm{d}x+x\cos y\mathrm{d}y=0$ 称为全微分方程，其通解为 $x^2+x\sin y=C$.

习题 10.3

1．计算下列曲线积分，并验证格林公式的正确性：

（1）$\oint_L (x+y)^2\mathrm{d}x+(x^2+y^2)\mathrm{d}y$，其中 L 是以 $A(1,1)$，$B(3,1)$，$C(3,5)$ 为顶点的三角形区域的正向边界曲线；

（2）$\oint_L (2xy-x^2)\mathrm{d}x+(x+y^2)\mathrm{d}y$，其中 L 是抛物线 $y=x^2$ 和 $x=y^2$ 所围成的闭区域的边界曲线，方向为顺时针方向．

2．利用曲线积分，求下列曲线所围成的平面图形的面积：

（1）星形线 $x=\cos^3 t$，$y=\sin^3 t$；

（2）椭圆 $4x^2+9y^2=36$．

3．验证下列曲线积分与路径无关，并求它们的值：

（1）$\int_{(0,0)}^{(1,1)}(x-y)(\mathrm{d}x-\mathrm{d}y)$；

（2）$\int_{(0,0)}^{(2,1)}(x+y)\mathrm{d}x+x\mathrm{d}y$；

（3）$\int_{(2,1)}^{(1,2)}\frac{y\mathrm{d}x-x\mathrm{d}y}{x^2}$（$x>0$）．

4．为了使曲线积分

$$\int_L F(x,y)(y\mathrm{d}x+x\mathrm{d}y)$$

与路径无关，可微函数 $F(x,y)$ 应满足怎样的条件？

5．利用格林公式，计算下列曲线积分：

（1）$\oint_L xy^2\mathrm{d}x-x^2y\mathrm{d}y$，其中 L 是圆周 $x^2+y^2=a^2$（$a>0$），方向为顺时针方向；

（2）$\int_L (x^2y+xy^2)\mathrm{d}x+(x^2y-xy^2)\mathrm{d}y$，其中 L 是上半圆周 $x^2+y^2=a^2$（$y\geqslant 0$），方向为逆时针方向；

（3）$\int_L (2xy^3-y^2\cos x)\mathrm{d}x+(1-2y\sin x+3x^2y^2)\mathrm{d}y$，其中 L 是抛物线 $2x=\pi y^2$ 上由点 $(0,0)$ 到点 $\left(\frac{\pi}{2},1\right)$ 的一段弧．

6．求下列全微分的原函数：

（1）$(x^2+2xy-y^2)\mathrm{d}x+(x^2-2xy-y^2)\mathrm{d}y$；

（2）$2xy\mathrm{d}x+x^2\mathrm{d}y$．

7．设有一变力在两坐标轴上的投影分别为 $P=x+y^2$，$Q=2xy-8$，这个变力确定了一个力场．证明质点在此场内移动时，场力所做的功与路径无关．

10.4 对面积的曲面积分

10.4.1 对面积的曲面积分的概念与性质

类似于第一类曲线积分，面密度函数为$\mu(x,y,z)$的曲面块Σ（设$\mu(x,y,z)$在Σ上连续）的质量为

$$\lim_{\lambda\to 0}\sum_{i=1}^{n}\mu(\xi_i,\eta_i,\zeta_i)\Delta S_i,$$

其中ΔS_i表示将曲面块分割后第i个小曲面块的面积，(ξ_i,η_i,ζ_i)为第i个小曲面块上任意取定的一点，λ表示小曲面块直径的最大值.

这种极限在研究其他问题时也会遇到，为方便讨论，引入曲面积分的概念.

定义 10.4.1 设Σ为光滑曲面（曲面上各点有连续的切平面），$f(x,y,z)$是定义在Σ上的有界函数. 用任意曲线网把Σ分成n个小曲面ΔS_i（$i=1,2,\cdots,n$），ΔS_i也表示第i个小曲面的面积，λ为n个小曲面直径的最大值，在ΔS_i上任取一点(ξ_i,η_i,ζ_i)，作乘积$f(\xi_i,\eta_i,\zeta_i)\Delta S_i$（$i=1,2,\cdots,n$），并作和$\sum\limits_{i=1}^{n}f(\xi_i,\eta_i,\zeta_i)\Delta S_i$. 如果极限

$$\lim_{\lambda\to 0}\sum_{i=1}^{n}f(\xi_i,\eta_i,\zeta_i)\Delta S_i$$

总存在，则称此极限为$f(x,y,z)$在Σ上**对面积的曲面积分**，也称为**第一类曲面积分**，记作

$$\iint_{\Sigma}f(x,y,z)\mathrm{d}S. \tag{10.4.1}$$

其中$f(x,y,z)$叫作**被积函数**，$\mathrm{d}S$叫作**面积元素**，Σ叫作**积分曲面**.

当$f(x,y,z)$在光滑曲面Σ上连续时，第一类曲面积分是存在的. 今后总假定$f(x,y,z)$在曲面Σ上连续.

如果Σ是闭曲面，那么函数$f(x,y,z)$在闭曲面Σ上对面积的曲面积分记为$\oint\!\!\!\oint_{\Sigma}f(x,y,z)\mathrm{d}S$.

根据上述定义，前面提到的曲面块的质量$M=\iint\limits_{\Sigma}\mu(x,y,z)\mathrm{d}S$.

特别地，当$f(x,y,z)\equiv 1$时，曲面积分$\iint\limits_{\Sigma}\mathrm{d}S$在数值上就等于曲面块$\Sigma$的面积.

第一类曲面积分的性质与第一类曲线积分的性质类似，读者可以仿照 10.1 节中的结论自行写出．

10.4.2　对面积的曲面积分的计算

定理 10.4.1　设有光滑曲面 Σ： $z=z(x,y)$， $(x,y)\in D_{xy}$， D_{xy} 为 Σ 在 xOy 面上的投影， $z(x,y)$ 在 D_{xy} 上有连续偏导数，函数 $f(x,y,z)$ 在 Σ 上连续，则

$$\iint_{\Sigma} f(x,y,z)\mathrm{d}S=\iint_{D_{xy}} f[x,y,z(x,y)]\sqrt{1+z_x^2+z_y^2}\mathrm{d}x\mathrm{d}y . \qquad (10.4.2)$$

证明略．

如果积分曲面 Σ 由方程 $x=x(y,z)$ 或 $y=y(z,x)$ 给出，也可类似地把第一类曲面积分化为相应坐标面上的二重积分．

例 10.4.1　计算 $\iint_{\Sigma}\frac{\mathrm{d}S}{z}$，其中 Σ 是球面 $x^2+y^2+z^2=a^2$ 被平面 $z=h$（ $0<h<a$ ）所截出的顶部（图 10.17）．

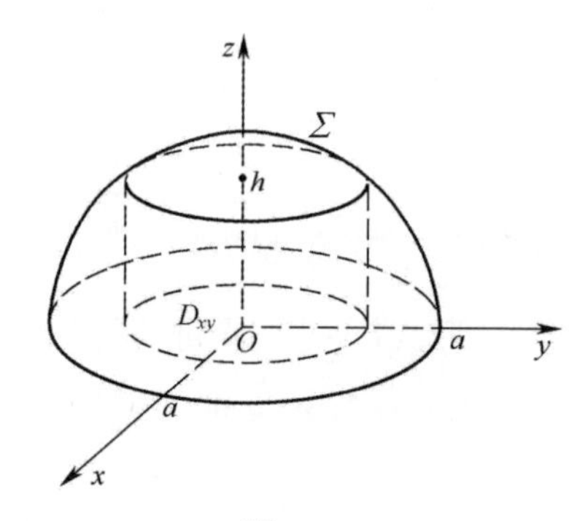

图 10.17

解　曲面 Σ 的方程为

$$z=\sqrt{a^2-x^2-y^2} .$$

Σ 在 xOy 平面上的投影区域 D_{xy} 为圆形闭区域

$$D_{xy}=\left\{(x,y)\,|\,x^2+y^2\leqslant a^2-h^2\right\}.$$

又

$$\sqrt{1+z_x^2+z_y^2}=\frac{a}{\sqrt{a^2-x^2-y^2}},$$

根据公式（10.4.2），有

$$\iint\limits_{\Sigma}\frac{\mathrm{d}S}{z}=\iint\limits_{D_{xy}}\frac{1}{\sqrt{a^2-x^2-y^2}}\cdot\frac{a}{\sqrt{a^2-x^2-y^2}}\mathrm{d}x\mathrm{d}y=\iint\limits_{D_{xy}}\frac{a}{a^2-x^2-y^2}\mathrm{d}x\mathrm{d}y$$

$$=\int_0^{2\pi}\mathrm{d}\theta\int_0^{\sqrt{a^2-h^2}}\frac{a}{a^2-\rho^2}\rho\mathrm{d}\rho=2\pi a\int_0^{\sqrt{a^2-h^2}}\frac{\rho}{a^2-\rho^2}\mathrm{d}\rho$$

$$=-\pi a\ln(a^2-\rho^2)\Big|_0^{\sqrt{a^2-h^2}}=2\pi a\ln\frac{a}{h}.$$

对面积的曲面积分有与三重积分类似的对称性．设Σ关于yOz面对称，记Σ_1是Σ在yOz面前方的部分，则

（1）当$f(-x,y,z)=-f(x,y,z)$时，$\iint\limits_{\Sigma}f(x,y,z)\mathrm{d}S=0$；

（2）当$f(-x,y,z)=f(x,y,z)$时，$\iint\limits_{\Sigma}f(x,y,z)\mathrm{d}S=2\iint\limits_{\Sigma_1}f(x,y,z)\mathrm{d}S$．

若Σ关于另外两个坐标面对称，有类似的结论，请读者自行给出．

例 10.4.2 计算$\iint\limits_{\Sigma}[(x+y)^2+z^2]\mathrm{d}S$，其中$\Sigma$是圆柱面$x^2+y^2=R^2$介于$0\leqslant z\leqslant h$的部分．

解
$$原式=\iint\limits_{\Sigma}[(x+y)^2+z^2]\mathrm{d}S=\iint\limits_{\Sigma}(x^2+y^2)\mathrm{d}S+\iint\limits_{\Sigma}2xy\mathrm{d}S+\iint\limits_{\Sigma}z^2\mathrm{d}S$$

$$=I_1+I_2+I_3.$$

$I_1=\iint\limits_{\Sigma}(x^2+y^2)\mathrm{d}S=\iint\limits_{\Sigma}R^2\mathrm{d}S=2\pi R^3h$（因为在$\Sigma$上，$x^2+y^2=R^2$）．

由于Σ关于yOz面对称，而$2xy$关于x为奇函数，从而

$$I_2=\iint\limits_{\Sigma}2xy\mathrm{d}S=0.$$

下面计算$I_3=\iint\limits_{\Sigma}z^2\mathrm{d}S$．由于$\Sigma$关于$yOz$面对称，而$z^2$关于$x$为偶函数，从而

$$I_3=\iint\limits_{\Sigma}z^2\mathrm{d}S=2\iint\limits_{\Sigma_1}z^2\mathrm{d}S,$$

其中Σ_1：$x=\sqrt{R^2-y^2}$是Σ在yOz面前方的部分，Σ_1在yOz面的投影区域为

$$D_{yz}=\{(x,y)\,|\,0\leqslant z\leqslant h,\ -R\leqslant y\leqslant R\},$$

所以
$$I_3=\iint\limits_{\Sigma}z^2\mathrm{d}S=2\iint\limits_{\Sigma_1}z^2\mathrm{d}S=2\iint\limits_{D_{yz}}z^2\cdot\frac{R}{\sqrt{R^2-y^2}}\mathrm{d}y\mathrm{d}z$$

$$=2R\int_0^h z^2\mathrm{d}z\int_{-R}^{R}\frac{1}{\sqrt{R^2-y^2}}\mathrm{d}y=\frac{2}{3}\pi Rh^3.$$

因此，原式$=I_1+I_2+I_3=2\pi R^3h+\dfrac{2}{3}\pi Rh^3$．

习题 10.4

1．计算下列第一类曲面积分．

（1）$\iint\limits_{\Sigma}(x+y+z)\mathrm{d}S$，其中 Σ 是上半球面 $x^2+y^2+z^2=a^2$，$z\geqslant 0$；

（2）$\oint\!\!\oint\limits_{\Sigma}(x^2+y^2)\mathrm{d}S$，其中 Σ 是立体 $\sqrt{x^2+y^2}\leqslant z\leqslant 1$ 的边界曲面；

（3）$\iint\limits_{\Sigma}\dfrac{1}{x^2+y^2}\mathrm{d}S$，其中 Σ 是圆柱面 $x^2+y^2=R^2$ 被平面 $z=0$ 和 $z=h$ 所截得的部分；

（4）$\iint\limits_{\Sigma}(6x+4y+3z)\mathrm{d}S$，其中 Σ 是平面 $\dfrac{x}{2}+\dfrac{y}{3}+\dfrac{z}{4}=1$ 在第一卦限中的部分．

2．计算曲面积分 $\iint\limits_{\Sigma}f(x,y,z)\mathrm{d}S$，其中 Σ 是抛物面 $z=2-(x^2+y^2)$ 在 xOy 面上方的部分，$f(x,y,z)$ 分别如下：

（1）$f(x,y,z)=1$；

（2）$f(x,y,z)=2z$．

3．求均匀曲面 $x^2+y^2+z^2=a^2$，$x\geqslant 0$，$y\geqslant 0$，$z\geqslant 0$ 的质心．

4．求密度为 μ 的均匀半球壳 $x^2+y^2+z^2=a^2$（$x\geqslant 0$）对于 x 轴的转动惯量．

10.5　对坐标的曲面积分

10.5.1　对坐标的曲面积分的概念与性质

1．*曲面的侧*

为了给曲面确定方向，先要阐明曲面的侧的概念．

我们通常遇到的曲面都是双侧曲面，可以用其法向量的指向来判断曲面的侧．

由 $z=z(x,y)$ 所表示的曲面有上侧和下侧之分，当曲面的法向量与 z 轴正向夹角 γ 为锐角时，这时称曲面取**上侧**；反之称曲面取**下侧**．

由 $x=x(y,z)$ 所表示的曲面有前侧和后侧之分，当曲面的法向量与 x 轴正向夹角 α 为锐角时，这时称曲面取**前侧**；反之称曲面取**后侧**．

由 $y=y(x,z)$ 所表示的曲面有左侧和右侧之分，当曲面的法向量与 y 轴正向夹角 β 为锐角时，这时称曲面取**右侧**；反之称曲面取**左侧**．

当 Σ 为封闭曲面时，曲面有**外侧**和**内侧**之分，类似地，也可以通过曲面上法向量的指向确定.

取定了侧的曲面称为**有向曲面**.

2. 有向曲面在坐标面上的投影

设Σ是有向曲面. 在Σ上取一小块曲面ΔS，把ΔS投影到xOy面上得一投影区域，投影区域的面积记为$(\Delta\sigma)_{xy}$. 假设ΔS上各点处的法向量与z轴的夹角γ的余弦$\cos\gamma$有相同的符号（即$\cos\gamma$都是正的或都是负的），我们规定ΔS在xOy面上的投影$(\Delta S)_{xy}$为

$$(\Delta S)_{xy}=\begin{cases}(\Delta\sigma)_{xy}, & \cos\gamma>0,\\ -(\Delta\sigma)_{xy}, & \cos\gamma<0,\\ 0, & \cos\gamma\equiv 0.\end{cases}$$

其中$\cos\gamma\equiv 0$，也就是$(\Delta\sigma)_{xy}=0$的情形. 类似地，也可以定义ΔS在yOz面及zOx面上的投影$(\Delta S)_{yz}$及$(\Delta S)_{zx}$.

3. 引例——流向曲面一侧的流量

先观察一个流量的计算问题. 设某流体（假设密度为1）以一定的流速

$$\boldsymbol{v}(x,y,z)=P(x,y,z)\boldsymbol{i}+Q(x,y,z)\boldsymbol{j}+R(x,y,z)\boldsymbol{k}$$

流过曲面Σ（图 10.18），其中$P(x,y,z)$，$Q(x,y,z)$，$R(x,y,z)$为Σ上的连续函数，求单位时间内流向曲面Σ指定侧的流体的质量，即流量Φ.

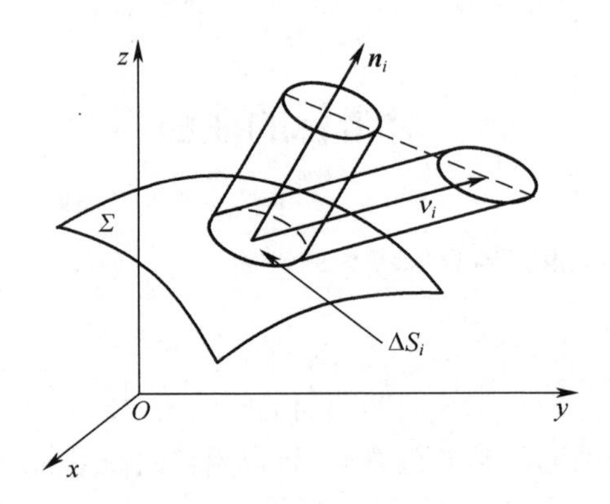

图 10.18

把Σ任意分成n个小曲面ΔS_i（同时表示该小曲面面积）（$i=1,2,\cdots,n$），在ΔS_i上任意取定一点(ξ_i,η_i,ζ_i)，其单位法向量记为

$$\boldsymbol{n_i}=(\cos\alpha_i,\cos\beta_i,\cos\gamma_i).$$

则单位时间内流经小曲面ΔS_i的流量的近似值为

$$\boldsymbol{v_i}\cdot\boldsymbol{n_i}\Delta S_i=[P(\xi_i,\eta_i,\zeta_i)\cos\alpha_i+Q(\xi_i,\eta_i,\zeta_i)\cos\beta_i+R(\xi_i,\eta_i,\zeta_i)\cos\gamma_i]\Delta S_i,$$

又$\cos\alpha_i\Delta S_i$，$\cos\beta_i\Delta S_i$，$\cos\gamma_i\Delta S_i$分别是ΔS_i在坐标面yOz，zOx和xOy上的投影，分

别记为$(\Delta S_i)_{yz}$，$(\Delta S_i)_{zx}$，$(\Delta S_i)_{xy}$．于是单位时间内流过小曲面ΔS_i的流量的近似值为

$$P(\xi_i,\eta_i,\zeta_i)(\Delta S_i)_{yz}+Q(\xi_i,\eta_i,\zeta_i)(\Delta S_i)_{zx}+R(\xi_i,\eta_i,\zeta_i)(\Delta S_i)_{xy},$$

故单位时间流过曲面Σ的总流量

$$\Phi=\lim_{\lambda\to 0}\sum_{i=1}^{n}[P(\xi_i,\eta_i,\zeta_i)(\Delta S_i)_{yz}+Q(\xi_i,\eta_i,\zeta_i)(\Delta S_i)_{zx}+R(\xi_i,\eta_i,\zeta_i)(\Delta S_i)_{xy}],$$

其中$\lambda=\max\limits_{1\leqslant i\leqslant n}\{\Delta S_i\text{的直径}\}$．这种与曲面的侧有关的和式极限就是所要讨论的第二类曲面积分．

4. 对坐标的曲面积分的定义

定义 10.5.1　设Σ为光滑的有向曲面，函数$P(x,y,z)$，$Q(x,y,z)$，$R(x,y,z)$在Σ上有界．把曲面Σ任意分成n个小曲面ΔS_i（$i=1,2,\cdots,n$），其面积也用ΔS_i表示，$\lambda=\max\limits_{1\leqslant i\leqslant n}\{\Delta S_i\text{的直径}\}$，$\Delta S_i$在三个坐标面上的投影分别为$(\Delta S_i)_{yz}$，$(\Delta S_i)_{zx}$，$(\Delta S_i)_{xy}$．在第$i$个小曲面$\Delta S_i$上任取一点$(\xi_i,\eta_i,\zeta_i)$（$i=1,2,\cdots,n$），如果极限

$$\lim_{\lambda\to 0}\sum_{i=1}^{n}P(\xi_i,\eta_i,\zeta_i)(\Delta S_i)_{yz}+\lim_{\lambda\to 0}\sum_{i=1}^{n}Q(\xi_i,\eta_i,\zeta_i)(\Delta S_i)_{zx}+\lim_{\lambda\to 0}\sum_{i=1}^{n}R(\xi_i,\eta_i,\zeta_i)(\Delta S_i)_{xy}$$

总存在，则称此极限为函数$P(x,y,z)$，$Q(x,y,z)$，$R(x,y,z)$在曲面Σ上**对坐标的曲面积分**，也称为**第二类曲面积分**，记为

$$\iint_{\Sigma}P(x,y,z)\mathrm{d}y\mathrm{d}z+\iint_{\Sigma}Q(x,y,z)\mathrm{d}z\mathrm{d}x+\iint_{\Sigma}R(x,y,z)\mathrm{d}x\mathrm{d}y, \tag{10.5.1}$$

其中

$$\iint_{\Sigma}P(x,y,z)\mathrm{d}y\mathrm{d}z=\lim_{\lambda\to 0}\sum_{i=1}^{n}P(\xi_i,\eta_i,\zeta_i)(\Delta S_i)_{yz},$$

$$\iint_{\Sigma}Q(x,y,z)\mathrm{d}z\mathrm{d}x=\lim_{\lambda\to 0}\sum_{i=1}^{n}Q(\xi_i,\eta_i,\zeta_i)(\Delta S_i)_{zx},$$

$$\iint_{\Sigma}R(x,y,z)\mathrm{d}x\mathrm{d}y=\lim_{\lambda\to 0}\sum_{i=1}^{n}R(\xi_i,\eta_i,\zeta_i)(\Delta S_i)_{xy},$$

分别称为函数$P(x,y,z)$在Σ上**对坐标y,z的曲面积分**；函数$Q(x,y,z)$在Σ上**对坐标z,x的曲面积分**；函数$R(x,y,z)$在Σ上**对坐标x,y的曲面积分**；而$P(x,y,z)$，$Q(x,y,z)$，$R(x,y,z)$叫作**被积函数**，Σ叫作**积分曲面**．

当$P(x,y,z)$，$Q(x,y,z)$，$R(x,y,z)$在有向光滑曲面Σ上连续时，对坐标的曲面积分都存在，以后总假定$P(x,y,z)$，$Q(x,y,z)$，$R(x,y,z)$在Σ上连续．

在应用上常把以上三个积分结合起来，为方便起见，把

$$\iint_{\Sigma}P(x,y,z)\mathrm{d}y\mathrm{d}z+\iint_{\Sigma}Q(x,y,z)\mathrm{d}z\mathrm{d}x+\iint_{\Sigma}R(x,y,z)\mathrm{d}x\mathrm{d}y\quad\text{简写为}$$

$$\iint_{\Sigma}P(x,y,z)\mathrm{d}y\mathrm{d}z+Q(x,y,z)\mathrm{d}z\mathrm{d}x+R(x,y,z)\mathrm{d}x\mathrm{d}y.$$

根据上述定义，流向曲面Σ指定侧的流量Φ可表示为

$$\Phi=\iint_{\Sigma}P(x,y,z)\mathrm{d}y\mathrm{d}z+Q(x,y,z)\mathrm{d}z\mathrm{d}x+R(x,y,z)\mathrm{d}x\mathrm{d}y .$$

5. 对坐标的曲面积分的性质

与对坐标的曲线积分类似，对坐标的曲面积分也有如下一些性质（仅以$\iint_{\Sigma}R(x,y,z)\mathrm{d}x\mathrm{d}y$为例说明）.

性质 10.5.1 设α,β是常数，则

$$\iint_{\Sigma}[\alpha R_1(x,y,z)+\beta R_2(x,y,z)]\mathrm{d}x\mathrm{d}y=\alpha\iint_{\Sigma}R_1(x,y,z)\mathrm{d}x\mathrm{d}y+\beta\iint_{\Sigma}R_2(x,y,z)\mathrm{d}x\mathrm{d}y .$$

性质 10.5.2 若有向曲面$\Sigma=\Sigma_1\cup\Sigma_2$，且$\Sigma_1$、$\Sigma_2$无公共内点，则

$$\iint_{\Sigma}R(x,y,z)\mathrm{d}x\mathrm{d}y=\iint_{\Sigma_1}R(x,y,z)\mathrm{d}x\mathrm{d}y+\iint_{\Sigma_2}R(x,y,z)\mathrm{d}x\mathrm{d}y .$$

性质 10.5.3 设Σ^-是与Σ取相反侧的有向曲面，则

$$\iint_{\Sigma}R(x,y,z)\mathrm{d}x\mathrm{d}y=-\iint_{\Sigma^-}R(x,y,z)\mathrm{d}x\mathrm{d}y . \tag{10.5.2}$$

第二类曲面积分与曲面的侧有关，而第一类曲面积分与曲面的侧无关，这是两类曲面积分的一个重要区别.

10.5.2 对坐标的曲面积分的计算

类似于对面积的曲面积分，对坐标的曲面积分也可以化为二重积分来计算.

定理 10.5.1 设函数$R(x,y,z)$是定义在光滑曲面Σ上的连续函数，Σ的方程为

$$z=z(x,y),$$

Σ在xOy面上的投影区域为D_{xy}，则

$$\iint_{\Sigma}R(x,y,z)\mathrm{d}x\mathrm{d}y=\pm\iint_{D_{xy}}R[x,y,z(x,y)]\mathrm{d}x\mathrm{d}y , \tag{10.5.3}$$

当Σ取上侧时，二重积分前取“+”号；当Σ取下侧时，二重积分前取“−”号.

类似地，如果$P(x,y,z)$在光滑曲面

$$\Sigma: x=x(y,z)$$

上连续，Σ在yOz面上的投影区域为D_{yz}，则

$$\iint_{\Sigma}P(x,y,z)\mathrm{d}y\mathrm{d}z=\pm\iint_{D_{yz}}P[x(y,z),y,z]\mathrm{d}y\mathrm{d}z \tag{10.5.4}$$

当Σ取前侧时，二重积分前取“+”号；当Σ取后侧时，二重积分前取“−”号.

如果$Q(x,y,z)$在光滑曲面

$$\Sigma: y=y(z,x)$$

上连续，Σ 在 xOz 面上的投影区域为 D_{xz}，则

$$\iint_{\Sigma} P(x,y,z)\mathrm{d}z\mathrm{d}x = \pm\iint_{D_{xz}} Q[x,y(z,x),z]\mathrm{d}z\mathrm{d}x ,\qquad (10.5.5)$$

当 Σ 取右侧时，二重积分前取“+”号；当 Σ 取左侧时，二重积分前取“−”号.

证明略.

例 10.5.1　计算曲面积分 $\iint_{\Sigma} xyz\mathrm{d}x\mathrm{d}y$，其中 Σ 是球面 $x^2+y^2+z^2=1$ 的外侧在第一卦限的部分.

解　如图 10.19 所示，Σ 的方程

$$z=\sqrt{1-x^2-y^2} ,$$

取上侧，在 xOy 面上的投影区域 D_{xy}：$x^2+y^2\leqslant 1$，$x\geqslant 0$，$y\geqslant 0$，则

$$\iint_{\Sigma} xyz\mathrm{d}x\mathrm{d}y = \iint_{D_{xy}} xy\sqrt{1-x^2-y^2}\mathrm{d}x\mathrm{d}y = \int_0^{\frac{\pi}{2}}\mathrm{d}\theta\int_0^1 \rho^3\cos\theta\sin\theta\sqrt{1-\rho^2}\mathrm{d}\rho = \frac{1}{15} .$$

例 10.5.2　计算曲面积分 $\oiint_{\Sigma}(x+1)\mathrm{d}y\mathrm{d}z + y\mathrm{d}z\mathrm{d}x + \mathrm{d}x\mathrm{d}y$，其中 Σ 是由平面 $x+y+z=1$ 及三个坐标面所围四面体的表面外侧.

解　如图 10.20 所示，Σ 由以下四部分组成：

Σ_1：$z=0$（$x+y\leqslant 1$，$x\geqslant 0$，$y\geqslant 0$），取下侧.

Σ_2：$y=0$（$x+z\leqslant 1$，$x\geqslant 0$，$z\geqslant 0$），取左侧.

Σ_3：$x=0$（$y+z\leqslant 1$，$y\geqslant 0$，$z\geqslant 0$），取后侧.

Σ_4：$x+y+z=1$（$x\geqslant 0$，$y\geqslant 0$，$z\geqslant 0$），取上侧.

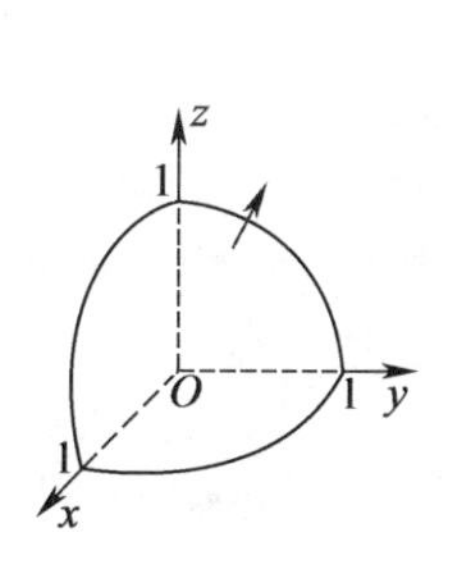

图 10.19

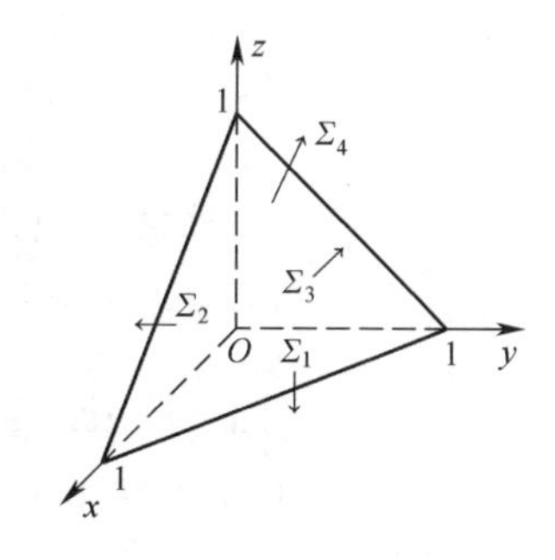

图 10.20

由于

（1）在 Σ_1 上，$z=0$，$\iint_{\Sigma_1}(x+1)\mathrm{d}y\mathrm{d}z = \iint_{\Sigma_1} y\mathrm{d}z\mathrm{d}x = 0$；

（2）在Σ_2上，$y=0$，$\iint\limits_{\Sigma_2}(x+1)\mathrm{d}y\mathrm{d}z=\iint\limits_{\Sigma_2}\mathrm{d}x\mathrm{d}y=0$；

（3）在Σ_3上，$x=0$，$\iint\limits_{\Sigma_3}\mathrm{d}x\mathrm{d}y=\iint\limits_{\Sigma_3}y\mathrm{d}z\mathrm{d}x=0$.

所以

$$\begin{aligned}
&\oiint\limits_{\Sigma}(x+1)\mathrm{d}y\mathrm{d}z+y\mathrm{d}z\mathrm{d}x+\mathrm{d}x\mathrm{d}y\\
&=\iint\limits_{\Sigma_1}\mathrm{d}x\mathrm{d}y+\iint\limits_{\Sigma_2}y\mathrm{d}z\mathrm{d}x+\iint\limits_{\Sigma_3}(x+1)\mathrm{d}y\mathrm{d}z+\iint\limits_{\Sigma_4}(x+1)\mathrm{d}y\mathrm{d}z+y\mathrm{d}z\mathrm{d}x+\mathrm{d}x\mathrm{d}y\\
&=-\iint\limits_{D_{xy}}\mathrm{d}x\mathrm{d}y-\iint\limits_{D_{xz}}0\mathrm{d}z\mathrm{d}x-\iint\limits_{D_{yz}}(0+1)\mathrm{d}y\mathrm{d}z+\iint\limits_{D_{yz}}(1-y-z+1)\mathrm{d}y\mathrm{d}z+\iint\limits_{D_{xz}}(1-x-z)\mathrm{d}z\mathrm{d}x+\iint\limits_{D_{xy}}\mathrm{d}x\mathrm{d}y\\
&=-\frac{1}{2}-0-\frac{1}{2}+\int_0^1\mathrm{d}y\int_0^{1-y}(2-y-z)\mathrm{d}z+\int_0^1\mathrm{d}x\int_0^{1-x}(1-x-z)\mathrm{d}z+\frac{1}{2}\\
&=-\frac{1}{2}+\int_0^1\left(\frac{1}{2}y^2-2y+\frac{3}{2}\right)\mathrm{d}y+\frac{1}{2}\int_0^1(1-x)^2\mathrm{d}x=\frac{1}{3}.
\end{aligned}$$

根据上述例题，计算第二类曲面积分的步骤总结如下：

第一步：写出Σ的显式方程，并求出Σ在相应坐标面上的投影区域；

第二步：把曲面积分化为二重积分，但要注意根据Σ的侧，确定二重积分前面的符号；

第三步：计算二重积分的值.

习题 10.5

1．当Σ为xOy面内的一个闭区域时，曲面积分$\iint\limits_{\Sigma}R(x,y,z)\mathrm{d}x\mathrm{d}y$与二重积分有什么关系？

2．计算下列第二类曲面积分.

（1）$\oiint\limits_{\Sigma}y(x-z)\mathrm{d}y\mathrm{d}z+x^2\mathrm{d}z\mathrm{d}x+(y^2+xz)\mathrm{d}x\mathrm{d}y$，其中$\Sigma$是由$x=y=z=0$，$x=y=z=a$六个平面所围成的立方体的表面外侧；

（2）$\iint\limits_{\Sigma}x^2y^2z\mathrm{d}x\mathrm{d}y$，其中$\Sigma$是球面$x^2+y^2+z^2=R^2$下半部分的下侧；

（3）$\oiint\limits_{\Sigma}xy\mathrm{d}y\mathrm{d}z+yz\mathrm{d}z\mathrm{d}x+xz\mathrm{d}x\mathrm{d}y$，其中$\Sigma$是由平面$x=0,\ y=0,\ z=0$和$x+y+z=1$所围四面体的表面外侧；

（4）$\iint\limits_{\Sigma}x\mathrm{d}y\mathrm{d}z+y\mathrm{d}z\mathrm{d}x+z\mathrm{d}x\mathrm{d}y$，其中$\Sigma$是柱面$x^2+y^2=1$被平面$z=0$及$z=3$

所截得的第一卦限部分的前侧.

3. 设某流体的流速为 $\boldsymbol{v}=(k,y,0)$，求单位时间内从球面 $x^2+y^2+z^2=4$ 的内部流过球面的流量.

10.6　高斯公式与斯托克斯公式

10.6.1　高斯公式

格林公式表达了平面闭区域上的二重积分与其边界曲线上的曲线积分之间的关系，而高斯（Gauss）公式表达了空间闭区域上的三重积分与其边界曲面上的曲面积分之间的关系，这个关系可叙述如下：

定理 10.6.1　设空间闭区域 Ω 由光滑或者分片光滑的有向闭曲面 Σ 所围成. 如果函数 $P(x,y,z)$，$Q(x,y,z)$，$R(x,y,z)$ 在 Ω 上具有一阶连续偏导数，则

$$\begin{aligned}&\oiint_{\Sigma} P(x,y,z)\mathrm{d}y\mathrm{d}z+Q(x,y,z)\mathrm{d}z\mathrm{d}x+R(x,y,z)\mathrm{d}x\mathrm{d}y\\&=\iiint_{\Omega}\left(\frac{\partial P}{\partial x}+\frac{\partial Q}{\partial y}+\frac{\partial R}{\partial z}\right)\mathrm{d}x\mathrm{d}y\mathrm{d}z,\end{aligned}\tag{10.6.1}$$

其中 Σ 取外侧，公式（10.6.1）称为**高斯公式**.

证明略.

在高斯公式中，如果 $P(x,y,z)=x$，$Q(x,y,z)=y$，$R(x,y,z)=z$，则有

$$\oiint_{\Sigma} x\mathrm{d}y\mathrm{d}z+y\mathrm{d}z\mathrm{d}x+z\mathrm{d}x\mathrm{d}y=\iiint_{\Omega}(1+1+1)\mathrm{d}x\mathrm{d}y\mathrm{d}z,$$

于是得到利用第二类曲面积分计算空间闭区域 Ω 的体积公式:

$$V=\frac{1}{3}\oiint_{\Sigma} x\mathrm{d}y\mathrm{d}z+y\mathrm{d}z\mathrm{d}x+z\mathrm{d}x\mathrm{d}y.$$

例 10.6.1　计算 $\oiint_{\Sigma} y(x-z)\mathrm{d}y\mathrm{d}z+x^2\mathrm{d}z\mathrm{d}x+(y^2+xz)\mathrm{d}x\mathrm{d}y$，其中 Σ 是边长为 a 的正方体（$0\leqslant x\leqslant a$，$0\leqslant y\leqslant a$，$0\leqslant z\leqslant a$）的表面外侧.

解　$P(x,y,z)=y(x-z)$，$Q(x,y,z)=x^2$，$R(x,y,z)=y^2+xz$.

由高斯公式，得

$$\begin{aligned}\oiint_{\Sigma} y(x-z)\mathrm{d}y\mathrm{d}z+x^2\mathrm{d}z\mathrm{d}x+(y^2+xz)\mathrm{d}x\mathrm{d}y&=\iiint_{\Omega}(y+x)\mathrm{d}x\mathrm{d}y\mathrm{d}z=\int_0^a\mathrm{d}z\int_0^a\mathrm{d}y\int_0^a(y+x)\mathrm{d}x\\&=a\int_0^a(ay+\frac{1}{2}a^2)\mathrm{d}y=a^4.\end{aligned}$$

例 10.6.2 利用高斯公式计算例 10.5.2.

解 如图 10.20 所示，Ω 是由三个坐标面与平面 $x+y+z=1$ 所围成的四面体，由高斯公式得

$$\oiint_{\Sigma}(x+1)\mathrm{d}y\mathrm{d}z+y\mathrm{d}z\mathrm{d}x+\mathrm{d}x\mathrm{d}y=\iiint_{\Omega}2\mathrm{d}x\mathrm{d}y\mathrm{d}z=2\times\frac{1}{6}=\frac{1}{3}.$$

例 10.6.3 计算曲面积分

$$\iint_{\Sigma}x^2\mathrm{d}y\mathrm{d}z+y^2\mathrm{d}z\mathrm{d}x+z^2\mathrm{d}x\mathrm{d}y,$$

其中 Σ 为锥面 $x^2+y^2=z^2$ 介于平面 $z=0$ 及 $z=h$（$h>0$）之间部分的下侧（图 10.21）.

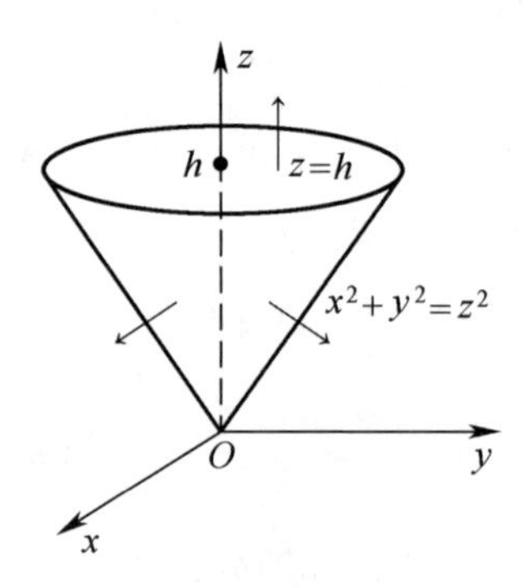

图 10.21

解 所给曲面 Σ 不是封闭的，不能直接利用高斯公式，记

$$\Sigma_1:\ z=h\ （x^2+y^2\leqslant h^2），$$

且 Σ_1 取上侧，这样封闭曲面 $\Sigma+\Sigma_1$ 构成了所围圆锥体 Ω 的外侧．由高斯公式得

$$\oiint_{\Sigma+\Sigma_1}x^2\mathrm{d}y\mathrm{d}z+y^2\mathrm{d}z\mathrm{d}x+z^2\mathrm{d}x\mathrm{d}y=\iiint_{\Omega}(2x+2y+2z)\mathrm{d}v,$$

利用对称性得 $\iiint_{\Omega}2x\mathrm{d}v=0$，$\iiint_{\Omega}2y\mathrm{d}v=0$，并利用“截面法”计算 $\iiint_{\Omega}2z\mathrm{d}v$ 可得

$$\iiint_{\Omega}(2x+2y+2z)\mathrm{d}v=\iiint_{\Omega}2z\mathrm{d}v=\int_0^h 2z\mathrm{d}z\iint_{D_z}\mathrm{d}x\mathrm{d}y=\int_0^h 2\pi z^3\mathrm{d}z=\frac{1}{2}\pi h^4.$$

而
$$\iint_{\Sigma_1}x^2\mathrm{d}y\mathrm{d}z+y^2\mathrm{d}z\mathrm{d}x+z^2\mathrm{d}x\mathrm{d}y=\iint_{\Sigma_1}z^2\mathrm{d}x\mathrm{d}y=\iint_{D_{xy}}h^2\mathrm{d}x\mathrm{d}y=\pi h^4.$$

故
$$\iint_{\Sigma}x^2\mathrm{d}y\mathrm{d}z+y^2\mathrm{d}z\mathrm{d}x+z^2\mathrm{d}x\mathrm{d}y=\frac{1}{2}\pi h^4-\pi h^4=-\frac{1}{2}\pi h^4.$$

10.6.2　斯托克斯公式

斯托克斯（Stokes）公式是格林公式的推广．格林公式表达了平面闭区域上的二重积分与其边界曲线上的曲线积分之间的关系，而斯托克斯公式则表达了曲面 Σ 上的曲面积分与沿着 Σ 的边界曲线的曲线积分之间的关系．

首先，我们规定有向曲面 Σ 的边界曲线 Γ 的正向如下：当右手除大拇指外的四指依 Γ 的绕行方向时，大拇指的指向与 Σ 上法向量的指向一致，如图 10.22 所示．这个规定也称为**右手法则**.

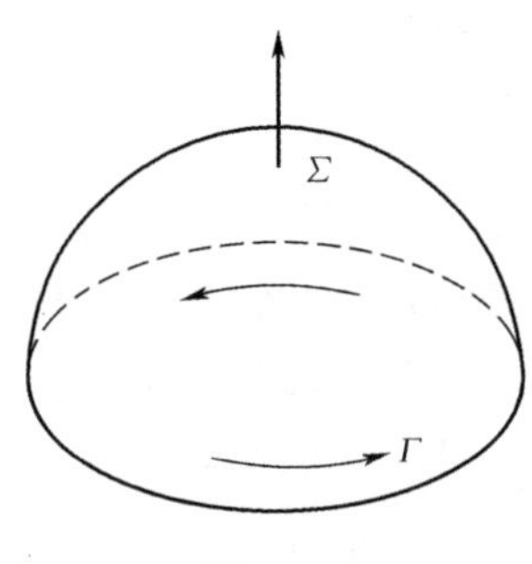

图 10.22

定理 10.6.2　设光滑曲面 Σ 的边界曲线 Γ 是分段光滑的连续曲线．如果函数 $P(x,y,z)$，$Q(x,y,z)$，$R(x,y,z)$ 在 Σ（连同 Γ）上连续，且有一阶连续偏导数，则

$$\oint_{\Gamma} P(x,y,z)\mathrm{d}x+Q(x,y,z)\mathrm{d}y+R(x,y,z)\mathrm{d}z$$
$$=\iint_{\Sigma}\left(\frac{\partial R}{\partial y}-\frac{\partial Q}{\partial z}\right)\mathrm{d}y\mathrm{d}z+\left(\frac{\partial P}{\partial z}-\frac{\partial R}{\partial x}\right)\mathrm{d}z\mathrm{d}x+\left(\frac{\partial Q}{\partial x}-\frac{\partial P}{\partial y}\right)\mathrm{d}x\mathrm{d}y\,, \tag{10.6.2}$$

其中 Σ 的侧与 Γ 的方向符合右手法则.

证明略.

公式（10.6.2）称为**斯托克斯公式.**

为了便于记忆，利用行列式记号把斯托克斯公式（10.6.2）写成如下形式：

$$\oint_{\Gamma} P\mathrm{d}x+Q\mathrm{d}y+R\mathrm{d}z=\iint_{\Sigma}\begin{vmatrix}\mathrm{d}y\mathrm{d}z & \mathrm{d}z\mathrm{d}x & \mathrm{d}x\mathrm{d}y\\ \dfrac{\partial}{\partial x} & \dfrac{\partial}{\partial y} & \dfrac{\partial}{\partial z}\\ P & Q & R\end{vmatrix}.$$

把其中的行列式按第一行展开，并把 $\dfrac{\partial}{\partial y}$ 与 R 的“积”理解为 $\dfrac{\partial R}{\partial y}$，$\dfrac{\partial}{\partial z}$ 与 Q 的“积”理解为 $\dfrac{\partial Q}{\partial z}$，等等.

例 10.6.4 计算曲线积分$\oint_{\Gamma}(2y+z)\mathrm{d}x+(x-z)\mathrm{d}y+(y-x)\mathrm{d}z$，其中$\Gamma$为平面$x+y+z=1$与三个坐标面的交线，沿逆时针方向（图 10.23）.

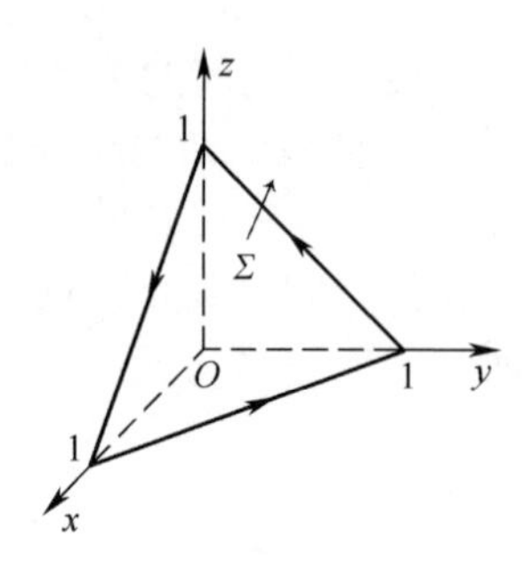

图 10.23

解 取Σ为平面$x+y+z=1$的上侧被Γ所围成的部分，利用斯托克斯公式，则

$$\begin{aligned}&\oint_{\Gamma}(2y+z)\mathrm{d}x+(x-z)\mathrm{d}y+(y-x)\mathrm{d}z\\=&\iint_{\Sigma}(1+1)\mathrm{d}y\mathrm{d}z+(1+1)\mathrm{d}z\mathrm{d}x+(1-2)\mathrm{d}x\mathrm{d}y\\=&\iint_{\Sigma}2\mathrm{d}y\mathrm{d}z+2\mathrm{d}z\mathrm{d}x-\mathrm{d}x\mathrm{d}y=1+1-\frac{1}{2}=\frac{3}{2}.\end{aligned}$$

习题 10.6

1．利用高斯公式计算下列曲面积分.

（1）$\oiint_{\Sigma}x^2\mathrm{d}y\mathrm{d}z+y^2\mathrm{d}z\mathrm{d}x+z^2\mathrm{d}x\mathrm{d}y$，其中$\Sigma$是由三个坐标面与平面$x=a$，$y=a$，$z=a$所围成的立方体的表面的外侧；

（2）$\oiint_{\Sigma}x\mathrm{d}y\mathrm{d}z+y\mathrm{d}z\mathrm{d}x+z\mathrm{d}x\mathrm{d}y$，其中$\Sigma$是介于平面$z=0$和$z=3$之间的圆柱体$x^2+y^2\leqslant 9$整个表面的外侧；

（3）$\iint_{\Sigma}2(1-x^2)\mathrm{d}y\mathrm{d}z+8xy\mathrm{d}z\mathrm{d}x-4xz\mathrm{d}x\mathrm{d}y$，其中$\Sigma$是由$xOy$面上的弧段$x=\mathrm{e}^y$（$0\leqslant y\leqslant a$）绕$x$轴旋转而成的旋转曲面的凸向一侧.

2．利用斯托克斯公式计算下列曲线积分.

（1）$\oint_{\Gamma}(y^2+z^2)\mathrm{d}x+(x^2+z^2)\mathrm{d}y+(x^2+y^2)\mathrm{d}z$，其中$\Gamma$是平面$x+y+z=1$和三个坐标面的交线，从$x$轴正向看去，沿顺时针方向；

（2）$\oint_{\Gamma} 2y\mathrm{d}x+3x\mathrm{d}y-z^2\mathrm{d}z$，其中 Γ 是圆周 $x^2+y^2+z^2=9$，$z=0$，从 z 轴正向看去，沿逆时针方向.

复习题 10

1. 填空题：

（1）第一类曲线积分 $\int_L f(x,y)\mathrm{d}s$ 的积分弧段 L 是________的（定向、不定向）；利用 L 的参数方程将这个积分化为定积分时，下限 α 必须________上限 β；

（2）第二类曲线积分 $\int_L P(x,y)\mathrm{d}x+Q(x,y)\mathrm{d}y$ 的积分弧段 L 是________的（定向、不定向）；利用 L 的参数方程将这个积分化为定积分时，下限 α 对应________，上限 β 对应________；

（3）第一类曲面积分 $\iint\limits_{\Sigma} f(x,y,z)\mathrm{d}S$ 的积分曲面 Σ 是________的（定向、不定向）；利用 Σ 的方程 $z=z(x,y)$ 将这个积分化为二重积分时，曲面面积元素 $\mathrm{d}S$ 与二重积分的面积元素 $\mathrm{d}\sigma$ 的关系是________________________；

（4）第二类曲面积分 $\iint\limits_{\Sigma} P\mathrm{d}y\mathrm{d}z+Q\mathrm{d}z\mathrm{d}x+R\mathrm{d}x\mathrm{d}y$ 的积分曲面 Σ 是__________的（定向、不定向）；利用 Σ 的方程 $z=z(x,y)$ 将这个积分化为二重积分时，曲面面积投影元素 $\mathrm{d}x\mathrm{d}y$ 与二重积分的面积元素 $\mathrm{d}\sigma$ 的关系是______________________；其中正负号根据___________来确定；

（5）设 $P(x,y)$，$Q(x,y)$ 均具有连续偏导数，则在平面___________区域内，曲线积分 $\int_L P(x,y)\mathrm{d}x+Q(x,y)\mathrm{d}y$ 与路径无关的条件是______________________；

（6）设 C 是椭圆 $\dfrac{x^2}{2}+\dfrac{y^2}{3}=1$，其周长记为 a，则 $\oint_C (xy+3x^2+2y^2)\mathrm{d}s\ =$ ______；

（7）设曲面 Σ 为 $x^2+y^2+z^2=a^2$（$z\geqslant 0$），Σ_1 为 Σ 在第一卦限中的部分，则下列选项正确的是______.

A. $\iint\limits_{\Sigma} x\,\mathrm{d}S=4\iint\limits_{\Sigma_1} x\,\mathrm{d}S$；

B. $\iint\limits_{\Sigma} y\,\mathrm{d}S=4\iint\limits_{\Sigma_1} x\,\mathrm{d}S$；

C. $\iint\limits_{\Sigma} z\,\mathrm{d}S=4\iint\limits_{\Sigma_1} x\,\mathrm{d}S$；

D. $\iint\limits_{\Sigma} xyz\,\mathrm{d}S=4\iint\limits_{\Sigma_1} xyz\,\mathrm{d}S$.

2．计算下列曲线积分：

（1）$\oint_L \sqrt{x^2+y^2}\mathrm{d}s$，其中 L 为圆周 $x^2+y^2=ax$（$a>0$）；

（2）$\int_\Gamma z\mathrm{d}s$，其中 Γ 为曲线弧 $x=t\cos t$，$y=t\sin t$，$z=t$（$0\leqslant t\leqslant t_0$）；

（3）$\int_L (2a-y)\mathrm{d}x+x\mathrm{d}y$，其中 L 为摆线 $x=a(t-\sin t)$，$y=a(1-\cos t)$ 上对应 t 从 0 到 2π 的一段弧；

（4）$\int_\Gamma (y^2-z^2)\mathrm{d}x+2yz\mathrm{d}y-x^2\mathrm{d}z$，其中 Γ 为曲线 $x=t$，$y=t^2$，$z=t^3$ 上对应 t 从 0 到 1 的一段弧；

（5）$\int_L (\mathrm{e}^x\sin y-2y)\mathrm{d}x+(\mathrm{e}^x\cos y-2)\mathrm{d}y$，其中 L 为上半圆周 $(x-a)^2+y^2=a^2$，$y\geqslant 0$，沿逆时针方向．

3．计算下列曲面积分：

（1）$\iint\limits_\Sigma \dfrac{\mathrm{d}S}{x^2+y^2+z^2}$，其中 Σ 是介于平面 $z=0$ 及 $z=h$ 之间的圆柱面 $x^2+y^2=R^2$；

（2）$\iint\limits_\Sigma (y^2-z)\mathrm{d}y\mathrm{d}z+(z^2-x)\mathrm{d}z\mathrm{d}x+(x^2-y)\mathrm{d}x\mathrm{d}y$，其中 Σ 是锥面 $z=\sqrt{x^2+y^2}$（$0\leqslant z\leqslant h$）的外侧；

（3）$\iint\limits_\Sigma x\mathrm{d}y\mathrm{d}z+y\mathrm{d}z\mathrm{d}x+z\mathrm{d}x\mathrm{d}y$，其中 Σ 是半球面 $z=\sqrt{R^2-x^2-y^2}$ 的上侧；

（4）$\iint\limits_\Sigma xyz\mathrm{d}x\mathrm{d}y$，其中 Σ 是球面 $x^2+y^2+z^2=1$（$x\geqslant 0$，$y\geqslant 0$，$z\geqslant 0$）的上侧．

4．设 $Q(x,y)$ 在 xOy 面上有连续偏导数，已知曲线积分 $\int_L 2xy\mathrm{d}x+Q(x,y)\mathrm{d}y$ 与路径无关，并且对任意的 t 都有 $\int_{(0,0)}^{(t,1)} 2xy\mathrm{d}x+Q(x,y)\mathrm{d}y=\int_{(0,0)}^{(1,t)} 2xy\mathrm{d}x+Q(x,y)\mathrm{d}y$，试求 $Q(x,y)$．

5．设在半平面 $x>0$ 内有力 $\boldsymbol{F}=-\dfrac{k}{\rho^3}(x\boldsymbol{i}+y\boldsymbol{j})$ 构成力场，其中 k 为常数，$\rho=\sqrt{x^2+y^2}$．证明在此力场中场力所做的功与路径无关．

6．设速度场 $\boldsymbol{v}=z\arctan y^2\boldsymbol{i}+z^3\ln(x^2+1)\boldsymbol{j}+z\boldsymbol{k}$，求 $\boldsymbol{v}$ 通过抛物面 $x^2+y^2+z=2$ 位于平面 $z=1$ 的上方的那一块流向上侧的流量．

7．求均匀曲面 $z=\sqrt{a^2-x^2-y^2}$ 的质心坐标．

8．求力 $\boldsymbol{F}=y\boldsymbol{i}+z\boldsymbol{j}+x\boldsymbol{k}$ 沿有向闭曲线 Γ 所做的功，其中 Γ 为平面 $x+y+z=a$ 被三个坐标面所截成的三角形的整个边界，从 z 轴正向看去，沿顺时针方向．

数学家简介——高斯

高斯（Gauss）是德国数学家、物理学家、天文学家，1777 年 4 月 30 日生于布伦瑞克，1855 年 2 月 23 日卒于哥廷根.

高斯的祖父是农民，父亲是园丁兼泥瓦匠. 高斯幼年就显露出数学方面的非凡才华：他 10 岁时，发现了 1+2+3+4+…+97+98+99+100 的一个巧妙的求和方法；11 岁时，发现了二项式定理. 高斯的才华受到了布伦瑞克公爵卡尔•威廉（Karl Wilhelm）的赏识，亲自承担起对他的培养教育，先把他送到布伦瑞克的卡罗林学院学习（1792—1795 年），嗣后又推荐他去哥廷根大学深造（1795—1798 年）.

高斯在卡罗林学院认真研读了牛顿、欧拉、拉格朗日的著作. 在这个时期他发现了素数定理（但未能给出证明）；发现了数据拟合中最为有用的最小二乘法；提出了概率论中的正态分布公式并用高斯曲线形象地予以说明. 进入哥廷根大学第二年，他证明了正 17 边形能用尺规作图，这是自欧几里得以来两千年悬而未决的问题，这一成功促使他毅然献身数学. 高斯 22 岁获黑尔姆斯泰特大学博士学位，30 岁被聘为哥廷根大学数学和天文教授，并担任该校天文台的台长.

高斯的博士论文可以说是数学史上的一个里程碑. 他在这篇文章中第一次严格地证明了“每一个实系数或复系数的任意多项式方程存在实根或复根”，即所谓代数基本定理，从而开创了“存在性”证明的新时代.

高斯在数学世界“处处留芳”，他对数论、复变函数、椭圆函数、超几何级数、统计数学等各个领域都有卓越的贡献：他是第一个成功地运用复数和复平面几何的数学家：他的《算术探究》一书奠定了近代数论的基础；他的《一般曲面论》是近代微分几何的开端；他是第一个领悟到存在非欧几何的数学家；他是现代数学分析学的一位大师，1812 年发表的论文《无穷级数的一般研究》，引入了高斯级数的概念，对级数的收敛性进行了第一次系统的研究，从而开创了关于级数收敛性研究的新时代，这项工作开辟了通往 19 世纪中叶分析学的严密化道路. 拉普拉斯认为：“高斯是世界上最伟大的数学家.”

在天文学方面，他研究了月球的运转规律，创立了一种可以计算星球椭圆轨道的方法，能准确地预测出行星在运行中所处的位置. 他利用自己创造的最小二乘法算出了谷神星的轨道和发现了智神星的位置，阐述了星球的摄动理论和处理摄动的方法，这种方法导致海王星的发现. 他的《天体运动理论》是一本不朽的经典名著.

在物理学方面，他发明了“日光反射器”. 与韦伯一道建立了电磁学中的高斯单位制，最早设计与制造了电磁电报机，发表了《地磁概论》，绘出了世界第一张地球磁场图，定出了磁南极和磁北极的位置.

高斯厚积薄发、治学严谨，一生发表了 150 多篇论文，但仍有大量发现没有公之于世. 为了使自己的论著无懈可击，他的著作写得简单扼要、严密，不讲来龙去脉，有些语句几经琢磨提炼，以致简练得使人读了十分费解，他论著中所深藏不露的内容几乎比他所表现的明确结论还要多得多. 阿贝尔对此曾说：“他像只狐狸，用尾巴抹平了自己的沙地上走过的脚印.”对于这些批评，高斯回答说：“凡有自尊心的建筑师，在瑰丽的大厦建成之后，绝不会把脚手架留在那里.”不过他的著作过于精练、难以阅读也妨碍了他的思想更广泛地传播. 高斯由于过于谨慎，怕引起“庸人的叫喊”，长期不敢将自己关于非欧几何的观点公之于世. 另外他在对待波尔约（Bolyai）的非欧几何和阿贝尔的椭圆函数所采取的冷漠态度，也是数学史上遗憾的事件.

高斯勤奋好学，多才多艺，喜爱音乐，嗜好唱歌和吟诗，擅长欧洲语言，深谙多国文字，拥有六千多卷各种文字（包括希腊、拉丁、英、法、俄、丹、德）的藏书. 他在从事数学或科学工作之余，还广泛阅读当代欧洲文学和古代文学作品. 他对世界政治很关心，每天最少花一小时在博物馆看各种报纸. 对学习外语也很有兴趣，62 岁时，他在没有任何人帮助的情况下自学俄文，两年之后便能顺利地阅读俄文版的散文诗歌及小说. 高斯不爱旅游，除到柏林参加一次学术会议之外，终生都在哥廷根，以巨大的精力从事数学及其应用方面的研究.

高斯是近代数学的伟大奠基者之一，他在历史上的影响之大可以和阿基米德、牛顿、欧拉并列. 高斯被誉为“能从九霄云外的高度按某种观点掌握星空和深奥数学的天才”. 他的国家的人民为了缅怀、纪念高斯，特将他的故乡改名为高斯堡，并在他的母校哥廷根大学建立了一座以正 17 边形棱柱为底座的高斯雕像，墓碑朴实无华，仅镌刻“高斯”二字，平淡里深藏着隽永意蕴，无言中饱含着千秋业绩.

第 11 章　无穷级数

无穷级数是高等数学的重要组成部分，它是表示函数、研究函数的性质以及进行数值计算的一种工具．微积分的发展与无穷级数的研究密不可分，牛顿在研究微积分的时候就开始熟练地运用无穷级数．本章将首先讨论常数项级数，然后讨论函数项级数——幂级数及傅里叶（Fourier）级数．

11.1　常数项级数的概念与性质

11.1.1　常数项级数的概念

我们知道一些分数可以表示成无限循环小数，如$\frac{1}{3}=0.\dot{3}$，即

$$\frac{1}{3}=\frac{3}{10}+\frac{3}{100}+\cdots+\frac{3}{10^n}+\cdots.$$

上式右端是一个无穷多个常数相加的式子，我们称之为无穷级数．

定义 11.1.1　设给定数列

$$u_1,u_2,\cdots,u_n,\cdots,$$

则式子

$$u_1+u_2+\cdots+u_n+\cdots$$

叫作**常数项无穷级数**，简称**常数项级数**，记作$\sum\limits_{n=1}^{\infty}u_n$，其中$u_n$叫作级数的**一般项**，即$\sum\limits_{n=1}^{\infty}u_n=u_1+u_2+\cdots+u_n+\cdots$．

如

$$a+aq+aq^2+\cdots+aq^{n-1}+\cdots \quad (a\neq 0),$$

$$1+\frac{1}{2}+\frac{1}{3}+\cdots+\frac{1}{n}+\cdots,$$

$$1+\frac{1}{\sqrt{2}}+\frac{1}{\sqrt{3}}+\cdots+\frac{1}{\sqrt{n}}+\cdots,$$

都是常数项级数，它们的一般项分别为aq^{n-1}，$\frac{1}{n}$，$\frac{1}{\sqrt{n}}$．

级数$\sum_{n=1}^{\infty}u_n$的前n项的和称为它的**部分和**，记为S_n，即

$$S_n = u_1 + u_2 + \cdots + u_n = \sum_{k=1}^{n}u_k .$$

当n依次取$1,2,3,\cdots$时，构成新的数列

$$S_1, S_2, \cdots, S_n, \cdots ,$$

称为级数$\sum_{n=1}^{\infty}u_n$的部分和数列. 由这个数列的收敛性，我们可以定义级数的收敛性.

定义 11.1.2 如果级数$\sum_{n=1}^{\infty}u_n$的部分和数列$\{S_n\}$有极限S，即

$$\lim_{n\to\infty}S_n = S ,$$

则称无穷级数$\sum_{n=1}^{\infty}u_n$ **收敛**，并称S为级数的**和**，记作

$$\sum_{n=1}^{\infty}u_n = u_1 + u_2 + \cdots + u_n + \cdots = S ;$$

如果数列$\{S_n\}$没有极限，则称无穷级数$\sum_{n=1}^{\infty}u_n$ **发散**，发散的级数没有和.

当无穷级数$\sum_{n=1}^{\infty}u_n$收敛时，其部分和S_n是级数的和S的近似值，它们的差

$$r_n = S - S_n = u_{n+1} + u_{n+2} + \cdots$$

叫作级数的**余项**. 用S_n近似代替S所产生的误差是这个余项的绝对值$|r_n|$.

例 11.1.1 讨论等比级数

$$\sum_{n=0}^{\infty}aq^n = a + aq + aq^2 + \cdots + aq^{n-1} + \cdots \quad (a \neq 0)$$

的收敛性.

解 当$q \neq 1$时，

$$S_n = a + aq + aq^2 + \cdots + aq^{n-1} = \frac{a(1-q^n)}{1-q} ;$$

如果$|q| < 1$，

$$\lim_{n\to\infty}S_n = \lim_{n\to\infty}\frac{a(1-q^n)}{1-q} = \frac{a}{1-q} ;$$

如果$|q| > 1$，

$$\lim_{n\to\infty}S_n = \lim_{n\to\infty}\frac{a(1-q^n)}{1-q} = \infty ;$$

当 $q=1$ 时，

$$\lim_{n\to\infty} S_n = \lim_{n\to\infty} na = \infty\ ;$$

当 $q=-1$ 时，级数成为 $a-a+a-a+\cdots+(-1)^{n-1}a+\cdots$，此时

$$S_{2k}=0,\quad S_{2k+1}=a\quad (k=1,2,\cdots),$$

由于部分和数列 $\{S_n\}$ 的两个子数列收敛于不同的值，故 $\lim\limits_{n\to\infty} S_n$ 不存在.

综上所述，当 $|q|<1$ 时，等比级数收敛，其和为 $\dfrac{a}{1-q}$，当 $|q|\geqslant 1$ 时，级数发散.

例 11.1.2　讨论级数

$$\frac{1}{1\cdot 2}+\frac{1}{2\cdot 3}+\cdots+\frac{1}{n(n+1)}+\cdots$$

的收敛性.

解　因为

$$u_n=\frac{1}{n(n+1)}=\frac{1}{n}-\frac{1}{n+1},$$

所以

$$S_n=\left(1-\frac{1}{2}\right)+\left(\frac{1}{2}-\frac{1}{3}\right)+\cdots+\left(\frac{1}{n}-\frac{1}{n+1}\right)=1-\frac{1}{n+1},$$

$$\lim_{n\to\infty} S_n=\lim_{n\to\infty}\left(1-\frac{1}{n+1}\right)=1.$$

故级数收敛，且 $\sum\limits_{n=1}^{\infty}\dfrac{1}{n(n+1)}=1$.

例 11.1.3　讨论级数 $\sum\limits_{n=1}^{\infty}\ln\dfrac{n+1}{n}$ 的收敛性.

解　因为

$$S_n=\ln\frac{2}{1}+\ln\frac{3}{2}+\cdots+\ln\frac{n+1}{n}=\ln\left(\frac{2}{1}\cdot\frac{3}{2}\cdot\cdots\cdot\frac{n+1}{n}\right)=\ln(n+1),$$

$$\lim_{n\to\infty} S_n=\lim_{n\to\infty}\ln(n+1)=\infty,$$

所以级数 $\sum\limits_{n=1}^{\infty}\ln\dfrac{n+1}{n}$ 发散.

11.1.2　收敛级数的性质

性质 11.1.1　若级数 $\sum\limits_{n=1}^{\infty}u_n$ 收敛于 S，则级数 $\sum\limits_{n=1}^{\infty}ku_n$（$k$ 为常数）也收敛，其和为 kS.

证明 设级数$\sum_{n=1}^{\infty}u_n$与级数$\sum_{n=1}^{\infty}ku_n$的部分和分别为S_n和σ_n，则

$$\sigma_n = ku_1 + ku_2 + \cdots + ku_n = kS_n,$$

因为级数$\sum_{n=1}^{\infty}u_n$收敛于S，所以

$$\lim_{n\to\infty}\sigma_n = \lim_{n\to\infty}kS_n = k\lim_{n\to\infty}S_n = kS,$$

于是级数$\sum_{n=1}^{\infty}ku_n$收敛，且其和为kS.

显然，由$\sigma_n = kS_n$可知，如果S_n没有极限，且$k \neq 0$，则σ_n也没有极限，于是可得如下推论.

推论 级数的每一项同乘一个不为零的常数后，所得级数与原级数有相同的收敛性.

性质 11.1.2 若级数$\sum_{n=1}^{\infty}u_n$与$\sum_{n=1}^{\infty}v_n$均收敛，则级数$\sum_{n=1}^{\infty}(u_n \pm v_n)$也收敛，且

$$\sum_{n=1}^{\infty}(u_n \pm v_n) = \sum_{n=1}^{\infty}u_n \pm \sum_{n=1}^{\infty}v_n .$$

证明 设级数$\sum_{n=1}^{\infty}u_n$与级数$\sum_{n=1}^{\infty}v_n$的部分和分别为S_n和σ_n，则级数$\sum_{n=1}^{\infty}(u_n \pm v_n)$的部分和

$$\begin{aligned}\lambda_n &= (u_1 \pm v_1) + (u_2 \pm v_2) + \cdots + (u_n \pm v_n)\\ &= (u_1 + u_2 + \cdots + u_n) \pm (v_1 + v_2 + \cdots + v_n) = S_n \pm \sigma_n .\end{aligned}$$

于是

$$\lim_{n\to\infty}\lambda_n = \lim_{n\to\infty}(S_n \pm \sigma_n) = \lim_{n\to\infty}S_n \pm \lim_{n\to\infty}\sigma_n .$$

即

$$\sum_{n=1}^{\infty}(u_n \pm v_n) = \sum_{n=1}^{\infty}u_n \pm \sum_{n=1}^{\infty}v_n .$$

该性质可理解为：**两个收敛级数可以逐项相加（减）.**

性质 11.1.3 在级数中去掉、加上或改变有限项，不会改变级数的收敛性.

证明 只需证明在级数的前面部分去掉、加上有限项，不会改变级数的收敛性即可，因为在级数中任意位置去掉、加上或改变有限项都可看成在级数的前面部分先去掉，再加上级数的有限项.

设级数

$$\sum_{n=1}^{\infty}u_n = u_1 + u_2 + \cdots + u_k + u_{k+1} + \cdots + u_{k+n} + \cdots,$$

将其前 k 项去掉，则得级数

$$u_{k+1}+u_{k+2}+\cdots+u_{k+n}+\cdots,$$

于是，新级数的部分和为

$$\sigma_n=u_{k+1}+u_{k+2}+\cdots+u_{k+n}=S_{k+n}-S_k,$$

由于 S_k 为常数，因此 σ_n 与 S_{k+n} 同时有极限或者同时没有极限，即级数的收敛性没有发生改变.

类似地，可以证明在级数的前面加上有限项，也不会改变级数的收敛性.

因此去掉、加上或改变级数的有限项，不改变级数的收敛性.

性质 11.1.4　若 $\sum_{n=1}^{\infty}u_n$ 收敛，则对此级数的项任意加括号后所形成的级数

$$(u_1+\cdots+u_{n_1})+(u_{n_1+1}+\cdots+u_{n_2})+\cdots+(u_{n_{k-1}+1}+\cdots+u_{n_k})+\cdots$$

仍收敛，且其和不变.

证明略.

性质 11.1.5（级数收敛的必要条件）　若 $\sum_{n=1}^{\infty}u_n$ 收敛，则 $\lim_{n\to\infty}u_n=0$.

证明　设级数 $\sum_{n=1}^{\infty}u_n$ 的部分和为 S_n，和为 S，则 $\lim_{n\to\infty}S_n=S$，且 $\lim_{n\to\infty}S_{n-1}=S$，所以

$$\lim_{n\to\infty}u_n=\lim_{n\to\infty}(S_n-S_{n-1})=\lim_{n\to\infty}S_n-\lim_{n\to\infty}S_{n-1}=S-S=0.$$

注意　（1）如果级数的一般项不趋于零，则级数发散，如级数 $\sum_{n=1}^{\infty}(-1)^n$，因为 $\lim_{n\to\infty}(-1)^n$ 不存在，所以发散.

（2）一般项趋于零是级数收敛的必要条件，而非充分条件. 如例 11.1.3 中的级数 $\sum_{n=1}^{\infty}\ln\frac{n+1}{n}$，虽然 $\lim_{n\to\infty}\ln\frac{n+1}{n}=0$，但它是发散的.

例 11.1.4　证明：调和级数 $\sum_{n=1}^{\infty}\frac{1}{n}=1+\frac{1}{2}+\frac{1}{3}+\cdots+\frac{1}{n}+\cdots$ 发散.

证明　（反证法）假设 $\sum_{n=1}^{\infty}\frac{1}{n}$ 收敛，且和为 S，部分和为 S_n. 所以 $\lim_{n\to\infty}S_n=S$，则有 $\lim_{n\to\infty}S_{2n}=S$，于是

$$\lim_{n\to\infty}(S_{2n}-S_n)=S-S=0.$$

但另一方面

$$S_{2n}-S_n=\frac{1}{n+1}+\frac{1}{n+2}+\cdots+\frac{1}{2n}>\underbrace{\frac{1}{2n}+\frac{1}{2n}+\cdots+\frac{1}{2n}}_{n项}=\frac{1}{2},$$

故 $\lim\limits_{n\to\infty}(S_{2n}-S_n)\neq 0$，与假设矛盾，所以 $\sum\limits_{n=1}^{\infty}\frac{1}{n}$ 发散.

习题 11.1

1．写出下列级数的一般项：

（1）$1-\frac{1}{3}+\frac{1}{5}-\frac{1}{7}+\cdots$；

（2）$\frac{1}{3}+\frac{2!}{5}+\frac{3!}{7}+\frac{4!}{9}+\cdots$；

（3）$\frac{1}{3}+\frac{1}{\sqrt{3}}+\frac{1}{\sqrt[3]{3}}+\frac{1}{\sqrt[4]{3}}+\cdots$；

（4）$\frac{1}{1\cdot 6}+\frac{1}{6\cdot 11}+\frac{1}{11\cdot 16}+\frac{1}{16\cdot 21}+\cdots$；

（5）$\frac{\sqrt{x}}{2}+\frac{x}{2\cdot 4}+\frac{x\sqrt{x}}{2\cdot 4\cdot 6}+\frac{x^2}{2\cdot 4\cdot 6\cdot 8}+\cdots$.

2．判断下列级数是否收敛，若收敛，求其和：

（1）$\sum\limits_{n=1}^{\infty}\frac{1}{(2n-1)(2n+1)}$；

（2）$\sum\limits_{n=1}^{\infty}\left(\frac{1}{2^n}+\frac{1}{3^n}\right)$；

（3）$\sum\limits_{n=1}^{\infty}n$；

（4）$\sum\limits_{n=1}^{\infty}(\sqrt{n+1}-\sqrt{n})$.

3．判断下列级数的收敛性：

（1）$\sum\limits_{n=1}^{\infty}\frac{1}{5n}$；

（2）$\sum\limits_{n=3}^{\infty}(-1)^{n-1}\frac{2^n}{3^n}$；

（3）$\sum\limits_{n=1}^{\infty}\frac{2}{\left(1+\frac{1}{n}\right)^n}$；

（4）$\sum\limits_{n=1}^{\infty}\left(\frac{1}{2^n}+\frac{1}{n}\right)$；

（5）$2+2^2+\cdots+2^{100}+\frac{1}{2}+\frac{1}{4}+\cdots+\frac{1}{2^n}+\cdots$.

11.2　正项级数及其审敛法

若级数 $\sum\limits_{n=1}^{\infty}u_n$ 的每一项都满足 $u_n\geqslant 0$（$n=1,2,\cdots$），称这种级数为**正项级数**. 本节将给出判定正项级数收敛性的方法，我们称之为**审敛法**.

11.2.1　正项级数收敛的充要条件

设$\sum_{n=1}^{\infty}u_n$是一个正项级数，其部分和为S_n，显然

$$S_1 \leqslant S_2 \leqslant S_3 \leqslant \cdots \leqslant S_n \leqslant \cdots .$$

即$\{S_n\}$是一个单调增加数列．由单调有界数列必有极限知，如果$\{S_n\}$有界，则其极限一定存在，从而正项级数$\sum_{n=1}^{\infty}u_n$收敛；反之，若正项级数$\sum_{n=1}^{\infty}u_n$收敛，即$\{S_n\}$有极限，从而数列$\{S_n\}$有界．因此，我们有如下定理．

定理 11.2.1　正项级数$\sum_{n=1}^{\infty}u_n$收敛的充分必要条件是它的部分和数列$\{S_n\}$有界．

例 11.2.1　证明：p级数

$$1+\frac{1}{2^p}+\frac{1}{3^p}+\cdots+\frac{1}{n^p}+\cdots \quad（p\text{为常数且}p>0）$$

当$p>1$时收敛．

证明　因为当$k-1\leqslant x\leqslant k$时，有$\frac{1}{k^p}\leqslant\frac{1}{x^p}$，所以

$$\frac{1}{k^p}=\int_{k-1}^{k}\frac{1}{k^p}\mathrm{d}x\leqslant\int_{k-1}^{k}\frac{1}{x^p}\mathrm{d}x \quad（k=2,3,\cdots），$$

由于$p>1$，从而p级数的部分和

$$S_n=1+\frac{1}{2^p}+\frac{1}{3^p}+\cdots+\frac{1}{n^p}\leqslant1+\int_1^2\frac{1}{x^p}\mathrm{d}x+\int_2^3\frac{1}{x^p}\mathrm{d}x+\cdots+\int_{n-1}^{n}\frac{1}{x^p}\mathrm{d}x$$
$$=1+\int_1^n\frac{1}{x^p}\mathrm{d}x=1+\frac{1}{p-1}\left(1-\frac{1}{n^{p-1}}\right)<1+\frac{1}{p-1},$$

即数列$\{S_n\}$有界，因而级数$1+\frac{1}{2^p}+\frac{1}{3^p}+\cdots+\frac{1}{n^p}+\cdots$当$p>1$时收敛．

由正项级数收敛的充要条件，我们可得关于正项级数的一个基本的审敛法．

11.2.2　比较审敛法

定理 11.2.2（比较审敛法）　设$\sum_{n=1}^{\infty}u_n$和$\sum_{n=1}^{\infty}v_n$均为正项级数，且$u_n\leqslant v_n$（$n=1,2,\cdots$），则有：

（1）若级数$\sum_{n=1}^{\infty}v_n$收敛，则级数$\sum_{n=1}^{\infty}u_n$也收敛；

（2）若级数$\sum_{n=1}^{\infty}u_n$发散，则级数$\sum_{n=1}^{\infty}v_n$也发散．

证明 （1）设级数$\sum_{n=1}^{\infty} v_n$收敛于σ，则$\sum_{n=1}^{\infty} u_n$的部分和

$$S_n = u_1 + u_2 + \cdots + u_n \leqslant v_1 + v_2 + \cdots + v_n \leqslant \sigma,$$

即$\sum_{n=1}^{\infty} u_n$的部分和数列$\{S_n\}$有界，由定理 11.2.1 知$\sum_{n=1}^{\infty} u_n$收敛.

（2）用反证法. 假设级数$\sum_{n=1}^{\infty} v_n$收敛，由（1）可知$\sum_{n=1}^{\infty} u_n$也收敛，与条件矛盾，所以$\sum_{n=1}^{\infty} v_n$发散.

例 11.2.2 证明：p级数$\sum_{n=1}^{\infty} \frac{1}{n^p}$（$p$为常数且$p>0$）当$p \leqslant 1$时发散.

证明 因为当$p \leqslant 1$时，$\frac{1}{n^p} \geqslant \frac{1}{n}$（$n=1,2,\cdots$），又调和级数$\sum_{n=1}^{\infty} \frac{1}{n}$发散，所以级数$\sum_{n=1}^{\infty} \frac{1}{n^p}$发散.

由例 11.2.1 与例 11.2.2 可知，p级数$\sum_{n=1}^{\infty} \frac{1}{n^p}$（$p$为常数且$p>0$）当$p>1$时收敛；当$p \leqslant 1$时发散.

应用比较审敛法时，需要选取一个已知收敛性的级数与待判断级数进行比较，最常用的就是p级数和等比级数.

例 11.2.3 判断级数$\sum_{n=1}^{\infty} \frac{1+n}{1+n^3}$的收敛性.

解 因为$\frac{1+n}{1+n^3} < \frac{2n}{n^3} = \frac{2}{n^2}$，而$\sum_{n=1}^{\infty} \frac{2}{n^2}$收敛，由比较审敛法知级数$\sum_{n=1}^{\infty} \frac{1+n}{1+n^3}$收敛.

定理 11.2.3（比较审敛法的极限形式） 设$\sum_{n=1}^{\infty} u_n$和$\sum_{n=1}^{\infty} v_n$均为正项级数，且

$$\lim_{n \to \infty} \frac{u_n}{v_n} = l.$$

（1）若$0 < l < +\infty$，则级数$\sum_{n=1}^{\infty} u_n$和级数$\sum_{n=1}^{\infty} v_n$的收敛性相同；

（2）若$l = 0$，则当级数$\sum_{n=1}^{\infty} v_n$收敛时，级数$\sum_{n=1}^{\infty} u_n$也收敛；

（3）若$l = +\infty$，则当级数$\sum_{n=1}^{\infty} v_n$发散时，级数$\sum_{n=1}^{\infty} u_n$也发散.

证明　(1)若$0<l<+\infty$，取$\varepsilon=\frac{l}{2}$，由极限定义可知，存在正整数N，当$n>N$时，有

$$\frac{l}{2}<\frac{u_n}{v_n}<\frac{3l}{2},$$

于是$\frac{l}{2}v_n<u_n<\frac{3l}{2}v_n$，由于级数各项同乘一个非零常数以及级数中去掉有限项不改变其收敛性，利用比较审敛法可得，级数$\sum_{n=1}^{\infty}u_n$和级数$\sum_{n=1}^{\infty}v_n$都收敛或都发散，即收敛性相同.

(2)若$l=0$，取$\varepsilon=1$，由极限定义可知，存在正整数N，当$n>N$时，有

$$\frac{u_n}{v_n}<1,$$

于是$u_n<v_n$，由于级数中去掉有限项不改变其收敛性，利用比较审敛法可得，如果级数$\sum_{n=1}^{\infty}v_n$收敛，则级数$\sum_{n=1}^{\infty}u_n$也收敛.

(3)若$l=+\infty$，则$\lim\limits_{n\to\infty}\frac{v_n}{u_n}=0$．由结论(2)可知，如果级数$\sum_{n=1}^{\infty}u_n$收敛，则级数$\sum_{n=1}^{\infty}v_n$也收敛，但已知级数$\sum_{n=1}^{\infty}v_n$发散，所以级数$\sum_{n=1}^{\infty}u_n$不可能收敛，即级数$\sum_{n=1}^{\infty}u_n$发散.

定理 11.2.3 说明，在两个正项级数的一般项都是无穷小的情况下，实质上是比较它们的阶．一般项是同阶无穷小的两个级数收敛性相同；一般项是高阶无穷小的级数如果发散，则一般项是低阶无穷小的级数也发散；一般项是低阶无穷小的级数如果收敛，则一般项是高阶无穷小的级数也收敛.

例 11.2.4　判断级数$\sum_{n=1}^{\infty}\frac{1}{\sqrt{n(2n+1)}}$的收敛性.

解　因为

$$\lim_{n\to\infty}\frac{\frac{1}{\sqrt{n(2n+1)}}}{\frac{1}{n}}=\lim_{n\to\infty}\frac{n}{\sqrt{n(2n+1)}}=\frac{1}{\sqrt{2}},$$

而$\sum_{n=1}^{\infty}\frac{1}{n}$发散，由定理 11.2.3 可知，级数$\sum_{n=1}^{\infty}\frac{1}{\sqrt{n(2n+1)}}$发散.

例 11.2.5 判断级数$\sum_{n=2}^{\infty}\tan\frac{\pi}{2^n}$的收敛性.

解 因为

$$\lim_{n\to\infty}\frac{\tan\frac{\pi}{2^n}}{\frac{\pi}{2^n}}=1,$$

而$\sum_{n=2}^{\infty}\frac{\pi}{2^n}$收敛（等比级数，公比$q=\frac{1}{2}$），由定理 11.2.3 可知，级数$\sum_{n=2}^{\infty}\tan\frac{\pi}{2^n}$收敛.

例 11.2.6 已知正项级数$\sum_{n=1}^{\infty}u_n$收敛，试判断级数$\sum_{n=1}^{\infty}u_n^2$的收敛性.

解 因为级数$\sum_{n=1}^{\infty}u_n$收敛，所以有$\lim_{n\to\infty}u_n=0$.

又 $\lim_{n\to\infty}\frac{u_n^2}{u_n}=0$，由定理 11.2.3 可知，级数$\sum_{n=1}^{\infty}u_n^2$收敛.

11.2.3 比值审敛法

定理 11.2.4（比值审敛法） 设$\sum_{n=1}^{\infty}u_n$为正项级数，如果

$$\lim_{n\to\infty}\frac{u_{n+1}}{u_n}=\rho \quad (0\leqslant\rho\leqslant+\infty),$$

则 （1）当$\rho<1$时，级数收敛；

（2）当$\rho>1$或$\rho=+\infty$时，级数发散；

（3）当$\rho=1$时，级数可能收敛也可能发散.

证明 （1）当$\rho<1$时，取一个适当小的正数ε，使得$\rho+\varepsilon=r<1$，因为$\lim_{n\to\infty}\frac{u_{n+1}}{u_n}=\rho$，由极限定义，存在正整数$N$，当$n>N$时，有

$$\frac{u_{n+1}}{u_n}<\rho+\varepsilon=r,$$

因而

$$u_{N+2}<ru_{N+1},\quad u_{N+3}<ru_{N+2}<r^2u_{N+1},\quad\cdots,\quad u_{N+k+1}<r^ku_{N+1},\quad\cdots$$

而级数$\sum_{k=1}^{\infty} r^k u_{N+1}$收敛（公比$r<1$的等比级数），则由比较审敛法可知，级数$\sum_{n=N+2}^{\infty} u_n$收敛，从而$\sum_{n=1}^{\infty} u_n$也收敛.

（2）当$\rho>1$时，取一个适当小的正数ε，使得$\rho-\varepsilon>1$，因为$\lim\limits_{n\to\infty}\frac{u_{n+1}}{u_n}=\rho$，由极限的定义，存在正整数$N$，当$n>N$时，有

$$\frac{u_{n+1}}{u_n}>\rho-\varepsilon>1,$$

即$u_{n+1}>u_n$．由此可见，从第N项以后u_n是递增的，从而$\lim\limits_{n\to\infty}u_n\neq 0$，由级数收敛的必要条件知$\sum_{n=1}^{\infty} u_n$发散.

（3）当$\rho=1$时，级数$\sum_{n=1}^{\infty} u_n$可能收敛也可能发散.

例如，p级数$\sum_{n=1}^{\infty}\frac{1}{n^p}$，对任意的$p$都有

$$\lim_{n\to\infty}\frac{u_{n+1}}{u_n}=\lim_{n\to\infty}\frac{\frac{1}{(n+1)^p}}{\frac{1}{n^p}}=1,$$

但我们知道，当$p>1$时收敛；当$p\leqslant 1$时发散.

定理 11.2.4 适用于判断一般项中含有$n!$或a^n形式的级数的收敛性.

例 11.2.7 判断级数$\sum_{n=1}^{\infty}\frac{n!}{2^n}$的收敛性.

解 因为

$$\lim_{n\to\infty}\frac{u_{n+1}}{u_n}=\lim_{n\to\infty}\frac{\frac{(n+1)!}{2^{n+1}}}{\frac{n!}{2^n}}=\lim_{n\to\infty}\frac{n+1}{2}=+\infty,$$

由比值审敛法可知，级数$\sum_{n=1}^{\infty}\frac{n!}{2^n}$发散.

例 11.2.8 证明$\lim\limits_{n\to\infty}\frac{n!}{n^n}=0$.

证明 考虑级数$\sum_{n=1}^{\infty}\frac{n!}{n^n}$的收敛性，由于

$$\lim_{n\to\infty}\frac{u_{n+1}}{u_n}=\lim_{n\to\infty}\frac{\dfrac{(n+1)!}{(n+1)^{n+1}}}{\dfrac{n!}{n^n}}=\lim_{n\to\infty}\frac{n^n}{(n+1)^n}=\lim_{n\to\infty}\frac{1}{\left(1+\dfrac{1}{n}\right)^n}=\frac{1}{\mathrm{e}}<1,$$

由比值审敛法可知，级数$\sum\limits_{n=1}^{\infty}\frac{n!}{n^n}$收敛，再利用级数收敛的必要条件，有$\lim\limits_{n\to\infty}\frac{n!}{n^n}=0$.

例 11.2.9 判断级数$\sum\limits_{n=1}^{\infty}nx^{n-1}$（$x>0$）的收敛性.

解 $\rho=\lim\limits_{n\to\infty}\frac{u_{n+1}}{u_n}=\lim\limits_{n\to\infty}\frac{(n+1)x^n}{nx^{n-1}}=\lim\limits_{n\to\infty}\left(1+\frac{1}{n}\right)x=x$.

由比值审敛法可知，当$0<x<1$时，级数收敛；当$x>1$时，级数发散；当$x=1$时，级数为$\sum\limits_{n=1}^{\infty}n$，由于$\lim\limits_{n\to\infty}n=+\infty$，由级数收敛的必要条件，级数发散.

习题 11.2

1．用比较审敛法或比较审敛法的极限形式判断下列级数的收敛性：

（1）$\sum\limits_{n=1}^{\infty}\frac{1}{3n+1}$；（2）$\sum\limits_{n=1}^{\infty}\frac{1}{n^2+2}$；

（3）$\sum\limits_{n=1}^{\infty}\sin\frac{\pi}{2^n}$；（4）$\sum\limits_{n=2}^{\infty}\tan\frac{\pi}{2n^2}$；

（5）$\sum\limits_{n=1}^{\infty}\frac{1}{1+a^n}$（$a>0$）.

2．用比值审敛法判断下列级数的收敛性：

（1）$\sum\limits_{n=1}^{\infty}\frac{n}{3^n}$；（2）$\sum\limits_{n=1}^{\infty}\frac{n^n}{2^n\cdot n!}$；

（3）$\frac{2}{3}+2\left(\frac{2}{3}\right)^2+3\left(\frac{2}{3}\right)^3+\cdots+n\left(\frac{2}{3}\right)^n+\cdots$；

（4）$\frac{1!}{1^4}+\frac{2!}{2^4}+\frac{3!}{3^4}+\cdots+\frac{n!}{n^4}+\cdots$.

3．判断下列级数的收敛性：

（1）$\sum\limits_{n=1}^{\infty}n\tan\frac{\pi}{2^{n+1}}$；（2）$\sum\limits_{n=1}^{\infty}\frac{n}{3^n}\sin^2\frac{n\pi}{3}$；

（3）$\frac{1}{a+b}+\frac{1}{a+2b}+\frac{1}{a+3b}+\cdots+\frac{1}{a+nb}+\cdots$（$a>0$，$b>0$）.

11.3　交错级数和任意项级数

11.3.1　交错级数及其审敛法

如果一个级数的各项是正负交错的，即形如

$$\sum_{n=1}^{\infty}(-1)^{n-1}u_n = u_1 - u_2 + u_3 - u_4 + \cdots + (-1)^{n-1}u_n + \cdots \tag{11.3.1}$$

或

$$\sum_{n=1}^{\infty}(-1)^{n}u_n = -u_1 + u_2 - u_3 + u_4 + \cdots + (-1)^{n}u_n + \cdots \tag{11.3.2}$$

的级数，称为**交错级数**，其中 $u_n > 0$（$n = 1,2,\cdots$）.

因为 $\sum_{n=1}^{\infty}(-1)^{n-1}u_n = (-1)\sum_{n=1}^{\infty}(-1)^{n}u_n$，所以两类交错级数的收敛性相同，我们只需讨论级数（11.3.1）.

定理 11.3.1（莱布尼茨定理）　如果交错级数 $\sum_{n=1}^{\infty}(-1)^{n-1}u_n$ 满足条件：

（1）$u_n \geqslant u_{n+1}$（$n = 1,2,3,\cdots$）；

（2）$\lim\limits_{n\to\infty} u_n = 0$，

则级数 $\sum_{n=1}^{\infty}(-1)^{n-1}u_n$ 收敛，且其和 $S \leqslant u_1$，其余项的绝对值 $|r_n| \leqslant u_{n+1}$.

证明　首先，级数 $\sum_{n=1}^{\infty}(-1)^{n-1}u_n$ 的前 $2n$ 项的和为

$$S_{2n} = (u_1 - u_2) + (u_3 - u_4) + \cdots + (u_{2n-1} - u_{2n}),$$

由条件（1）知所有括号内的差均为非负的，因而数列 $\{S_{2n}\}$ 是单调递增的．另一方面，S_{2n} 也可以写成

$$S_{2n} = u_1 - (u_2 - u_3) - (u_4 - u_5) + \cdots + (u_{2n-2} - u_{2n-1}) - u_{2n},$$

同样由条件（1）知所有括号内的差均为非负的，因而 $S_{2n} \leqslant u_1$，即数列 $\{S_{2n}\}$ 有界．于是，根据单调有界数列必有极限的准则可知，当 $n\to\infty$ 时，$\{S_{2n}\}$ 有极限 S，且 $S \leqslant u_1$，即

$$\lim_{n\to\infty} S_{2n} = S \leqslant u_1 .$$

其次，级数 $\sum_{n=1}^{\infty}(-1)^{n-1}u_n$ 的前 $2n+1$ 项的和为

$$S_{2n+1}=S_{2n}+u_{2n+1},$$

由条件（2）知 $\lim\limits_{n\to\infty}u_{2n+1}=0$，因而

$$\lim_{n\to\infty}S_{2n+1}=\lim_{n\to\infty}(S_{2n}+u_{2n+1})=S.$$

由于级数的前 $2n$ 项部分和与前 $2n+1$ 项部分和趋于同一极限 S，故级数的部分和 S_n 有极限 S．即级数 $\sum\limits_{n=1}^{\infty}(-1)^{n-1}u_n$ 收敛于和 S，且 $S\leqslant u_1$．

余项 r_n 可以写成

$$r_n=\pm(u_{n+1}-u_{n+2}+\cdots),$$

其绝对值

$$|r_n|=(u_{n+1}-u_{n+2}+\cdots)$$

也是一个交错级数，也满足收敛的两个条件，且它的和小于级数的第一项，即

$$|r_n|\leqslant u_{n+1}.$$

如交错级数

$$1-\frac{1}{2}+\frac{1}{3}-\frac{1}{4}+\cdots+(-1)^{n-1}\frac{1}{n}+\cdots$$

满足条件：

（1）$u_n=\dfrac{1}{n}\geqslant\dfrac{1}{n+1}=u_{n+1}$（$n=1,2,\cdots$），

（2）$\lim\limits_{n\to\infty}u_n=\lim\limits_{n\to\infty}\dfrac{1}{n}=0$，

则它是收敛的，且其和 $S<1$．如果取级数的前 n 项的和

$$1-\frac{1}{2}+\frac{1}{3}-\frac{1}{4}+\cdots+(-1)^{n-1}\frac{1}{n}$$

作为 S 的近似值，所产生的误差 $|r_n|\leqslant\dfrac{1}{n+1}=u_{n+1}$．

例 11.3.1 判断级数 $\sum\limits_{n=1}^{\infty}(-1)^{n-1}\dfrac{\sqrt{n}}{n+1}$ 的收敛性．

解 取 $u_n=\dfrac{\sqrt{n}}{n+1}$，令 $f(x)=\dfrac{\sqrt{x}}{x+1}$，由于

$$f'(x)=\frac{1-x}{2\sqrt{x}(x+1)^2}<0\ （x>1），$$

故 $f(x)$ 当 $x\geqslant1$ 时单调递减，所以 $f(n)=u_n$ 单调递减，即

$$u_n\geqslant u_{n+1}\ （n=1,2,3,\cdots）;$$

且 $\lim\limits_{n\to\infty}u_n=\lim\limits_{n\to\infty}\dfrac{\sqrt{n}}{n+1}=0$．所以由莱布尼茨定理，级数 $\sum\limits_{n=1}^{\infty}(-1)^{n-1}\dfrac{\sqrt{n}}{n+1}$ 收敛．

11.3.2　任意项级数与绝对收敛、条件收敛

现在我们讨论**任意项级数**

$$\sum_{n=1}^{\infty} u_n = u_1 + u_2 + \cdots + u_n + \cdots,$$

它的各项是任意实数.

如果将任意项级数 $\sum\limits_{n=1}^{\infty} u_n$ 的各项取绝对值，就得到正项级数 $\sum\limits_{n=1}^{\infty} |u_n|$，可用正项级数审敛法判断其收敛性.

这里我们有一个问题：$\sum\limits_{n=1}^{\infty} |u_n|$ 收敛与 $\sum\limits_{n=1}^{\infty} u_n$ 收敛有什么关系？

定理 11.3.2　如果级数 $\sum\limits_{n=1}^{\infty} |u_n|$ 收敛，则级数 $\sum\limits_{n=1}^{\infty} u_n$ 必收敛.

证明　令

$$v_n = \frac{1}{2}(u_n + |u_n|) \quad (n = 1, 2, \cdots).$$

显然 $v_n \geqslant 0$ 且 $v_n \leqslant |u_n|$（$n = 1, 2, \cdots$），由于 $\sum\limits_{n=1}^{\infty} |u_n|$ 收敛，由比较审敛法知，级数 $\sum\limits_{n=1}^{\infty} v_n$ 收敛. 又因为 $u_n = 2v_n - |u_n|$，由收敛级数的性质可知

$$\sum_{n=1}^{\infty} u_n = 2\sum_{n=1}^{\infty} v_n - \sum_{n=1}^{\infty} |u_n|,$$

所以级数 $\sum\limits_{n=1}^{\infty} u_n$ 收敛.

反之，如果级数 $\sum\limits_{n=1}^{\infty} u_n$ 收敛，级数 $\sum\limits_{n=1}^{\infty} |u_n|$ 一定收敛吗？答案是否定的. 例如 $\sum\limits_{n=1}^{\infty} (-1)^{n-1} \dfrac{1}{n}$ 收敛，但 $\sum\limits_{n=1}^{\infty} \left| (-1)^{n-1} \dfrac{1}{n} \right| = \sum\limits_{n=1}^{\infty} \dfrac{1}{n}$ 发散.

定义 11.3.1　如果级数 $\sum\limits_{n=1}^{\infty} |u_n|$ 收敛，则称级数 $\sum\limits_{n=1}^{\infty} u_n$ **绝对收敛**；若级数 $\sum\limits_{n=1}^{\infty} |u_n|$ 发散，而级数 $\sum\limits_{n=1}^{\infty} u_n$ 收敛，则称级数 $\sum\limits_{n=1}^{\infty} u_n$ **条件收敛**.

一般来说，如果级数 $\sum\limits_{n=1}^{\infty} |u_n|$ 发散，不能判定级数 $\sum\limits_{n=1}^{\infty} u_n$ 也发散. 但是，如果是用比值审敛法，根据 $\lim\limits_{n \to \infty} \dfrac{|u_{n+1}|}{|u_n|} = \rho > 1$ 判定级数 $\sum\limits_{n=1}^{\infty} |u_n|$ 发散，可得级数 $\sum\limits_{n=1}^{\infty} u_n$ 一定发

散．这是因为$\rho>1$时，$\lim\limits_{n\to\infty}|u_n|\neq 0$，从而$\lim\limits_{n\to\infty}u_n\neq 0$，因此级数$\sum\limits_{n=1}^{\infty}u_n$是发散的．

判断任意项级数$\sum\limits_{n=1}^{\infty}u_n$收敛的一般步骤：用正项级数审敛法判断$\sum\limits_{n=1}^{\infty}|u_n|$是否收敛．如果收敛，则$\sum\limits_{n=1}^{\infty}u_n$绝对收敛；如果发散，再判断$\sum\limits_{n=1}^{\infty}u_n$是否收敛，如果收敛，则$\sum\limits_{n=1}^{\infty}u_n$条件收敛，如果发散，则$\sum\limits_{n=1}^{\infty}u_n$发散．

例 11.3.2 下列级数是否收敛？如果收敛，是绝对收敛还是条件收敛？

（1）$\sum\limits_{n=1}^{\infty}\dfrac{n\sin n}{2^n}$；　　（2）$\sum\limits_{n=1}^{\infty}(-1)^{n-1}\dfrac{3^n}{n^3}$；

（3）$\sum\limits_{n=1}^{\infty}(-1)^n\dfrac{1}{n^p}$（$p>0$）.

解 （1）因为$|u_n|=\left|\dfrac{n\sin n}{2^n}\right|\leqslant\dfrac{n}{2^n}$，记$\dfrac{n}{2^n}=v_n$，则

$$\lim_{n\to\infty}\frac{v_{n+1}}{v_n}=\lim_{n\to\infty}\frac{\frac{n+1}{2^{n+1}}}{\frac{n}{2^n}}=\frac{1}{2}<1,$$

由比值审敛法可知，级数$\sum\limits_{n=1}^{\infty}v_n$收敛．又由比较审敛法可知，级数$\sum\limits_{n=1}^{\infty}|u_n|$收敛，所以级数$\sum\limits_{n=1}^{\infty}\dfrac{n\sin n}{2^n}$绝对收敛．

（2）因为$|u_n|=\left|(-1)^{n-1}\dfrac{3^n}{n^3}\right|=\dfrac{3^n}{n^3}$，而

$$\lim_{n\to\infty}\frac{|u_{n+1}|}{|u_n|}=\lim_{n\to\infty}\frac{\frac{3^{n+1}}{(n+1)^3}}{\frac{3^n}{n^3}}=\lim_{n\to\infty}3\left(\frac{n}{n+1}\right)^3=3>1,$$

根据比值审敛法可知，级数$\sum\limits_{n=1}^{\infty}\left|(-1)^{n-1}\dfrac{3^n}{n^3}\right|$发散，所以级数$\sum\limits_{n=1}^{\infty}(-1)^{n-1}\dfrac{3^n}{n^3}$也发散．

（3）由于$\sum\limits_{n=1}^{\infty}\left|(-1)^n\dfrac{1}{n^p}\right|=\sum\limits_{n=1}^{\infty}\dfrac{1}{n^p}$.

当$p>1$时，$\sum\limits_{n=1}^{\infty}\dfrac{1}{n^p}$收敛，从而级数$\sum\limits_{n=1}^{\infty}(-1)^n\dfrac{1}{n^p}$绝对收敛；

当 $0<p\leqslant 1$ 时，$\sum\limits_{n=1}^{\infty}\dfrac{1}{n^p}$ 发散，从而级数 $\sum\limits_{n=1}^{\infty}(-1)^n\dfrac{1}{n^p}$ 不绝对收敛，另一方面 $\dfrac{1}{n^p}>\dfrac{1}{(n+1)^p}$ 且 $\lim\limits_{n\to\infty}\dfrac{1}{n^p}=0$，由莱布尼茨定理，$\sum\limits_{n=1}^{\infty}(-1)^n\dfrac{1}{n^p}$ 收敛，所以级数 $\sum\limits_{n=1}^{\infty}(-1)^n\dfrac{1}{n^p}$ 条件收敛.

例 11.3.3 讨论级数 $\sum\limits_{n=1}^{\infty}\dfrac{x^n}{n^p}$ 的收敛性（$p>0$，x 为任意实数）.

解 对于级数 $\sum\limits_{n=1}^{\infty}\left|\dfrac{x^n}{n^p}\right|$ 应用比值审敛法，由于

$$\lim_{n\to\infty}\frac{\left|\dfrac{x^{n+1}}{(n+1)^p}\right|}{\left|\dfrac{x^n}{n^p}\right|}=\lim_{n\to\infty}\left(\frac{n}{n+1}\right)^p|x|=|x|,$$

因而可知，当 $|x|<1$ 时，级数是绝对收敛的；当 $|x|>1$ 时，级数是发散的；当 $|x|=1$ 时，有：

若 $x=1$，级数为 $\sum\limits_{n=1}^{\infty}\dfrac{1}{n^p}$，所以 $p>1$ 时，级数收敛，$0<p\leqslant 1$ 时，级数发散；

若 $x=-1$，级数为 $\sum\limits_{n=1}^{\infty}(-1)^n\dfrac{1}{n^p}$，当 $p>1$ 时，级数绝对收敛，当 $0<p\leqslant 1$ 时，级数条件收敛.

习题 11.3

1．下列级数是否收敛？如果收敛，是绝对收敛还是条件收敛？

（1）$\sum\limits_{n=1}^{\infty}\dfrac{\sin n}{n^2}$；　　（2）$\sum\limits_{n=1}^{\infty}(-1)^{n-1}\dfrac{1}{\sqrt{n}}$；

（3）$\sum\limits_{n=1}^{\infty}(-1)^n\dfrac{2^{n^2}}{n!}$；　　（4）$\sum\limits_{n=1}^{\infty}(-1)^{n-1}(\sqrt{n+1}-\sqrt{n-1})$.

2．已知级数 $\sum\limits_{n=1}^{\infty}u_n^2$ 收敛，试证明 $\sum\limits_{n=1}^{\infty}\dfrac{u_n}{n}$ 绝对收敛.

3．证明：若级数 $\sum\limits_{n=1}^{\infty}u_n$ 绝对收敛，则 $\sum\limits_{n=1}^{\infty}u_n^2$ 收敛；举例说明对于条件收敛，则结论未必成立.

11.4 幂级数

11.4.1 函数项级数的概念

如果给定一个定义在区间I上的函数列

$$u_1(x), u_2(x), \cdots, u_n(x), \cdots,$$

则由这列函数构成的表达式

$$u_1(x)+u_2(x)+\cdots+u_n(x)+\cdots \tag{11.4.1}$$

称为定义在区间I上的**函数项级数**，记为$\sum_{n=1}^{\infty}u_n(x)$.

对于区间I上的任意一个值x_0，函数项级数（11.4.1）成为常数项级数

$$u_1(x_0)+u_2(x_0)+\cdots+u_n(x_0)+\cdots, \tag{11.4.2}$$

这个级数可能收敛，也可能发散. 如果级数（11.4.2）收敛，则称点x_0为函数项级数（11.4.1）的**收敛点**；如果级数（11.4.2）发散，则称点x_0为函数项级数（11.4.1）的**发散点**. 函数项级数（11.4.1）的收敛点的全体称为它的**收敛域**，发散点的全体称为它的**发散域**.

对应于收敛域内的任意一点x，函数项级数成为一个收敛的常数项级数，因而它有一个确定的和S. 这样，在收敛域内，函数项级数的和是x的函数，称为函数项级数的**和函数**，通常记为$S(x)$. 即

$$S(x)=\sum_{n=1}^{\infty}u_n(x)=u_1(x)+u_2(x)+\cdots+u_n(x)+\cdots.$$

显然，和函数的定义域即为函数项级数的收敛域. 将函数项级数（11.4.1）的前n项的部分和记作$S_n(x)$，则在收敛域上有

$$\lim_{n\to\infty}S_n(x)=S(x).$$

令$r_n(x)=S(x)-S_n(x)$，$r_n(x)$称为函数项级数的**余项**，并且$\lim_{n\to\infty}r_n(x)=0$.

下面我们讨论函数项级数中最简单且应用较多的一类——幂级数.

11.4.2 幂级数及其收敛域

形如

$$\sum_{n=0}^{\infty}a_nx^n=a_0+a_1x+a_2x^2+\cdots+a_nx^n+\cdots \tag{11.4.3}$$

或者

$$\sum_{n=0}^{\infty} a_n (x-x_0)^n = a_0 + a_1(x-x_0) + a_2(x-x_0)^2 + \cdots + a_n(x-x_0)^n + \cdots \qquad (11.4.4)$$

的函数项级数称为**幂级数**，其中常数 $a_0, a_1, \cdots, a_n, \cdots$ 称为**幂级数的系数**.

我们只研究形如（11.4.3）的幂级数. 因为经过变换 $t = x - x_0$，幂级数（11.4.4）就可化成幂级数（11.4.3）的形式，并不影响一般性.

显然，幂级数 $\sum_{n=0}^{\infty} a_n x^n$ 在 $x = 0$ 处是收敛的，它的收敛域内还有哪些点呢？

对于幂级数的收敛域，我们先来看一个简单的例子. 考察幂级数

$$1 + x + x^2 + \cdots + x^n + \cdots$$

这既是一个幂级数，也是一个等比级数，所以当 $|x| < 1$ 时，该级数收敛于和 $\frac{1}{1-x}$；当 $|x| \geqslant 1$ 时，该级数发散. 因此，这个幂级数的收敛域为开区间 $(-1,1)$，发散域为 $(-\infty,-1] \cup [1,+\infty)$ 及，并有

$$\frac{1}{1-x} = 1 + x + x^2 + \cdots + x^n + \cdots \quad (-1 < x < 1).$$

上述幂级数的收敛域是一个区间，这不是偶然的. 对一般的幂级数，有如下定理.

定理 11.4.1（阿贝尔定理）　若幂级数 $\sum_{n=0}^{\infty} a_n x^n$ 在 $x = x_0$（$x_0 \neq 0$）处收敛，则对于满足不等式 $|x| < |x_0|$ 的一切 x，幂级数 $\sum_{n=0}^{\infty} a_n x^n$ 都绝对收敛；反之，若幂级数 $\sum_{n=0}^{\infty} a_n x^n$ 在 $x = x_0$ 处发散，则对于满足不等式 $|x| > |x_0|$ 的一切 x，幂级数 $\sum_{n=0}^{\infty} a_n x^n$ 都发散.

证明　设幂级数 $\sum_{n=0}^{\infty} a_n x^n$ 在 $x = x_0$ 处收敛，即级数 $\sum_{n=0}^{\infty} a_n {x_0}^n$ 收敛. 由级数收敛的必要条件可知

$$\lim_{n\to\infty} a_n {x_0}^n = 0 .$$

因为收敛数列是有界的，故存在常数 M，使得

$$\left|a_n {x_0}^n\right| \leqslant M \quad (n = 1,2,\cdots).$$

这样幂级数 $\sum_{n=0}^{\infty} a_n x^n$ 的一般项的绝对值

$$\left|a_n x^n\right| = \left|a_n {x_0}^n\right| \left|\frac{x}{x_0}\right|^n \leqslant M \left|\frac{x}{x_0}\right|^n .$$

当$|x|<|x_0|$时，$\left|\frac{x}{x_0}\right|<1$，等比级数$\sum_{n=0}^{\infty}M\left|\frac{x}{x_0}\right|^n$收敛，由比较审敛法知，级数$\sum_{n=0}^{\infty}|a_nx^n|$收敛，所以级数$\sum_{n=0}^{\infty}a_nx^n$绝对收敛.

定理的第二部分可用反证法证明．在$x=x_0$处发散时，假设存在一点x_1满足不等式$|x|>|x_0|$，且使得级数$\sum_{n=0}^{\infty}a_nx_1{}^n$收敛，由于$|x_0|<|x_1|$，由定理的前半部分，知幂级数$\sum_{n=0}^{\infty}a_nx^n$在$x=x_0$处收敛．这与假设矛盾，定理得证.

定理 11.4.1 指出：如果幂级数$\sum_{n=0}^{\infty}a_nx^n$不是仅在$x=0$一点收敛，也不是在整个数轴上都收敛，则必存在一个确定的正数R，当$|x|<R$时，幂级数绝对收敛；当$|x|>R$时，幂级数发散；当$x=\pm R$时，幂级数可能收敛也可能发散.

我们通常称R为幂级数$\sum_{n=0}^{\infty}a_nx^n$的**收敛半径**．开区间$(-R,R)$称为幂级数$\sum_{n=0}^{\infty}a_nx^n$的**收敛区间**．再根据幂级数在端点$x=\pm R$处的收敛性，可以确定其收敛域是下述四种区间之一：

$$(-R,R)，\ [-R,R)，\ (-R,R]，\ [-R,R].$$

如果幂级数$\sum_{n=0}^{\infty}a_nx^n$仅在$x=0$一点收敛，规定其收敛半径$R=0$，如果幂级数$\sum_{n=0}^{\infty}a_nx^n$对于一切$x$都收敛，则规定其收敛半径$R=+\infty$，这时收敛域是$(-\infty,+\infty)$.

对于幂级数的收敛半径R，有以下简单的求法.

定理 11.4.2 给定幂级数$\sum_{n=0}^{\infty}a_nx^n$，如果

$$\lim_{n\to\infty}\left|\frac{a_{n+1}}{a_n}\right|=\rho,$$

则这个幂级数的收敛半径R可以确定如下：

（1）若$0<\rho<+\infty$，则$R=\frac{1}{\rho}$；

（2）若$\rho=0$，则$R=+\infty$；

（3）若$\rho=+\infty$，则$R=0$.

证明　考虑正项级数$\sum\limits_{n=0}^{\infty}\left|a_n x^n\right|$，有

$$\lim_{n\to\infty}\left|\frac{a_{n+1}x^{n+1}}{a_n x^n}\right|=\lim_{n\to\infty}\left|\frac{a_{n+1}}{a_n}\right||x|=\rho|x|.$$

（1）若$0<\rho<+\infty$，则由比值审敛法可知，当$\rho|x|<1$，即$|x|<\dfrac{1}{\rho}$时，级数$\sum\limits_{n=0}^{\infty}\left|a_n x^n\right|$收敛，从而幂级数$\sum\limits_{n=0}^{\infty}a_n x^n$绝对收敛；当$\rho|x|>1$，即$|x|>\dfrac{1}{\rho}$时，级数$\sum\limits_{n=0}^{\infty}\left|a_n x^n\right|$发散，且$\lim\limits_{n\to\infty}a_n x^n\neq 0$，从而幂级数$\sum\limits_{n=0}^{\infty}a_n x^n$发散．所以收敛半径$R=\dfrac{1}{\rho}$．

（2）若$\rho=0$，则对任意$x\neq 0$，有

$$\lim_{n\to\infty}\left|\frac{a_{n+1}x^{n+1}}{a_n x^n}\right|=\lim_{n\to\infty}\left|\frac{a_{n+1}}{a_n}\right||x|=0<1,$$

于是对任意$x\neq 0$，幂级数$\sum\limits_{n=0}^{\infty}a_n x^n$都绝对收敛，所以收敛半径$R=+\infty$．

（3）若$\rho=+\infty$，则对任意$x\neq 0$，有

$$\lim_{n\to\infty}\left|\frac{a_{n+1}x^{n+1}}{a_n x^n}\right|=\lim_{n\to\infty}\left|\frac{a_{n+1}}{a_n}\right||x|=+\infty,$$

于是$\lim\limits_{n\to\infty}a_n x^n\neq 0$，从而幂级数$\sum\limits_{n=0}^{\infty}a_n x^n$发散．所以收敛半径$R=0$．

例 11.4.1　求幂级数$\sum\limits_{n=0}^{\infty}\dfrac{x^n}{n!}$的收敛域.

解　因为

$$\rho=\lim_{n\to\infty}\left|\frac{a_{n+1}}{a_n}\right|=\lim_{n\to\infty}\frac{\frac{1}{(n+1)!}}{\frac{1}{n!}}=\lim_{n\to\infty}\frac{1}{n+1}=0,$$

所以$R=+\infty$，收敛域为$(-\infty,+\infty)$．

例 11.4.2　求幂级数$\sum\limits_{n=1}^{\infty}\dfrac{1}{5n}(x-2)^n$的收敛域.

解　因为

$$\rho=\lim_{n\to\infty}\left|\frac{a_{n+1}}{a_n}\right|=\lim_{n\to\infty}\frac{\frac{1}{5(n+1)}}{\frac{1}{5n}}=1,$$

所以 $R=1$，即当 $|x-2|<1$ 时，级数绝对收敛，于是收敛区间为 $(1,3)$．

当 $x=1$ 时，级数为 $\sum_{n=1}^{\infty}\frac{(-1)^n}{5n}$，是收敛的；当 $x=3$ 时，级数为 $\sum_{n=1}^{\infty}\frac{1}{5n}$，是发散的．所以收敛域为 $[1,3)$．

例 11.4.3 求幂级数 $\sum_{n=1}^{\infty}\frac{x^{2n-1}}{n\cdot 3^n}$ 的收敛域.

解 级数缺少偶次幂的项，定理 11.4.2 不能直接应用．我们根据比值审敛法来求收敛半径.

$$\lim_{n\to\infty}\left|\frac{\dfrac{x^{2n+1}}{(n+1)3^{n+1}}}{\dfrac{x^{2n-1}}{n3^n}}\right|=\lim_{n\to\infty}\frac{n}{3(n+1)}x^2=\frac{x^2}{3},$$

当 $\frac{x^2}{3}<1$，即 $|x|<\sqrt{3}$ 时，级数收敛；当 $\frac{x^2}{3}>1$，即 $|x|>\sqrt{3}$ 时，级数发散．所以收敛半径 $R=\sqrt{3}$．

当 $x=\sqrt{3}$ 时，级数为 $\sum_{n=0}^{\infty}\frac{1}{\sqrt{3}n}$，是发散的；当 $x=-\sqrt{3}$ 时，级数为 $\sum_{n=0}^{\infty}\frac{-1}{\sqrt{3}n}$，是发散的．所以收敛域为 $(-\sqrt{3},\sqrt{3})$．

11.4.3 幂级数的运算及性质

设幂级数

$$\sum_{n=0}^{\infty}a_nx^n=a_0+a_1x+a_2x^2+\cdots+a_nx^n+\cdots$$

及

$$\sum_{n=0}^{\infty}b_nx^n=b_0+b_1x+b_2x^2+\cdots+b_nx^n+\cdots$$

的收敛半径分别为 R_1 和 R_2，则两个幂级数可以进行下列四则运算：

加、减法

$$\begin{aligned}&\left(\sum_{n=0}^{\infty}a_nx^n\right)\pm\left(\sum_{n=0}^{\infty}b_nx^n\right)\\&=(a_0+a_1x+a_2x^2+\cdots+a_nx^n+\cdots)\pm(b_0+b_1x+b_2x^2+\cdots+b_nx^n+\cdots)\\&=(a_0\pm b_0)+(a_1\pm b_1)x+(a_2\pm b_2)x^2+\cdots+(a_n\pm b_n)x^n+\cdots\\&=\sum_{n=0}^{\infty}(a_n\pm b_n)x^n.\end{aligned}$$

且新的幂级数的收敛半径 $R=\min\{R_1,R_2\}$.

乘法

$$\left(\sum_{n=0}^{\infty}a_nx^n\right)\cdot\left(\sum_{n=0}^{\infty}b_nx^n\right)$$
$$=(a_0+a_1x+a_2x^2+\cdots+a_nx^n+\cdots)\cdot(b_0+b_1x+b_2x^2+\cdots+b_nx^n+\cdots)$$
$$=a_0b_0+(a_0b_1+a_1b_0)x+(a_0b_2+a_1b_1+a_2b_0)x^2+\cdots$$
$$+(a_0b_n+a_1b_{n-1}+\cdots+a_{n-1}b_1+a_nb_0)x^n+\cdots.$$

且新的幂级数的收敛半径 $R=\min\{R_1,R_2\}$.

除法

$$\frac{\sum_{n=0}^{\infty}a_nx^n}{\sum_{n=0}^{\infty}b_nx^n}=\sum_{n=0}^{\infty}c_nx^n,$$

这里假设 $b_0\neq0$. 为了确定系数 $c_0,c_1,\cdots,c_n,\cdots$ ，可以通过乘法

$$\sum_{n=0}^{\infty}a_nx^n=\left(\sum_{n=0}^{\infty}b_nx^n\right)\cdot\left(\sum_{n=0}^{\infty}c_nx^n\right)$$

让等式两端同次幂系数相等而依次求出. 但需要注意的是新的幂级数的收敛半径比 R_1，R_2 要小得多.

关于幂级数的和函数有下列重要性质（证明略）:

性质 11.4.1　幂级数 $\sum_{n=0}^{\infty}a_nx^n$ 的和函数 $S(x)$ 在其收敛域 I 上连续.

性质 11.4.2　幂级数 $\sum_{n=0}^{\infty}a_nx^n$ 的和函数 $S(x)$ 在其收敛域 I 上可积，且有逐项积分公式

$$\int_0^x S(x)\mathrm{d}x=\int_0^x\left(\sum_{n=0}^{\infty}a_nx^n\right)\mathrm{d}x=\sum_{n=0}^{\infty}\int_0^x a_nx^n\mathrm{d}x=\sum_{n=0}^{\infty}\frac{a_n}{n+1}x^{n+1}\quad(x\in I),$$

逐项积分后所得的幂级数与原幂级数有相同的收敛半径.

性质 11.4.3　幂级数 $\sum_{n=0}^{\infty}a_nx^n$ 的和函数 $S(x)$ 在其收敛区间 $(-R,+R)$ 内可导，且有逐项求导公式

$$S'(x)=\left(\sum_{n=0}^{\infty}a_nx^n\right)'=\sum_{n=0}^{\infty}(a_nx^n)'=\sum_{n=1}^{\infty}na_nx^{n-1}\quad(|x|<R),$$

逐项求导后所得的幂级数与原幂级数有相同的收敛半径.

显然，幂级数$\sum_{n=0}^{\infty} a_n x^n$的和函数$S(x)$在其收敛区间$(-R,+R)$内具有任意阶导数.

例 11.4.4 求幂级数$\sum_{n=0}^{\infty}(-1)^n \frac{x^{2n+1}}{2n+1}$的和函数，并求级数$\sum_{n=0}^{\infty}\frac{(-1)^n}{(2n+1)\cdot 3^n}$的和.

解 先求收敛域. 因为

$$\lim_{n\to\infty}\left|\frac{(-1)^{n+1}\dfrac{x^{2n+3}}{2n+3}}{(-1)^n\dfrac{x^{2n+1}}{2n+1}}\right| = \lim_{n\to\infty}\frac{2n+1}{2n+3}x^2 = x^2,$$

所以，当$x^2<1$，即$|x|<1$时，级数绝对收敛；当$x^2>1$，即$|x|>1$时，级数发散. 所以收敛半径$R=1$.

当$x=1$时，级数为$\sum_{n=0}^{\infty}(-1)^n\frac{1}{2n+1}$，是收敛的；当$x=-1$时，级数为$\sum_{n=0}^{\infty}(-1)^{n+1}\frac{1}{2n+1}$，是收敛的. 所以收敛域为$[-1,1]$.

设和函数为$S(x)$，即

$$S(x)=\sum_{n=0}^{\infty}(-1)^n\frac{x^{2n+1}}{2n+1} \quad (-1\leqslant x\leqslant 1),$$

则

$$S'(x)=\left[\sum_{n=0}^{\infty}(-1)^n\frac{x^{2n+1}}{2n+1}\right]'=\sum_{n=0}^{\infty}\left[(-1)^n\frac{x^{2n+1}}{2n+1}\right]'$$
$$=\sum_{n=0}^{\infty}(-1)^n x^{2n}=\sum_{n=0}^{\infty}(-x^2)^n=\frac{1}{1+x^2} \quad (-1<x<1).$$

所以

$$S(x)=\int_0^x \frac{1}{1+x^2}\mathrm{d}x=\arctan x \quad (-1\leqslant x\leqslant 1).$$

即

$$\sum_{n=0}^{\infty}(-1)^n\frac{x^{2n+1}}{2n+1}=\arctan x \quad (-1\leqslant x\leqslant 1).$$

由上式可知

$$\sum_{n=0}^{\infty}(-1)^n\frac{1}{(2n+1)\cdot 3^n}=\sum_{n=0}^{\infty}(-1)^n\frac{1}{(2n+1)\cdot(\sqrt{3})^{2n}}$$
$$=\sum_{n=0}^{\infty}(-1)^n\frac{\sqrt{3}}{(2n+1)\cdot(\sqrt{3})^{2n+1}}$$

$$=\sqrt{3}\sum_{n=0}^{\infty}(-1)^n\frac{1}{(2n+1)}\left(\frac{1}{\sqrt{3}}\right)^{2n+1}$$
$$=\sqrt{3}\arctan\left(\frac{1}{\sqrt{3}}\right)=\frac{\sqrt{3}}{6}\pi.$$

习题 11.4

1．求下列幂级数的收敛域：

（1）$\sum_{n=1}^{\infty}nx^n$；　　（2）$\sum_{n=1}^{\infty}\frac{x^n}{3^n}$；

（3）$\sum_{n=1}^{\infty}\frac{n!}{2n+1}x^n$；　　（4）$\sum_{n=1}^{\infty}\frac{(x-5)^n}{\sqrt{n}}$；

（5）$\sum_{n=1}^{\infty}\frac{3^n+(-2)^n}{n}(x+1)^n$；　　（6）$\sum_{n=1}^{\infty}(-1)^{n-1}\frac{x^{2n+1}}{2n+1}$；

（7）$\sum_{n=2}^{\infty}\frac{(2x)^n}{n(n-1)}$.

2．求下列幂级数的收敛域及和函数：

（1）$\sum_{n=1}^{\infty}nx^{n-1}$；　　（2）$\sum_{n=1}^{\infty}\frac{x^n}{n}$；

（3）$\sum_{n=0}^{\infty}(n+1)(n+2)x^n$.

11.5　函数展开成幂级数

11.5.1　泰勒级数

由上一节我们看到，幂级数在收敛域内可以表示一个函数．由于幂级数有许多优越的性质，这使我们很自然地想到，能否把一个函数 $f(x)$ 表示为幂级数呢？即是否能找到一个幂级数，它在某个区间内收敛，且和函数恰好是 $f(x)$？如果能找到这样的幂级数，就称 $f(x)$ 在这个区间内能展开成幂级数．下面我们来讨论这个问题．

如果函数 $f(x)$ 在点 x_0 的某邻域内能展开成 $(x-x_0)$ 的幂级数，即

$$f(x)=a_0+a_1(x-x_0)+a_2(x-x_0)^2+\cdots+a_n(x-x_0)^n+\cdots.$$

由于幂级数的和函数在其收敛区间内具有任意阶导数，则

$$f'(x)=a_1+2a_2(x-x_0)+3a_3(x-x_0)^2+\cdots+na_n(x-x_0)^{n-1}+\cdots,$$
$$f''(x)=2!a_2+3\cdot 2a_3(x-x_0)+\cdots+n(n-1)a_n(x-x_0)^{n-2}+\cdots,$$
$$\cdots\cdots$$
$$f^{(n)}(x)=n!a_n+(n+1)n+\cdots+2a_{n+1}(x-x_0)+\cdots,$$
$$\cdots\cdots$$

在以上各式两端令 $x=x_0$，可得

$$f(x_0)=a_0，\quad f'(x_0)=a_1，\quad f''(x_0)=2!a_2，\quad \cdots，\quad f^{(n)}(x_0)=n!a_n，\quad \cdots.$$

所以有

$$a_0=f(x_0)，\quad a_1=f'(x_0)，\quad a_2=\frac{f''(x_0)}{2!}，\quad \cdots，\quad a_n=\frac{f^{(n)}(x_0)}{n!}，\quad \cdots.$$

这样我们就给出了幂级数系数的表达式，将上述系数代入幂级数，得

$$f(x_0)+f'(x_0)(x-x_0)+\frac{f''(x_0)}{2!}(x-x_0)^2+\cdots+\frac{f^{(n)}(x_0)}{n!}(x-x_0)^n+\cdots, \qquad (11.5.1)$$

这个级数称为 $f(x)$ 在点 x_0 处的**泰勒级数**.

显然，当 $x=x_0$ 时，$f(x)$ 的泰勒级数收敛于 $f(x_0)$，但除了 $x=x_0$ 外，它是否收敛？如果收敛，它是否一定收敛于 $f(x)$（此时称函数 $f(x)$ 展开成泰勒级数）？对于这些问题，有下述定理.

定理 11.5.1 如果函数 $f(x)$ 在点 x_0 的某一邻域 $U(x_0)$ 内具有任意阶导数，则在该邻域内 $f(x)$ 可以展开为泰勒级数的充要条件是，在该邻域内 $f(x)$ 的泰勒公式中的余项 $R_n(x)$ 当 $n\to\infty$ 时的极限为零，即

$$\lim_{n\to\infty}R_n(x)=0，\quad x\in U(x_0).$$

证明 利用 $f(x)$ 的 n 阶泰勒公式（详见第 3 章 3.3 节），有

$$f(x)=P_n(x)+R_n(x)，$$

其中

$$P_n(x)=f(x_0)+f'(x_0)(x-x_0)+\frac{f''(x_0)}{2!}(x-x_0)^2+\cdots+\frac{f^{(n)}(x_0)}{n!}(x-x_0)^n$$

是函数 $f(x)$ 的 n 次泰勒多项式，是级数（11.5.1）的前 $n+1$ 项的和.

先证必要性 如果 $f(x)$ 在点 x_0 处可以展开为泰勒级数，即

$$f(x)=f(x_0)+f'(x_0)(x-x_0)+\frac{f''(x_0)}{2!}(x-x_0)^2+\cdots+\frac{f^{(n)}(x_0)}{n!}(x-x_0)^n+\cdots,$$

则

$$\lim_{n\to\infty}P_n(x)=f(x)，$$

所以

$$\lim_{n\to\infty}R_n(x)=\lim_{n\to\infty}[f(x)-P_n(x)]=0.$$

再证充分性　如果 $\lim\limits_{n\to\infty} R_n(x)=0$ 对一切 $x\in U(x_0)$ 成立，由于

$$P_n(x)=f(x)-R_n(x),$$

所以
$$\lim_{n\to\infty} P_n(x)=\lim_{n\to\infty}[f(x)-R_n(x)]=f(x),$$

即 $f(x)$ 的泰勒级数在 $x\in U(x_0)$ 内收敛，并且收敛于 $f(x)$.

在泰勒级数中，取 $x_0=0$，得级数

$$f(0)+f'(0)x+\frac{f''(0)}{2!}x^2+\cdots+\frac{f^{(n)}(0)}{n!}x^n+\cdots, \tag{11.5.2}$$

称为 $f(x)$ 的**麦克劳林级数**，即 x 的**幂级数**，这是我们要重点讨论的情形.

11.5.2　直接展开与间接展开

要把 $f(x)$ 展开成 x 的幂级数，可以按照下列步骤进行：

（1）求出 $f(x)$ 的各阶导数；

（2）求出 $f(x)$ 及其各阶导数在 $x=0$ 处的值；

（3）写出幂级数

$$f(0)+f'(0)x+\frac{f''(0)}{2!}x^2+\cdots+\frac{f^{(n)}(0)}{n!}x^n+\cdots,$$

并求出收敛半径 R；

（4）考察当 $x\in(-R,R)$ 时，余项

$$R_n(x)=\frac{f^{(n+1)}(\xi)}{(n+1)!}x^{n+1}\quad（\xi\text{ 在 }0\text{ 与 }x\text{ 之间}）$$

的极限是否为零，若 $\lim\limits_{n\to\infty} R_n(x)=0$，则有

$$f(x)=f(0)+f'(0)x+\frac{f''(0)}{2!}x^2+\cdots+\frac{f^{(n)}(0)}{n!}x^n+\cdots,\quad x\in(-R,R).$$

上述方法我们称为**直接展开法**.

例 11.5.1　将函数 $f(x)=\mathrm{e}^x$ 展开成 x 的幂级数.

解　因为 $f'(x)=\mathrm{e}^x$，$f''(x)=\mathrm{e}^x$，…，$f^{(n)}(x)=\mathrm{e}^x$，…，

从而 $f(0)=1$，$f'(0)=1$，$f''(0)=1$，…，$f^{(n)}(0)=1$，…. 于是得级数

$$1+x+\frac{1}{2!}x^2+\cdots+\frac{1}{n!}x^n+\cdots,$$

其收敛半径 $R=+\infty$.

对任意的实数 x 与 ξ（ξ 在 0 与 x 之间），余项的绝对值

$$|R_n(x)|=\left|\frac{f^{(n+1)}(\xi)}{(n+1)!}x^{n+1}\right|=\left|\frac{\mathrm{e}^{\xi}}{(n+1)!}x^{n+1}\right|\leqslant \mathrm{e}^{|x|}\cdot\frac{|x|^{n+1}}{(n+1)!},$$

考察级数 $\sum_{n=0}^{\infty}\frac{|x|^{n+1}}{(n+1)!}$，由比值审敛法可知其收敛，所以 $\lim_{n\to\infty}\frac{|x|^{n+1}}{(n+1)!}=0$，于是对于 $(-\infty,+\infty)$ 内的一切 x，有

$$\lim_{n\to\infty}R_n(x)=0\text{.}$$

所以

$$\mathrm{e}^x=1+x+\frac{1}{2!}x^2+\cdots+\frac{1}{n!}x^n+\cdots\quad(-\infty<x<+\infty).\tag{11.5.3}$$

例 11.5.2 将函数 $f(x)=\sin x$ 展开成 x 的幂级数.

解 因为 $f^{(n)}(x)=\sin\left(x+\frac{n}{2}\pi\right)$，从而

$$f(0)=0,\quad f'(0)=1,\quad f''(0)=0,\quad f'''(0)=-1,\quad \cdots,$$

$f^{(n)}(0)$ 依次循环地取 0, 1, 0, −1（$n=0,1,2,\cdots$），于是得级数

$$x-\frac{x^3}{3!}+\frac{x^5}{5!}-\frac{x^7}{7!}+\cdots+(-1)^k\frac{x^{2k+1}}{(2k+1)!}+\cdots,$$

其收敛半径 $R=+\infty$.

对任意的实数 x，余项的绝对值

$$|R_n(x)|=\left|\frac{\sin\left[\xi+\frac{(n+1)\pi}{2}\right]}{(n+1)!}x^{n+1}\right|\leqslant\frac{|x|^{n+1}}{(n+1)!}\to 0\quad(n\to\infty).$$

所以

$$\sin x=x-\frac{x^3}{3!}+\frac{x^5}{5!}-\frac{x^7}{7!}+\cdots+(-1)^k\frac{x^{2k+1}}{(2k+1)!}+\cdots\quad(-\infty<x<+\infty).\tag{11.5.4}$$

例 11.5.3 将函数 $f(x)=\cos x$ 展开成 x 的幂级数.

解 因为 $(\sin x)'=\cos x$，故对（11.5.4）逐项求导可得到 $\cos x$ 的展开式，即

$$\begin{aligned}\cos x=(\sin x)'&=\left[x-\frac{x^3}{3!}+\frac{x^5}{5!}-\frac{x^7}{7!}+\cdots+(-1)^k\frac{x^{2k+1}}{(2k+1)!}+\cdots\right]'\\&=1-\frac{x^2}{2!}+\frac{x^4}{4!}-\frac{x^6}{6!}+\cdots+(-1)^k\frac{x^{2k}}{(2k)!}+\cdots,\end{aligned}$$

由幂级数和函数的性质可知，上式的收敛半径 $R=+\infty$，因此得到

$$\cos x=1-\frac{x^2}{2!}+\frac{x^4}{4!}-\frac{x^6}{6!}+\cdots+(-1)^k\frac{x^{2k}}{(2k)!}+\cdots\quad(-\infty<x<+\infty).\tag{11.5.5}$$

例 11.5.3 所采用的展开法称为**间接展开法**，即利用已知函数的幂级数展开式，通过适当的变量代换及幂级数的运算，可以较简单地将一些函数展开成幂级数.

前面已经求出几个常用的幂级数的展开式：

$$e^x=\sum_{n=0}^{\infty}\frac{1}{n!}x^n\quad(-\infty<x<+\infty),$$

$$\sin x=\sum_{n=0}^{\infty}(-1)^n\frac{x^{2n+1}}{(2n+1)!}\quad(-\infty<x<+\infty),$$

$$\cos x=\sum_{n=0}^{\infty}(-1)^n\frac{x^{2n}}{(2n)!}\quad(-\infty<x<+\infty),$$

$$\frac{1}{1-x}=\sum_{n=0}^{\infty}x^n\quad(-1<x<1).\tag{11.5.6}$$

此外，还可以得到

$$\ln(1+x)=\sum_{n=0}^{\infty}\frac{(-1)^n}{n+1}x^{n+1}\quad(-1<x\leqslant 1),\tag{11.5.7}$$

$$(1+x)^m=1+\sum_{n=1}^{\infty}\frac{m(m-1)\cdots(m-n+1)}{n!}x^n\quad(-1<x<1).\tag{11.5.8}$$

其中公式（11.5.8）在区间端点处是否成立要由 m 的具体数值而定.

例 11.5.4　将函数 $f(x)=\dfrac{x}{1+x^2}$ 展开成 x 的幂级数.

解　将公式（11.5.6）中的 x 换为 $-x^2$，可得

$$\frac{1}{1+x^2}=\sum_{n=0}^{\infty}(-x^2)^n=1-x^2+x^4-\cdots+(-1)^n x^{2n}+\cdots\quad(-1<x<1).$$

故

$$f(x)=\frac{x}{1+x^2}=x-x^3+x^5-\cdots+(-1)^n x^{2n+1}+\cdots\quad(-1<x<1).$$

例 11.5.5　将函数 $f(x)=\dfrac{1}{x^2+4x+3}$ 展开成 x 的幂级数.

解　由于 $\dfrac{1}{x^2+4x+3}=\dfrac{1}{(x+1)(x+3)}=\dfrac{1}{2}\left(\dfrac{1}{1+x}-\dfrac{1}{3+x}\right)$，

其中

$$\frac{1}{1+x}=\sum_{n=0}^{\infty}(-x)^n=\sum_{n=0}^{\infty}(-1)^n x^n\qquad(-1<x<1),$$

$$\frac{1}{3+x}=\frac{1}{3}\cdot\frac{1}{1+\frac{x}{3}}=\frac{1}{3}\sum_{n=0}^{\infty}\left(-\frac{x}{3}\right)^n=\sum_{n=0}^{\infty}(-1)^n\frac{1}{3^{n+1}}x^n\quad(-3<x<3).$$

故

$$f(x)=\frac{1}{x^2+4x+3}=\frac{1}{2}\left(\sum_{n=0}^{\infty}(-1)^n x^n-\sum_{n=0}^{\infty}(-1)^n\frac{1}{3^{n+1}}x^n\right)$$

$$=\frac{1}{2}\sum_{n=0}^{\infty}(-1)^n\left(1-\frac{1}{3^{n+1}}\right)x^n \quad (-1<x<1).$$

例 11.5.6 将函数 $f(x)=\ln x$ 展开成 $x-2$ 的幂级数.

解 由于

$$f(x)=\ln x=\ln(2+x-2)=\ln 2+\ln\left(1+\frac{x-2}{2}\right),$$

将公式（11.5.7）中的 x 换为 $\frac{x-2}{2}$，可得

$$\begin{aligned}f(x)=\ln x&=\ln 2+\sum_{n=0}^{\infty}\frac{(-1)^n}{n+1}\left(\frac{x-2}{2}\right)^{n+1}\\&=\ln 2+\sum_{n=0}^{\infty}\frac{(-1)^n}{(n+1)\cdot 2^{n+1}}(x-2)^{n+1},\end{aligned}$$

其中 $-1<\frac{x-2}{2}\leqslant 1$，即 $0<x\leqslant 4$.

例 11.5.7 将函数 $f(x)=\arctan x$ 展开成 x 的幂级数.

解 由于

$$f(x)=\arctan x=\int_0^x\frac{1}{1+x^2}\mathrm{d}x,$$

而由公式（11.5.6）可得

$$\frac{1}{1+x^2}=\sum_{n=0}^{\infty}(-x^2)^n=1-x^2+x^4-\cdots+(-1)^n x^{2n}+\cdots \quad (-1<x<1),$$

将此等式两端在区间 $[0,x]$ 上积分，得

$$f(x)=\arctan x=x-\frac{1}{3}x^3+\frac{1}{5}x^5-\cdots+(-1)^n\frac{1}{2n+1}x^{2n+1}+\cdots \quad (-1\leqslant x\leqslant 1).$$

最后，当 $x=\pm 1$ 时级数收敛，而 $f(x)=\arctan x$ 在 $x=\pm 1$ 处连续，故上式在 $[-1,1]$ 上成立.

例 11.5.7 由于利用了逐项积分，就有可能会改变收敛区间端点处的收敛性，因此要注意判断展开式在端点处是否成立.

习题 11.5

1．将下列函数展开成 x 的幂级数，并求展开式成立的区间.

（1）a^x；（2）$\cos^2 x$；

（3）$\sin\left(x+\frac{\pi}{4}\right)$；（4）$\ln\sqrt{\frac{1+x}{1-x}}$；

（5）$(1+x)\ln(1+x)$.

2．将函数 $f(x)=\dfrac{1}{2+x}$ 展开成 $(x-1)$ 的幂级数，并求展开式成立的区间.

3．将函数 $f(x)=\ln\dfrac{1}{2+2x+x^2}$ 展开成 $(x+1)$ 的幂级数，并求展开式成立的区间.

4．将函数 $f(x)=\cos x$ 展开成 $\left(x+\dfrac{\pi}{3}\right)$ 的幂级数，并求展开式成立的区间.

11.6　傅里叶级数

本节将讨论另一类在理论和应用上都很重要的函数项级数，即三角级数，其一般项由三角函数组成，它在研究周期性物理现象如机械振动和电子线路中周期信号的放大等问题中有着广泛的应用.

11.6.1　三角函数系与三角级数

我们称

$$1,\ \cos x,\ \sin x,\ \cos 2x,\ \sin 2x,\ \cdots,\ \cos nx,\ \sin nx,\ \cdots$$

为一个**三角函数系**.

三角函数系的**正交性**是指在三角函数系中任取两个不同函数，它们的乘积在区间 $[-\pi,\pi]$ 上的积分为零，即有以下 5 个等式：

$$\int_{-\pi}^{\pi}\cos nx\mathrm{d}x=0\quad(n=1,2,3,\cdots),$$

$$\int_{-\pi}^{\pi}\sin nx\mathrm{d}x=0\quad(n=1,2,3,\cdots),$$

$$\int_{-\pi}^{\pi}\sin kx\cos nx\mathrm{d}x=0\quad(k,n=1,2,3,\cdots),$$

$$\int_{-\pi}^{\pi}\cos kx\cos nx\mathrm{d}x=0\quad(k,n=1,2,3,\cdots,\ k\neq n),$$

$$\int_{-\pi}^{\pi}\sin kx\sin nx\mathrm{d}x=0\quad(k,n=1,2,3,\cdots,\ k\neq n).$$

以上等式都可以通过计算定积分的值来验证，如第四式验证如下：

利用三角函数中的积化和差公式

$$\cos kx\cos nx=\frac{1}{2}[\cos(k+n)x+\cos(k-n)x],$$

当 $k\neq n$ 时，有

$$\int_{-\pi}^{\pi}\cos kx\cos nx\mathrm{d}x=\frac{1}{2}\int_{-\pi}^{\pi}[\cos(k+n)x+\cos(k-n)x]\mathrm{d}x$$

$$=\frac{1}{2}\left[\frac{\sin(k+n)x}{k+n}+\frac{\sin(k-n)x}{k-n}\right]_{-\pi}^{\pi}$$

$$=0 \quad (k,n=1,2,3,\cdots,\quad k\neq n).$$

其他等式请读者自行验证.

需要注意的是：在三角函数系中，两个相同函数的乘积在区间$[-\pi,\pi]$上的积分不等于零. 即，$\int_{-\pi}^{\pi}1^2\mathrm{d}x=2\pi$，$\int_{-\pi}^{\pi}\sin^2 nx\mathrm{d}x=\pi$，$\int_{-\pi}^{\pi}\cos^2 nx\mathrm{d}x=\pi$（$n=1,2,3,\cdots$）.

11.6.2 函数展开成傅里叶级数

设a_0，a_1，b_1，…，a_n，b_n…为常数，则称表达式

$$\frac{a_0}{2}+\sum_{n=1}^{\infty}(a_n\cos nx+b_n\sin nx)$$

为**三角级数**.

对于三角级数，我们需要解决以下三个问题：

（1）$f(x)$满足什么条件可以展开成三角级数？

（2）如果$f(x)$可以展开成三角级数，系数a_0，a_n，b_n（$n=1,2,3,\cdots$）如何确定？

（3）$f(x)$的三角级数的收敛性如何？

第（1）个问题和第（3）个问题可由狄利克雷（Dirichlet）充分条件给出答案，现在我们利用三角函数系的正交性解决第（2）个问题.

设$f(x)$可以展开成三角级数，即

$$f(x)=\frac{a_0}{2}+\sum_{n=1}^{\infty}(a_n\cos nx+b_n\sin nx). \tag{11.6.1}$$

对上式两边从$-\pi$到π积分（三角级数可逐项积分），则有

$$\int_{-\pi}^{\pi}f(x)\mathrm{d}x=\int_{-\pi}^{\pi}\frac{a_0}{2}\mathrm{d}x+\sum_{n=1}^{\infty}\left[a_n\int_{-\pi}^{\pi}\cos nx\mathrm{d}x+b_n\int_{-\pi}^{\pi}\sin nx\mathrm{d}x\right],$$

由三角函数系的正交性，等式右端除第一项外，其余各项均为零，所以

$$\int_{-\pi}^{\pi}f(x)\mathrm{d}x=\int_{-\pi}^{\pi}\frac{a_0}{2}\mathrm{d}x=a_0\pi$$

于是

$$a_0=\frac{1}{\pi}\int_{-\pi}^{\pi}f(x)\mathrm{d}x.$$

在式（11.6.1）两边同乘以$\cos kx$，再从$-\pi$到π积分，得

$$\int_{-\pi}^{\pi}f(x)\cos kx\mathrm{d}x=\frac{a_0}{2}\int_{-\pi}^{\pi}\cos kx\mathrm{d}x+\sum_{n=1}^{\infty}\left[a_n\int_{-\pi}^{\pi}\cos kx\cos nx\mathrm{d}x+b_n\int_{-\pi}^{\pi}\cos kx\sin nx\mathrm{d}x\right].$$

由三角函数系的正交性，等式右端除 $n=k$ 的项外，其余各项均为零，所以

$$\int_{-\pi}^{\pi} f(x)\cos kx\mathrm{d}x = a_k\int_{-\pi}^{\pi}\cos^2 kx\mathrm{d}x = a_k\pi,$$

于是

$$a_k = \frac{1}{\pi}\int_{-\pi}^{\pi} f(x)\cos kx\mathrm{d}x \quad (k=1,2,3,\cdots).$$

即

$$a_n = \frac{1}{\pi}\int_{-\pi}^{\pi} f(x)\cos nx\mathrm{d}x \quad (n=1,2,3,\cdots).$$

类似地，在式（11.6.1）两边同乘以 $\sin kx$，再从 $-\pi$ 到 π 积分，可得到

$$b_n = \frac{1}{\pi}\int_{-\pi}^{\pi} f(x)\sin nx\mathrm{d}x \quad (n=1,2,3,\cdots).$$

综合以上结果，我们有

$$\begin{cases} a_n = \dfrac{1}{\pi}\displaystyle\int_{-\pi}^{\pi} f(x)\cos nx\mathrm{d}x\ (n=0,1,2,\cdots), \\ b_n = \dfrac{1}{\pi}\displaystyle\int_{-\pi}^{\pi} f(x)\sin nx\mathrm{d}x\ (n=1,2,3,\cdots). \end{cases} \tag{11.6.2}$$

如果式（11.6.2）中的积分都存在，这时所确定的系数 $a_0, a_1, b_1, \cdots$ 叫作函数 $f(x)$ 的**傅里叶**（Fourier）**系数**，将这些系数代入三角级数，此时级数

$$\frac{a_0}{2}+\sum_{n=1}^{\infty}(a_n\cos nx + b_n\sin nx)$$

称为 $f(x)$ 的**傅里叶级数**.

定理 11.6.1（收敛定理，狄利克雷充分条件） 设 $f(x)$ 是周期为 2π 的周期函数，且 $f(x)$ 在 $[-\pi,\pi]$ 上满足：

（1）连续或仅有有限个第一类间断点；

（2）至多只有有限个极值点.

则 $f(x)$ 的傅里叶级数收敛，并且

当 x 是 $f(x)$ 的连续点时，级数收敛于 $f(x)$；

当 x 是 $f(x)$ 的间断点时，级数收敛于 $\frac{1}{2}[f(x^-)+f(x^+)]$.

证明略.

例 11.6.1 设 $f(x)$ 是周期为 2π 的周期函数，且

$$f(x)=\begin{cases} 0, & -\pi \leqslant x \leqslant 0, \\ x, & 0 < x < \pi. \end{cases}$$

将 $f(x)$ 展开成傅里叶级数.

解 函数 $f(x)$ 满足狄利克雷充分条件，它在点 $x=(2k+1)\pi$ （$k=0,\pm1,\pm2,\cdots$）处不连续．因此，$f(x)$ 的傅里叶级数在 $x=(2k+1)\pi$ 处收敛于

$$\frac{1}{2}[f(\pi^-)+f(\pi^+)]=\frac{\pi+0}{2}=\frac{\pi}{2}.$$

在连续点 $x\neq(2k+1)\pi$ 处收敛于 $f(x)$．

由式（11.6.2），傅里叶系数计算如下：

$$a_0=\frac{1}{\pi}\int_{-\pi}^{\pi}f(x)\mathrm{d}x=\frac{1}{\pi}\left(\int_{-\pi}^{0}0\cdot\mathrm{d}x+\int_0^{\pi}x\mathrm{d}x\right)=\frac{1}{\pi}\cdot\frac{\pi^2}{2}=\frac{\pi}{2},$$

$$\begin{aligned}a_n&=\frac{1}{\pi}\int_{\pi}^{\pi}f(x)\cos nx\mathrm{d}x=\frac{1}{\pi}\int_0^{\pi}x\cos nx\mathrm{d}x=\frac{1}{\pi}\left(\frac{x\sin nx}{n}\bigg|_0^{\pi}-\frac{1}{n}\int_0^{\pi}\sin nx\mathrm{d}x\right)\\&=\frac{1}{n\pi}\cdot\frac{\cos nx}{n}\bigg|_0^{\pi}=\frac{(-1)^n-1}{n^2\pi}\\&=\begin{cases}-\dfrac{2}{n^2\pi}, & n=1,3,5,\cdots,\\ 0, & n=2,4,6,\cdots.\end{cases}\end{aligned}$$

$$\begin{aligned}b_n&=\frac{1}{\pi}\int_{-\pi}^{\pi}f(x)\sin nx\mathrm{d}x=\frac{1}{\pi}\int_0^{\pi}x\sin nx\mathrm{d}x=\frac{1}{\pi}\left(-\frac{x\cos nx}{n}\bigg|_0^{\pi}+\frac{1}{n}\int_0^{\pi}\cos nx\mathrm{d}x\right)\\&=-\frac{1}{n}\cos n\pi=(-1)^{n+1}\frac{1}{n}.\end{aligned}$$

将所求系数代入（11.6.1），得到 $f(x)$ 的傅里叶级数展开式：

$$f(x)=\frac{\pi}{4}-\frac{2}{\pi}\left(\frac{\cos x}{1^2}+\frac{\cos 3x}{3^2}+\frac{\cos 5x}{5^2}+\cdots\right)+\left(\sin x-\frac{1}{2}\sin 2x+\frac{1}{3}\sin 3x-\frac{1}{4}\sin 4x+\cdots\right)$$

$$(-\infty<x<+\infty;\quad x\neq\pm\pi,\pm3\pi,\cdots).$$

当 $x\neq\pm\pi,\pm3\pi,\cdots$ 时，级数收敛于 $\frac{\pi}{2}$，即

$$\frac{\pi}{4}-\frac{2}{\pi}\left(-\frac{1}{1^2}-\frac{1}{3^2}-\frac{1}{5^2}-\cdots\right)=\frac{\pi}{2}.$$

于是可得

$$\sum_{n=1}^{\infty}\frac{1}{(2n-1)^2}=\frac{1}{1^2}+\frac{1}{3^2}+\frac{1}{5^2}+\cdots=\frac{\pi^2}{8}.$$

需要注意的是：如果函数 $f(x)$ 仅在 $[-\pi,\pi]$ 上有定义，并且满足收敛定理的条件，则 $f(x)$ 也可以展开为傅里叶级数．实际上，我们可以在 $[-\pi,\pi)$ 或 $(-\pi,\pi]$ 外补充定义，使其拓展成周期为 2π 的周期函数 $F(x)$．我们称此过程为**周期性延拓**．再将 $F(x)$ 展开成傅里叶级数，注意到 $x\in(-\pi,\pi)$ 时，$F(x)\equiv f(x)$，将展开式中的 x 限定在区间 $(-\pi,\pi)$ 上，这样就可以得到 $f(x)$ 的傅里叶级数展开式．最后根据收敛定

理，在区间端点 $x=\pm\pi$ 处，级数收敛于 $\dfrac{f(\pi^-)+f(-\pi^+)}{2}$.

11.6.3 正弦级数和余弦级数

如果 $f(x)$ 为奇函数，则 $f(x)\cos nx$ 为奇函数，$f(x)\sin nx$ 为偶函数. 于是傅里叶系数为

$$a_n=\frac{1}{\pi}\int_{-\pi}^{\pi}f(x)\cos nx\mathrm{d}x=0\quad(n=0,1,2,\cdots),$$

$$b_n=\frac{1}{\pi}\int_{-\pi}^{\pi}f(x)\sin nx\mathrm{d}x=\frac{2}{\pi}\int_{0}^{\pi}f(x)\sin nx\mathrm{d}x\quad(n=1,2,3,\cdots).$$

则傅里叶级数

$$\sum_{n=1}^{\infty}b_n\sin nx \tag{11.6.3}$$

称为**正弦级数**.

如果 $f(x)$ 为偶函数，则 $f(x)\cos nx$ 为偶函数，$f(x)\sin nx$ 为奇函数. 于是傅里叶系数为

$$a_n=\frac{1}{\pi}\int_{-\pi}^{\pi}f(x)\cos nx\mathrm{d}x=\frac{2}{\pi}\int_{0}^{\pi}f(x)\cos nx\mathrm{d}x\quad(n=0,1,2,\cdots),$$

$$b_n=\frac{1}{\pi}\int_{-\pi}^{\pi}f(x)\sin nx\mathrm{d}x=0\quad(n=1,2,3,\cdots).$$

则傅里叶级数

$$\frac{a_0}{2}+\sum_{n=1}^{\infty}a_n\cos nx \tag{11.6.4}$$

称为**余弦级数**.

在实际应用中，有时需要将定义在区间 $[0,\pi]$ 上的函数 $f(x)$ 展开成正弦级数或余弦级数. 对于此类问题，首先需要在开区间 $(-\pi,0)$ 内按要求补充定义，使其成为区间 $(-\pi,\pi)$ 上的奇函数或偶函数，这个过程称为**奇延拓**或**偶延拓**. 然后将奇延拓或偶延拓后的函数展开成傅里叶级数，再限制 x 在 $[0,\pi]$ 上，从而得到 $f(x)$ 的正弦级数或余弦级数展开式.

例 11.6.2 将函数 $f(x)=x$ 在 $[0,\pi]$ 上分别展开成正弦级数和余弦级数.

解 先求正弦级数. 对函数 $f(x)=x$ 进行奇延拓，再进行周期性延拓，如图 11.1 所示. 计算傅里叶系数如下：

$$b_n=\frac{2}{\pi}\int_{0}^{\pi}f(x)\sin nx\mathrm{d}x=\frac{2}{\pi}\int_{0}^{\pi}x\sin nx\mathrm{d}x=\frac{2}{n}(-1)^{n+1}\quad(n=1,2,3,\cdots).$$

故得正弦级数

$$x=\sum_{n=1}^{\infty}(-1)^{n+1}\frac{2}{n}\sin nx,\quad x\in[0,\pi).$$

在端点 $x=\pi$ 处，级数收敛于 0，不等于 $f(\pi)$

再求余弦级数．对函数 $f(x)=x$ 进行偶延拓，再进行周期性延拓，如图 11.2 所示．计算傅里叶系数如下：

$$a_0=\frac{2}{\pi}\int_0^{\pi}x\mathrm{d}x=\pi,$$

$$a_n=\frac{2}{\pi}\int_0^{\pi}x\cos nx\mathrm{d}x=\frac{2}{n^2\pi}\left[(-1)^n-1\right]$$

$$=\begin{cases}0, & n=2,4,6,\cdots,\\ -\dfrac{4}{n^2\pi}, & n=1,3,5,\cdots.\end{cases}$$

故得余弦级数

$$x=\frac{\pi}{2}-\frac{4}{\pi}\sum_{n=1}^{\infty}\frac{1}{(2n-1)^2}\cos(2n-1)x,\quad x\in[0,\pi].$$

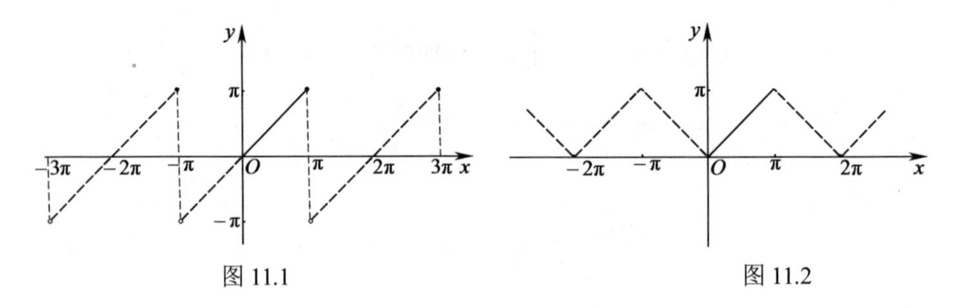

图 11.1　　　　图 11.2

11.6.4　一般周期函数的傅里叶级数

前面我们讨论的是周期为 2π 的周期函数的傅里叶级数．在实际问题中许多函数的周期不是 2π，而是 $2l$，l 为任意正数．我们该如何处理？实际上，对周期为 $2l$ 的函数 $f(x)$ 有类似的傅里叶级数展开式．

定理 11.6.2　设 $f(x)$ 是周期为 $2l$ 的函数，且满足收敛定理的条件，则它的傅里叶级数展开式为

$$f(x)=\frac{a_0}{2}+\sum_{n=1}^{\infty}\left(a_n\cos\frac{n\pi x}{l}+b_n\sin\frac{n\pi x}{l}\right),\tag{11.6.5}$$

其中

$$\begin{cases} a_n = \dfrac{1}{l}\displaystyle\int_{-l}^{l} f(x)\cos\dfrac{n\pi x}{l}\mathrm{d}x \quad (n=0,1,2,\cdots), \\ b_n = \dfrac{1}{l}\displaystyle\int_{-l}^{l} f(x)\sin\dfrac{n\pi x}{l}\mathrm{d}x \quad (n=0,1,2,\cdots). \end{cases} \tag{11.6.6}$$

当 $f(x)$ 为奇函数时，

$$f(x)=\sum_{n=1}^{\infty} b_n \sin\frac{n\pi x}{l}, \tag{11.6.7}$$

其中
$$b_n=\frac{2}{l}\int_0^l f(x)\sin\frac{n\pi x}{l}\mathrm{d}x \quad (n=1,2,\cdots),$$

当 $f(x)$ 为偶函数时，

$$f(x)=\frac{a_0}{2}+\sum_{n=1}^{\infty} a_n \cos\frac{n\pi x}{l}, \tag{11.6.8}$$

其中
$$a_n=\frac{2}{l}\int_0^l f(x)\cos\frac{n\pi x}{l}\mathrm{d}x \quad (n=0,1,2,\cdots).$$

并且在 $f(x)$ 的连续点处，级数收敛于 $f(x)$，在间断点处，级数收敛于 $\dfrac{f(x^-)+f(x^+)}{2}$.

例 11.6.3 设 $f(x)$ 是周期为 2 的周期函数，其在 $[-1,1)$ 上的表达式为 $f(x)=\begin{cases}1, & -1\leqslant x<0, \\ 2, & 0\leqslant x<1.\end{cases}$ 将 $f(x)$ 展开成傅里叶级数.

解 在区间 $[-1,1)$ 内函数 $f(x)$ 满足收敛定理的条件，按式（11.6.6）计算傅里叶系数，这里 $l=1$.

$$a_0=\int_{-1}^1 f(x)\mathrm{d}x=\int_{-1}^0 \mathrm{d}x+\int_0^1 2\mathrm{d}x=3,$$

$$a_n=\int_{-1}^1 f(x)\cos n\pi x\mathrm{d}x=\int_{-1}^0 \cos n\pi x\mathrm{d}x+\int_0^1 2\cos n\pi x\mathrm{d}x$$

$$=\left(\frac{1}{n\pi}\sin n\pi x\right)\Bigg|_{-1}^0+\left(\frac{2}{n\pi}\sin n\pi x\right)\Bigg|_0^1=0,$$

$$b_n=\int_{-1}^1 f(x)\sin n\pi x\mathrm{d}x=\int_{-1}^0 \sin n\pi x\mathrm{d}x+\int_0^1 2\sin n\pi x\mathrm{d}x$$

$$=\left(-\frac{1}{n\pi}\cos n\pi x\right)\Bigg|_{-1}^0+\left(-\frac{2}{n\pi}\cos n\pi x\right)\Bigg|_0^1=\frac{1}{n\pi}\left[1-(-1)^n\right]=\begin{cases}\dfrac{2}{n\pi}, & n=1,3,5,\cdots, \\ 0, & n=2,4,6,\cdots.\end{cases}$$

所以，

$$f(x)=\frac{3}{2}+\frac{2}{\pi}\left(\sin\pi x+\frac{1}{3}\sin 3\pi x+\frac{1}{5}\sin 5\pi x+\cdots\right) \quad (-\infty<x<+\infty,\ x\neq 0,\pm1,\pm2,\cdots).$$

而 $x=0,\pm1,\pm2,\cdots$ 时，级数收敛于 $\dfrac{3}{2}$.

习题 11.6

1. 函数 $f(x)$ 是周期为 2π 的周期函数，试将 $f(x)$ 展开为傅里叶级数，其中 $f(x)$ 在 $[-\pi,\pi)$ 上的表达式为：

（1）$f(x)=x^3$（$-\pi\leqslant x<\pi$）；

（2）$f(x)=2\sin\dfrac{x}{3}$（$-\pi\leqslant x<\pi$）.

2. 将下列函数展开为傅里叶级数：

（1）$f(x)=\mathrm{e}^x+1$（$-\pi\leqslant x\leqslant\pi$）；

（2）$f(x)=\begin{cases}-x, & -\pi<x<0,\\ 2x, & 0\leqslant x<\pi;\end{cases}$

（3）$f(x)=\begin{cases}\mathrm{e}^x, & -\pi\leqslant x<0,\\ 1, & 0\leqslant x\leqslant\pi.\end{cases}$

3. 将函数 $f(x)=-\sin\dfrac{x}{2}+1$（$0\leqslant x\leqslant\pi$）展开为正弦级数.

4. 将函数 $f(x)=\begin{cases}1, & 0\leqslant x\leqslant\dfrac{\pi}{2},\\ x+1, & \dfrac{\pi}{2}<x\leqslant\pi\end{cases}$ 展开为余弦级数.

5. 将函数 $f(x)=\begin{cases}0, & -5\leqslant x<0,\\ 3, & 0\leqslant x\leqslant 5\end{cases}$ 展开为傅里叶级数.

复习题 11

1. 选择题：

（1）下列说法正确的是（　　）.

A. 如果 $\{u_n\}$ 收敛，则 $\sum\limits_{n=1}^{\infty}u_n$ 收敛；

B. 如果 $\lim\limits_{n\to\infty}u_n=0$，则 $\sum\limits_{n=1}^{\infty}u_n$ 收敛；

C. 如果 $\sum\limits_{n=1}^{\infty}u_n$ 收敛，则 $\{u_n\}$ 收敛；

D. 以上说法都不对.

（2）设级数 $\sum_{n=1}^{\infty}u_n$ 收敛，则以下级数必定收敛的是（　　）.

A. $\sum_{n=1}^{\infty}\frac{1}{u_n}$；　　B. $\sum_{n=1}^{\infty}{u_n}^2$；

C. $\sum_{n=1}^{\infty}(-1)^n u_n$；　　D. $\sum_{n=1}^{\infty}(u_n+u_{n+1})$.

（3）如果 $\sum_{n=1}^{\infty}a_n(x-1)^n$ 在 $x=-1$ 处收敛，则此级数在 $x=2$ 处（　　）.

A. 条件收敛；　　B. 绝对收敛；

C. 发散；　　D. 敛散性不能确定.

2．判断下列级数的收敛性：

（1）$\sum_{n=1}^{\infty}\ln\left(1+\frac{1}{n^2}\right)$；　　（2）$\sum_{n=1}^{\infty}\frac{(n!)^2}{2n^2}$；

（3）$\sum_{n=1}^{\infty}\frac{1}{n}(\sqrt{n+1}-\sqrt{n-1})$；　　（4）$\sum_{n=1}^{\infty}\frac{3^n}{n!}\cos^2\frac{n\pi}{3}$.

3．判断下列级数的收敛性，若收敛，指出是条件收敛还是绝对收敛：

（1）$\sum_{n=1}^{\infty}\frac{\cos n\pi}{n}$；　　（2）$\sum_{n=1}^{\infty}(-1)^{n-1}\frac{\sqrt{n}}{n+100}$；

（3）$\sum_{n=1}^{\infty}\frac{(-1)^n}{\sqrt{n(n+2)}}$；　　（4）$\sum_{n=1}^{\infty}(-1)^n\frac{\ln n}{n}$.

4．求下列幂级数的收敛域：

（1）$\sum_{n=1}^{\infty}(-1)^n\frac{2^n}{\sqrt{n}}x^n$；　　（2）$\sum_{n=1}^{\infty}\frac{n!}{2n+1}x^n$；

（3）$\sum_{n=1}^{\infty}\frac{x^{2n+1}}{3^n}$；　　（4）$\sum_{n=1}^{\infty}\frac{\ln(n+1)}{n+1}(x-1)^n$.

5．试求 $\sum_{n=0}^{\infty}\frac{2n+1}{n!}x^{2n}$ 的收敛域及和函数，并求级数 $\sum_{n=0}^{\infty}\frac{2n+1}{n!}$ 的和.

6．将下列函数展开成 x 的幂级数：

（1）xe^{-x^2}；　　（2）$\ln(x+\sqrt{x^2+1})$.

7．将函数 $f(x)=\frac{1}{x^2}$ 展开成 $(x-3)$ 的幂级数，并指出其成立的范围.

8．将函数 $f(x)=\begin{cases}x, & -\pi<x<0\\ 2x, & 0\leqslant x\leqslant\pi\end{cases}$ 展开为傅里叶级数.

9．将函数 $f(x)=\begin{cases}1, & 0\leqslant x\leqslant h\\ 0, & h<x\leqslant\pi\end{cases}$ 分别展开成正弦级数和余弦级数.

数学家简介——丘成桐

丘成桐（1949—），原籍广东省蕉岭县，1949 年出生于广东汕头，同年随父母移居香港，美籍华人，哈佛大学终身教授，国际知名数学家．现任香港中文大学博文讲座教授兼数学科学研究所所长、清华大学丘成桐数学科学中心主任.

丘成桐在 14 岁那年，他的父亲突然辞世，一家人顿时失去经济来源，丘成桐不得不一边打工一边学习。在香港培正中学就读时勤奋钻研数学，成绩优异．1966 年考入香港中文大学数学系，1969 年提前修完四年课程，被美国加利福尼亚大学伯克利分校陈省身教授破格录取为研究生．数学是奇妙的，也是生涩的，即使是立志在数学领域建功立业的年轻学生，能坚持到最后并出成果的，也是寥若晨星，丘成桐正是这样一颗“晨星”．常常有这样的情景——偌大的教室中，听课的学生越来越少，最后竟然只剩下教授一人面对讲台下唯一的学生悉心教诲，这唯一的学生，就是丘成桐．到伯克利分校学习一年后，丘成桐便完成了他的博士论文，文中巧妙地解决了当时十分著名的“沃尔夫猜想”．在伯克利期间他还证明了卡拉比猜想、正质量猜想，开创了一个崭新的领域：几何分析.

1976 年，丘成桐证明了卡拉比猜想（Calabi Conjecture）与爱因斯坦方程中的正质量猜想（Positive Mass Conjecture），并对微分几何和微分方程进行重要融合，解决问题，其影响直至今天．以他的名字命名的卡拉比-丘流形，是物理学中弦理论的基本概念，对微分几何和数学物理的发展作出了重要贡献.

命运是公平的，奖章、荣誉，授予了那个在教室中坚持到最后的人．丘成桐囊括了维布伦几何奖（1981）、菲尔兹奖（1982）、麦克阿瑟奖（1985）、克拉福德奖（1994）、美国国家科学奖（1997）、沃尔夫数学奖（2010）、马塞尔·格罗斯曼奖（2018）等奖项．他是第一位获得国际数学界最高奖项菲尔兹奖的华人，也是继陈省身后第二位获得沃尔夫数学奖的华人，对微分几何学作出了极为重要的贡献．1987 年起任美国哈佛大学讲座教授至今，并分别于 1994 年及 2003 年始出任香港中文大学数学科学研究所所长及香港中文大学博文讲座教授至今．此外，他于 2013 年起任哈佛大学物理系教授．但这一切并不会让丘成桐止步不前，他继续进行着大量繁杂的研究工作，并不断取得成就．坚韧、坚持、锲而不舍，这就是丘成桐的精神．数学是奇妙的，只有锲而不舍才能探求其中的真谛，对于丘成桐这样的数学家来说，这种探求不但是人生的意义，也是人生的乐趣．

虽然丘成桐是在香港长大的，但他出生于中国大陆，深受中国传统文化的影响，对中国的数学事业一直非常关心，并坚信帮助中国推动数学发展是自己的责任．为帮助发展中国数学，丘成桐想尽了各种办法，与他钻研数学问题颇为相似．他培养来自中国的留学生，建立数学研究所与研究中心，组织各种层次的会议，发起各种人才培养计划，并募集大量资金，建立研究所和研究中心，设立基金会和奖项，激发中学生对于数学研究的兴趣和创造力，培养和发现年轻的数学天才．从 1984 年起，他先后招收了十几名来自中国的博士研究生，要为中国培养微分几何方面的人才，不仅教给学生一些特殊的技巧，更重要的是教会他们如何领会数学的精辟之处．

参考文献

[1] 吴赣昌．高等数学（理工类·简明版）[M]．北京：中国人民大学出版社，2011．
[2] 同济大学数学系．高等数学[M]．6 版．北京：高等教育出版社，2007．
[3] 赵佳因．高等数学（工科类）[M]．北京：北京大学出版社，2004．
[4] 俎冠兴．高等数学[M]．北京：化学工业出版社，2007．
[5] 刘志峰，罗成諟．高等数学[M]．北京：化学工业出版社，2007．
[6] 同济大学应用数学系．高等数学：上册[M]．5 版．北京：高等教育出版社，2002．
[7] 吴赣昌．微积分（经管类）：上册[M]．3 版．北京：人民大学出版社，2008．
[8] 陈文灯．高等数学辅导[M]．北京：世界图书出版公司，2005．
[9] 尹金生，王伟平．高等数学学习与考试指导[M]．青岛：石油大学出版社，2004．
[10] 王金金，李广民．高等数学[M]．北京：清华大学出版社，2007．
[11] 傅英定，钟守铭．高等数学：下册[M]．成都：电子科技大学出版社，2007．
[12] 孟祥发．高等数学[M]．北京：机械工业出版社，2000．
[13] 韩旭里，刘碧玉，李军英．大学数学教程[M]．北京：科学出版社，2004．
[14] 上海大学理学院数学系．高等数学教程[M]．上海：上海大学出版社，2005．
[15] 赵文玲，付夕联，徐峰．高等数学教程[M]．北京：科学出版社，2004．
[16] 何瑞文，胡成，杨宁．高等数学[M]．成都：西南交通大学出版社，2006．
[17] 岳贵新．高等数学[M]．北京：人民交通出版社，2004．
[18] 谢季坚，李启文．大学数学：微积分及其在生命科学、经济管理中的应用[M]．2 版．北京：高等教育出版社，2004．
[19] 吴传生．经济数学：微积分[M]．北京：高等教育出版社，2009．
[20] 教育部高等教育司组．高等数学[M]．2 版．北京：高等教育出版社，2003．
[21] 林建华，杨世廞，高琪仁．高等数学[M]．北京：北京大学出版社，2010．
[22] 吴钦宽，孙福树，翁连贵．高等数学[M]．北京：科学出版社，2010．
[23] 朱来义．微积分[M]．北京：高等教育出版社，2010．
[24] 陆少华．微积分[M]．上海：上海交通大学出版社，2002．

[25] 熊德之，柳翠花，伍建华．高等数学[M]．北京：科学出版社，2009．
[26] 欧阳隆．高等数学[M]．武汉：武汉大学出版社，2008．
[27] 杜忠复．大学数学——微积分[M]．北京：高等教育出版社，2004．
[28] 赵利彬．高等数学[M]．上海：同济大学出版社，2007．
[29] 上海交通大学数学系微积分课程组．大学数学——微积分[M]．北京：高等教育出版社，2008．
[30] 刘书田．高等数学[M]．2 版．北京：北京大学出版社，2006．
[31] 罗贤强，陈怀琴．高等数学：上册[M]．北京：北京航空航天大学出版社，2006．
[32] 赵树嫄，胡显佑，陆启良．经济应用数学基础（一）：微积分学习参考[M]．3 版．北京：中国人民大学出版社，2010．
[33] 吴兰芳．高等数学[M]．北京：高等教育出版社，1987．
[34] 周兆麟．经济数学基础[M]．北京：中央广播电视大学出版社，1995．
[35] 同济大学数学教研室．高等数学习题集[M]．北京：人民教育出版社，1965．

附录　习题和复习题参考答案

第 7 章

习题 7.1

1．（1）$\boldsymbol{a}\perp\boldsymbol{b}$；（2）$\boldsymbol{a}$ 与 $\boldsymbol{b}$ 同向；（3）$\boldsymbol{a}$ 与 $\boldsymbol{b}$ 反向；（4）$\boldsymbol{a}$ 与 $\boldsymbol{b}$ 同向.

2．$7\boldsymbol{a}-8\boldsymbol{b}+5\boldsymbol{c}$.

3．$\overrightarrow{AB}=\frac{1}{2}(\boldsymbol{a}-\boldsymbol{b})$，$\overrightarrow{BC}=\frac{1}{2}(\boldsymbol{a}+\boldsymbol{b})$，$\overrightarrow{CD}=\frac{1}{2}(\boldsymbol{b}-\boldsymbol{a})$，$\overrightarrow{DA}=-\frac{1}{2}(\boldsymbol{b}+\boldsymbol{a})$.

4．A，B，C，D 依次在第Ⅳ，Ⅴ，Ⅱ，Ⅶ 卦限.

5．A，B，C，D 依次在 xOy 面上、yOz 面上、x 轴上、y 轴上.

6．$\overrightarrow{AB}=(6,-5,1)$，$\overrightarrow{BC}=(-3,4,2)$，$\overrightarrow{CA}=(-3,1,-3)$，$\overrightarrow{AB}+\overrightarrow{BC}+\overrightarrow{CA}=\boldsymbol{0}$.

7．$\boldsymbol{a}-\boldsymbol{b}=\boldsymbol{i}+4\boldsymbol{j}-12\boldsymbol{k}$，$3\boldsymbol{a}+2\boldsymbol{b}=13\boldsymbol{i}+17\boldsymbol{j}+4\boldsymbol{k}$.

8．$\pm\left(\frac{6}{11},\frac{7}{11},-\frac{6}{11}\right)$.

9．$\left|\overrightarrow{M_1M_2}\right|=2$；$\cos\alpha=-\frac{1}{2}$，$\cos\beta=-\frac{\sqrt{2}}{2}$，$\cos\gamma=\frac{1}{2}$；$\alpha=\frac{2\pi}{3}$，$\beta=\frac{3\pi}{4}$，$\gamma=\frac{\pi}{3}$.

10．$\boldsymbol{a}=(0,0,-3)$.

11．点 M 的坐标为$\left(3\sqrt{2},3,-3\right)$.

12．$\sqrt{21}$；$\cos\alpha=\frac{2}{\sqrt{21}}$，$\cos\beta=\frac{1}{\sqrt{21}}$，$\cos\gamma=\frac{4}{\sqrt{21}}$.

习题 7.2

1．（1）8；（2）30；（3）$-8\boldsymbol{i}-5\boldsymbol{j}+\boldsymbol{k}$；（4）$\frac{8}{\sqrt{154}}$.

2．10J.

3．$\pm\left(\frac{3}{\sqrt{17}},\frac{-2}{\sqrt{17}},\frac{-2}{\sqrt{17}}\right)$.

4. 2 .

5. $\boldsymbol{b}=\frac{4}{3}(1,2,2)$.

6. $(\boldsymbol{a}\times\boldsymbol{b})\cdot\boldsymbol{c}=(-8,-5,1)\cdot(1,-2,0)=2$.

7. $\boldsymbol{a}\cdot\boldsymbol{b}=\pm 30$.

8. 略.

9. $\frac{3\sqrt{2}}{2}$.

10. $\sqrt{6}$.

习题 7.3

1. $(x-3)^2+(y+2)^2+(z-5)^2=9$.

2. 以 $(1,-2,0)$ 为球心，半径为 $\sqrt{5}$ 的球面.

3. $2x-6y+2z-7=0$.

4. $z=4(x^2+y^2)$.

5. $y^2+z^2=4x^2$.

6.

方程	平面解析几何	空间解析几何
（1） $y=0$	平面上的 x 轴	空间中的 xOz 坐标面
（2） $y=2x+1$	斜率为 2 的直线	平行于 z 轴的平面
（3） $x^2+y^2=9$	圆心在原点，半径为 3 的圆	母线平行于 z 轴的圆柱面
（4） $x^2-y^2=4$	双曲线	母线平行于 z 轴的双曲柱面

7.（1） xOy 面上的椭圆 $\frac{x^2}{4}+\frac{y^2}{9}=1$ 绕 x 轴旋转一周，或者 xOz 面上的椭圆 $\frac{x^2}{4}+\frac{z^2}{9}=1$ 绕 x 轴旋转一周.

（2） xOy 面上的双曲线 $x^2-\frac{y^2}{4}=1$ 绕 y 轴旋转一周，或者 yOz 面上的双曲线 $z^2-\frac{y^2}{4}=1$ 绕 y 轴旋转一周.

（3） xOz 面上的双曲线 $x^2-z^2=1$ 绕 z 轴旋转一周，或者 yOz 面上的双曲线 $y^2-z^2=1$ 绕 z 轴旋转一周.

8.（1）旋转椭球面；（2）椭圆锥面；

（3）圆锥面的上半部分；（4）母线平行于 z 轴的抛物柱面；

（5）旋转抛物面；（6）双叶双曲面.

9. 略.

习题 7.4

1.（1）在平面解析几何中，方程组表示两直线的交点；在空间解析几何中表示两平面的交线.

（2）在平面解析几何中，方程组表示椭圆 $\frac{x^2}{9}+\frac{y^2}{4}=1$ 与直线 $x=3$ 的交点；在空间解析几何中表示椭圆柱面 $\frac{x^2}{9}+\frac{y^2}{4}=1$ 与平面 $x=3$ 的交线.

2. 略.

3. 母线平行于 x 轴的柱面方程：$3y^2-z^2=16$。

母线平行于 y 轴的柱面方程：$3x^2+2z^2=16$.

4. $\begin{cases}2x^2+y^2-2x-8=0,\\ z=0.\end{cases}$

5. $\begin{cases}x=\sqrt{2}\cos t,\\ y=\sqrt{2}\cos t,\quad 0\leqslant t\leqslant 2\pi.\\ z=2\sin t,\end{cases}$

6. xOy 面：$\begin{cases}x^2+y^2\leqslant 4,\\ z=0;\end{cases}$ yOz 面：$\begin{cases}y^2\leqslant z\leqslant 4,\\ x=0;\end{cases}$ xOz 面：$\begin{cases}x^2\leqslant z\leqslant 4,\\ y=0.\end{cases}$

7. $\begin{cases}x^2+y^2\leqslant 2,\\ z=0.\end{cases}$

习题 7.5

1.（1）平行于 yOz 面；（2）平行于 xOz 面；

（3）平行于 z 轴；（4）过原点.

2. $14x+9y-z-15=0$.

3. $2x+3y-5z-7=0$.

4. $x+y-z-1=0$.

5.（1）$x-1=0$；（2）$x+3z=0$；（3）$9y-z-2=0$.

6. $x+y-3z-4=0$.

7.（1）$k=1$；（2）$k=-\frac{7}{3}$；（3）$k=-3$.

8.（1）两平面垂直；（2）两平面平行但不重合；（3）两平面相交.

9. $\sqrt{3}$.

习题 7.6

1. $\frac{x-2}{3}=\frac{y-3}{2}=\frac{z}{-2}$.

2. $\frac{x-2}{3}=\frac{y+1}{1}=\frac{z-4}{2}$.

3. $\frac{x-1}{4}=\frac{y}{-1}=\frac{z+2}{-3}$；$\begin{cases} x=1+4t, \\ y=-t, \\ z=-2-3t. \end{cases}$

4. $16x-14y-11z-65=0$.

5. $\cos\varphi=0$.

6. $\frac{x+3}{4}=\frac{y-2}{3}=\frac{z-5}{1}$.

7.（1）直线与平面平行；

（2）直线与平面垂直；

（3）直线在平面上.

8. 直线与平面的夹角为0.

9. $\begin{cases} y-z-1=0, \\ x+y+z=0. \end{cases}$

复习题 7

1. $-\frac{3}{2}$.

2. 略.

3. $(2,-4,6)$.

4. $\lambda=40$.

5. 绕x轴：$4x^2-9y^2-9z^2=36$.

绕y轴：$4x^2-9y^2+4z^2=36$.

6. $x-7y-5z+28=0$.

7. $\frac{x+1}{16}=\frac{y}{19}=\frac{z-4}{28}$.

8. $\begin{cases}(x-1)^2+y^2\leqslant 1,\\ z=0.\end{cases}$

第8章

习题 8.1

1.（1）开集，无界集；

（2）既非开集又非闭集，有界集；

（3）开集，区域，无界集.

2.（1）$t^2f(x,y)$；（2）$\frac{x^2(1-y)}{1+y}$.

3.（1）$\{(x,y)|4x^2+y^2\geqslant 1\}$；

（2）$\{(x,y)|xy>0\}$；

（3）$\{(x,y,z)|x^2+y^2\geqslant z^2,\text{且}\,x^2+y^2\neq 0\}$；

（4）$\{(x,y,z)|x^2+y^2+1<z^2\}$.

4.（1）1；（2）$-\frac{1}{4}$；（3）e；（4）0；（5）$\frac{1}{6}$；（6）2.

5. 略.

6.（1）连续；（2）不连续.

习题 8.2

1.（1）$\frac{\partial z}{\partial x}=3x^2y+6xy^2-y^3$，$\frac{\partial z}{\partial y}=x^3+6x^2y-3xy^2$；

（2）$\frac{\partial z}{\partial x}=y\mathrm{e}^{xy}+2xy$，$\frac{\partial z}{\partial y}=x\mathrm{e}^{xy}+x^2$；

（3）$\frac{\partial z}{\partial x}=\cos x\cos y\,\mathrm{e}^{\sin x}$，$\frac{\partial z}{\partial y}=-\sin y\,\mathrm{e}^{\sin x}$；

（4）$\frac{\partial z}{\partial x}=\frac{1}{x+\ln y}$，$\frac{\partial z}{\partial y}=\frac{1}{y(x+\ln y)}$；

（5）$\dfrac{\partial z}{\partial x}=\dfrac{2}{y}\csc\dfrac{2x}{y}$，$\dfrac{\partial z}{\partial y}=\dfrac{-2x}{y^2}\csc\dfrac{2x}{y}$；

（6）$\dfrac{\partial z}{\partial x}=y^2\left(1+xy\right)^{y-1}$，$\dfrac{\partial z}{\partial y}=\left(1+xy\right)^y\left[\ln(1+xy)+\dfrac{xy}{1+xy}\right]$.

2．1．

3．$f_x(0,0)=0$，$f_y(0,0)$ 不存在.

4．（1）$\dfrac{\partial^2 z}{\partial x^2}=12x^2-8y^2$，$\dfrac{\partial^2 z}{\partial y^2}=12y^2-8x^2$，$\dfrac{\partial^2 z}{\partial x\partial y}=-16xy$；

（2）$\dfrac{\partial^2 z}{\partial x^2}=\dfrac{2xy}{(x^2+y^2)^2}$，$\dfrac{\partial^2 z}{\partial y^2}=-\dfrac{2xy}{(x^2+y^2)^2}$，$\dfrac{\partial^2 z}{\partial x\partial y}=\dfrac{y^2-x^2}{(x^2+y^2)^2}$；

（3）$\dfrac{\partial^2 z}{\partial x^2}=2y(2y-1)x^{2y-2}$，$\dfrac{\partial^2 z}{\partial y^2}=4x^{2y}(\ln x)^2$，$\dfrac{\partial^2 z}{\partial x\partial y}=2x^{2y-1}(1+2y\ln x)$.

5．$f_{xx}(0,0,1)=2$，$f_{xz}(1,0,2)=2$，$f_{yz}(0,-1,0)=0$，$f_{zzx}(2,0,1)=0$.

6．略.

习题 8.3

1．（1）$\mathrm{d}z=\dfrac{y\mathrm{d}x+x\mathrm{d}y}{1+x^2y^2}$；

（2）$\mathrm{d}z=(6xy+\dfrac{1}{y})\mathrm{d}x+(3x^2-\dfrac{x}{y^2})\mathrm{d}y$；

（3）$\mathrm{d}z=(3\mathrm{e}^{-y}-\dfrac{1}{\sqrt{x}})\mathrm{d}x-3x\mathrm{e}^{-y}\mathrm{d}y$.

2．$\dfrac{4}{7}\mathrm{d}x+\dfrac{2}{7}\mathrm{d}y$.

3．-0.125.

4．$\mathrm{d}x-\mathrm{d}y$.

5．A.

6．1.021.

7．对角线约减少了 5cm.

习题 8.4

1．（1）$\dfrac{3-12t^2}{1+(3t-4t^3)^2}$；

（2）$(\cos t-6t^2)\mathrm{e}^{\sin t-2t^3}$.

2．（1）$\frac{\partial z}{\partial x}=\mathrm{e}^{xy}\left[y\sin(x+y)+\cos(x+y)\right]$，$\frac{\partial z}{\partial y}=\mathrm{e}^{xy}\left[x\sin(x+y)+\cos(x+y)\right]$；

（2）$\frac{\partial u}{\partial x}=2x(1+2x^2\sin^2 y)\mathrm{e}^{x^2+y^2+x^4\sin^2 y}$，$\frac{\partial u}{\partial y}=2(y+x^4\sin y\cos y)\mathrm{e}^{x^2+y^2+x^4\sin^2 y}$；

（3）$\frac{\partial z}{\partial x}=2xf_1'+y\mathrm{e}^{xy}f_2'$，$\frac{\partial z}{\partial y}=-2yf_1'+x\mathrm{e}^{xy}f_2'$；

（4）$\frac{\partial u}{\partial x}=f_1'+yf_2'+yzf_3'$，$\frac{\partial u}{\partial y}=xf_2'+xzf_3'$，$\frac{\partial u}{\partial z}=xyf_3'$．

3．略．

4．略．

5．（1）$\frac{\partial^2 z}{\partial x\partial y}=f_1'+y(xf_{11}''+f_{12}'')$；

（2）$\frac{\partial^2 z}{\partial x\partial y}=-\frac{1}{y^2}f_1'-\frac{x}{y^3}f_{11}''-\frac{x^2}{y}f_{12}''+2xf_2'+2x^3yf_{22}''$；

（3）$\frac{\partial^2 z}{\partial x\partial y}=-\sin y\cos xf_{12}''+\mathrm{e}^{x+y}\cos xf_{13}''+\mathrm{e}^{x+y}f_3'+\mathrm{e}^{2(x+y)}f_{33}''-\mathrm{e}^{x+y}\sin yf_{32}''$．

习题 8.5

1．（1）$\frac{x+y}{x-y}$；

（2）$\frac{\mathrm{e}^y-1}{1-x\mathrm{e}^y}$．

2．（1）$\frac{\partial z}{\partial x}=\frac{yx^{y-1}\cos(x^y)}{z}$，$\frac{\partial z}{\partial y}=\frac{x^y\ln x\cos(x^y)}{z}$；

（2）$\frac{\partial z}{\partial x}=\frac{z}{z+x}$，$\frac{\partial z}{\partial y}=\frac{z^2}{y(z+x)}$；

（3）$\frac{\partial z}{\partial x}=\frac{yz}{\mathrm{e}^z-xy}$，$\frac{\partial z}{\partial y}=\frac{xz}{\mathrm{e}^z-xy}$；

（4）$\frac{\partial z}{\partial x}=\frac{yz-\sqrt{xyz}}{\sqrt{xyz}-xy}$，$\frac{\partial z}{\partial y}=\frac{xz-2\sqrt{xyz}}{\sqrt{xyz}-xy}$．

3．略．

4．$\frac{\partial^2 z}{\partial x^2}=\frac{y^2\mathrm{e}^{xy}\left(\cos^2 z+\mathrm{e}^{xy}\sin z\right)}{\cos^3 z}$．

5．$\frac{\partial^2 z}{\partial x\partial y}=\frac{6z^2+4x}{(3z^2-2x)^3}$．

6．（1）$\frac{dy}{dx}=-\frac{x(6z+1)}{2y(3z+1)}$，$\frac{dz}{dx}=\frac{x}{3z+1}$；

（2）$\frac{dx}{dz}=\frac{y-z}{x-y}$，$\frac{dy}{dz}=\frac{z-x}{x-y}$；

（3）$\frac{\partial u}{\partial x}=\frac{\sin v}{e^u(\sin v-\cos v)+1}$，$\frac{\partial u}{\partial y}=\frac{-\cos v}{e^u(\sin v-\cos v)+1}$，

$\frac{\partial v}{\partial x}=\frac{\cos v-e^u}{u\left[e^u(\sin v-\cos v)+1\right]}$，$\frac{\partial v}{\partial y}=\frac{\sin v+e^u}{u\left[e^u(\sin v-\cos v)+1\right]}$．

习题 8.6

1．切线方程为$\frac{x-1}{1}=\frac{y-0}{1}=\frac{z-1}{1}$，法平面方程为$x+y+z-2=0$．

2．切线方程为$\frac{x-x_0}{1}=\frac{y-y_0}{\frac{m}{y_0}}=\frac{z-z_0}{-\frac{1}{2z_0}}$，法平面方程为$x+\frac{m}{y_0}y-\frac{1}{2z_0}z-x_0-m+\frac{1}{2}=0$．

3．切线方程为$\frac{x-1}{16}=\frac{y-1}{9}=\frac{z-1}{-1}$，法平面方程为$16x+9y-z-24=0$．

4．切平面方程为$x+2y-4=0$，法线方程为$\begin{cases}\frac{x-2}{1}=\frac{y-1}{2},\\ z=0.\end{cases}$

5．切平面方程为$x-2y+2z=\pm 3$．

6．切平面方程为$z=2x+2y-2$，法线方程为$\frac{x-1}{2}=\frac{y-1}{2}=\frac{z-2}{-1}$．

7．略．

习题 8.7

1．$1+2\sqrt{3}$．

2．$\frac{1}{ab}\sqrt{2(a^2+b^2)}$．

3．$\frac{11}{7}\sqrt{14}$．

4．$\frac{6}{7}\sqrt{14}$．

5．$x_0+y_0+z_0$．

6．$\mathbf{grad}\ f(0,0,0)=(0,-4,-8)$，$\mathbf{grad}\ f(1,1,1)=(4,4,2)$．

7．$\mathbf{grad}\ u=(2,-4,1)$是方向导数取最大值的方向，此方向导数的最大值为$|\mathbf{grad}\ u|=\sqrt{21}$．

习题 8.8

1．极小值：$f(1,1)=-1$．

2．极小值：$f\left(\frac{1}{2},-1\right)=-\frac{\mathrm{e}}{2}$．

3．极大值：$z\left(\frac{1}{2},\frac{1}{2}\right)=\frac{1}{4}$．

4．最大值为$f(\pm 2,0)=4$，最小值为$f(0,\pm 2)=-4$．

5．$\left(\frac{8}{5},\frac{3}{5}\right)$．

6．当长、宽都是$\sqrt[3]{2k}$，而高为$\frac{1}{2}\sqrt[3]{2k}$时，表面积最小．

7．当矩形的边长为$\frac{2p}{3}$及$\frac{p}{3}$时，可得最大的体积．

8．最长距离为$\sqrt{9+5\sqrt{3}}$，最短距离为$\sqrt{9-5\sqrt{3}}$．

复习题 8

1．（1）充分，必要；

（2）必要，充分；

（3）充分；

（4）充分．

2．C．

3．（1）e；（2）0．

4．略．

5．（1）偏导数$f_x(0,0)=f_y(0,0)=0$；

（2）函数在点$(0,0)$处偏导数不连续；

（3）函数在点$(0,0)$处可微．

6．（1）$\frac{\partial z}{\partial x}=\frac{1}{x+y^2}$，$\frac{\partial z}{\partial y}=\frac{2y}{x+y^2}$，$\frac{\partial^2 z}{\partial x^2}=-\frac{1}{(x+y^2)^2}$，

$$\frac{\partial^2 z}{\partial y^2}=\frac{2(x-y^2)}{(x+y^2)^2}，\quad \frac{\partial^2 z}{\partial x\partial y}=-\frac{2y}{(x+y^2)^2}；$$

（2）$\frac{\partial z}{\partial x}=yx^{y-1}$，$\frac{\partial z}{\partial y}=x^y\ln x$，$\frac{\partial^2 z}{\partial x^2}=y(y-1)x^{y-2}$，

$\frac{\partial^2 z}{\partial y^2}=x^y(\ln x)^2$，$\frac{\partial^2 z}{\partial x\partial y}=x^{y-1}(1+y\ln x)$；

（3）$\frac{\partial z}{\partial x}=ye^{-(xy)^2}$，$\frac{\partial z}{\partial y}=xe^{-(xy)^2}$，$\frac{\partial^2 z}{\partial x^2}=-2xy^3e^{-(xy)^2}$，

$\frac{\partial^2 z}{\partial y^2}=-2x^3ye^{-(xy)^2}$，$\frac{\partial^2 z}{\partial x\partial y}=(1-2x^2y^2)e^{-(xy)^2}$.

7．$\Delta z\approx 0.028\,3$，$dz=0.027\,8$.

8．$\frac{du}{dt}=yx^{y-1}\cdot\varphi'(t)+x^y\ln x\cdot\psi'(t)$.

9．$\frac{\partial z}{\partial x}=-\frac{x+yz\sqrt{x^2+y^2+z^2}}{z+xy\sqrt{x^2+y^2+z^2}}$，$\frac{\partial z}{\partial y}=-\frac{y+zx\sqrt{x^2+y^2+z^2}}{z+xy\sqrt{x^2+y^2+z^2}}$，

$$dz=-\frac{x+yz\sqrt{x^2+y^2+z^2}}{z+xy\sqrt{x^2+y^2+z^2}}dx-\frac{y+zx\sqrt{x^2+y^2+z^2}}{z+xy\sqrt{x^2+y^2+z^2}}dy .$$

10．$\frac{dy}{dx}=-\frac{x(6z+1)}{2y(3z+1)}$，$\frac{dz}{dx}=\frac{x}{3z+1}$.

11．切线方程为$\begin{cases}x=a,\\ by-az=0;\end{cases}$ 法平面方程为$ay+bz=0$.

12．切平面方程为$x-y+2z=\pm\sqrt{\frac{11}{2}}$.

13．$\frac{\partial f}{\partial l}=\cos\theta+\sin\theta$，　（1）$\theta=\frac{\pi}{4}$；　（2）$\theta=\frac{5\pi}{4}$；　（3）$\theta=\frac{3\pi}{4}$及$\frac{7\pi}{4}$.

14．在$\left(0,\frac{1}{e}\right)$处，取到极小值$f\left(0,\frac{1}{e}\right)=-\frac{1}{e}$.

15．$\left(\frac{4}{5},\frac{3}{5},\frac{35}{12}\right)$.

16．切点$\left(\frac{a}{\sqrt3},\frac{b}{\sqrt3},\frac{c}{\sqrt3}\right)$，$V_{\min}=\frac{\sqrt3}{2}abc$.

17．（1）沿梯度的方向方向导数最大，最大值为梯度的模.

$g(x_0,y_0)=\sqrt{(y_0-2x_0)^2+(x_0-2y_0)^2}=\sqrt{5x_0^2+5y_0^2-8x_0y_0}$.

（2）选择$P_1(5,-5)$或$P_2(-5,5)$作为攀登的起点.

第 9 章

习题 9.1

1．（1）$I_3 < I_2 < I_1$；　　（2）$I_1 > I_2$．

2．（1）$0 \leqslant I \leqslant 3$；　　（2）$2 \leqslant I \leqslant 8$；　　（3）$36\pi \leqslant I \leqslant 100\pi$．

3．$I_1 = 4I_2$．

4．（1）$\dfrac{\pi}{6}$；　　（2）$\dfrac{2}{3}\pi a^3$．

习题 9.2

1．（1）$\dfrac{8}{3}$；　　（2）$\dfrac{20}{3}$；

（3）$\dfrac{6}{55}$；　　（4）$1-\sin 1$．

2．（1）$\int_0^1 dx\int_x^1 f(x,y)dy$；

（2）$\int_{-1}^1 dx\int_0^{\sqrt{1-x^2}} f(x,y)dy$；

（3）$\int_0^1 dy\int_{e^y}^{e} f(x,y)dx$；

（4）$\int_0^1 dy\int_{\sqrt{y}}^{2-y} f(x,y)dx$．

3．（1）$\pi(e^4-1)$；　　（2）$\dfrac{3\pi^2}{64}$；　　（3）-4．

4．（1）$\int_0^{\frac{\pi}{4}} d\theta\int_0^{\sec\theta} f(\rho\cos\theta,\rho\sin\theta)\rho d\rho+\int_{\frac{\pi}{4}}^{\frac{\pi}{2}} d\theta\int_0^{\csc\theta} f(\rho\cos\theta,\rho\sin\theta)\rho d\rho$；

（2）$\int_{\frac{\pi}{4}}^{\frac{\pi}{3}} d\theta\int_0^{2\sec\theta} f(\rho)\rho d\rho$；

（3）$\int_0^{\frac{\pi}{2}} d\theta\int_{(\cos\theta+\sin\theta)^{-1}}^{1} f(\rho\cos\theta,\rho\sin\theta)\rho d\rho$；

（4）$\int_0^{\frac{\pi}{4}} d\theta\int_{\sec\theta\tan\theta}^{\sec\theta} f(\rho\cos\theta,\rho\sin\theta)\rho d\rho$．

5．（1）$\dfrac{9}{4}$；　　（2）$\dfrac{2\pi(b^3-a^3)}{3}$．

习题 9.3

1．投影法，$\dfrac{1}{24}$．

2．投影法，$\dfrac{\pi R^4}{16}$．

3．截面法，$\dfrac{4\pi abc^3}{15}$．

4．利用柱面坐标，$\dfrac{7}{12}\pi$．

5．利用柱面坐标，$\dfrac{16}{3}\pi$．

6．利用柱面坐标，$\dfrac{1}{8}$．

7．利用球面坐标，$\dfrac{4}{5}\pi$．

习题 9.4

1．$\dfrac{3\pi a^4}{32}$．

2．$\dfrac{4}{3}$．

3．$\dfrac{3}{2}$．

4．$\dfrac{32\pi}{3}$．

5．$2a^2(\pi-2)$．

6．$\bar{x}=\dfrac{3}{5}x_0$，$\bar{y}=\dfrac{3}{8}y_0$．

7．$I_x=\dfrac{72}{5}$，$I_y=\dfrac{96}{7}$．

复习题 9

1．（1）$\dfrac{3}{2}-2\sin 2+\sin 1+\cos 1-\cos 2$；　　（2）$\dfrac{20}{7}$；

（3）$\frac{R^3}{3}\left(\pi-\frac{4}{3}\right)$；　　（4）$\frac{\pi}{4}(5\ln 5-4)$．

2．（1）$\int_{-2}^{0}dx\int_{2x+4}^{4-x^2}f(x,y)dy$；

（2）$\int_{0}^{2}dx\int_{\frac{1}{2}x}^{3-x}f(x,y)dy$；

（3）$\int_{0}^{1}dy\int_{0}^{y^2}f(x,y)dx+\int_{1}^{2}dy\int_{0}^{\sqrt{2y-y^2}}f(x,y)dx$．

3．提示：变换积分次序.

4．（1）$\frac{1}{8}$；（2）$\frac{\pi}{4}h^2R^2$．

5．$\frac{1}{2}\sqrt{a^2b^2+b^2c^2+c^2a^2}$．

6．$\frac{7}{2}$．

7．$\frac{\sqrt{2}}{4}\pi$．

8．$\bar{x}=\frac{35}{48}$，$\bar{y}=\frac{35}{54}$．

9．$I=\frac{368}{105}\mu$．

第 10 章

习题 10.1

1．（1）πa^{2n+1}；　　（2）$\frac{17\sqrt{17}-1}{48}$；

（3）4；　　（4）$\frac{8\sqrt{2}}{15}-\frac{\sqrt{3}}{5}$；

（5）$\frac{3\sqrt{14}}{2}+18$；　　（6）$\frac{\pi}{4}ae^a$．

2．$\frac{a}{3}\left(2\sqrt{2}-1\right)$．

3．$\left(0,\frac{\pi a}{4}\right)$．

4．$R^3(\alpha-\sin\alpha\cos\alpha)$．

习题 10.2

1.（1）$-\frac{56}{15}$；　（2）$\frac{\pi}{2}a^3$；　（3）$\frac{8}{3}$；

（4）-2π；　（5）$\frac{\pi}{2}-2$；　（6）1．

2．略．

3．$-k\ln\frac{\pi}{2}$．

4．$mg(z_2-z_1)$．

习题 10.3

1．略．

2.（1）$\frac{3\pi}{8}$；　（2）6π．

3.（1）0；　（2）4；　（3）$-\frac{3}{2}$．

4．$yF_y(x,y)=xF_x(x,y)$．

5.（1）0；　（2）$-\frac{\pi}{4}a^4$；　（3）$\frac{1}{4}\pi^2$．

6.（1）$\frac{1}{3}x^3+x^2y-xy^2-\frac{1}{3}y^3+C$；　（2）$x^2y+C$．

7．略．

习题 10.4

1.（1）πa^3；　（2）$\frac{\pi}{2}(\sqrt{2}+1)$；

（3）$\frac{2\pi}{R}h$；　（4）$12\sqrt{61}$．

2.（1）$\frac{13}{3}\pi$；　（2）$\frac{37\pi}{5}$．

3．$\left(\frac{a}{2},\frac{a}{2},\frac{a}{2}\right)$．

4．$\frac{4}{3}\pi\mu a^4$．

习题 10.5

1．略．

2．（1）a^4；（2）$\dfrac{2\pi}{105}R^7$；（3）$\dfrac{1}{8}$；（4）$\dfrac{3\pi}{2}$．

3．$\dfrac{32}{3}\pi$．

习题 10.6

1．（1）$3a^4$；（2）81π；（3）$2(e^{2a}-1)\pi a^2$．

2．（1）0；（2）9π．

复习题 10

1．（1）不定向，小于；

（2）定向，L 的起点，L 的终点；

（3）不定向，$dS=\sqrt{1+{z_x}^2+{z_y}^2}\,d\sigma$；

（4）定向，$dxdy=\pm d\sigma$；Σ 的指向；

（5）单连通，$\dfrac{\partial P}{\partial y}=\dfrac{\partial Q}{\partial x}$；

（6）$6a$；（7）C．

2．（1）$2a^2$；（2）$\dfrac{(2+{t_0}^2)^{\frac{3}{2}}-2\sqrt{2}}{3}$；

（3）$-2\pi a^2$；（4）$\dfrac{1}{35}$；（5）πa^2．

3．（1）$2\pi\arctan\dfrac{h}{R}$；（2）$-\dfrac{\pi}{4}h^4$；（3）$2\pi R^3$；（4）$\dfrac{1}{15}$．

4．$Q(x,y)=x^2+2y-1$．

5．略．

6．$\dfrac{3}{2}\pi$．

7．$\left(0,0,\dfrac{a}{2}\right)$．

8．$\dfrac{3}{2}a^2$．

第 11 章

习题 11.1

1. （1）$(-1)^{n-1}\frac{1}{2n-1}$；　（2）$\frac{n!}{2n+1}$；　（3）$\frac{1}{\sqrt[n]{3}}$；

　（4）$\frac{1}{(5n-4)(5n+1)}$；　（5）$\frac{x^{\frac{n}{2}}}{2\cdot 4\cdot 6\cdots(2n)}$.

2. （1）收敛，$\frac{1}{2}$；　（2）收敛，$\frac{3}{2}$；

　（3）发散；　（4）发散.

3. （1）发散；　（2）收敛；　（3）发散；

　（4）发散；　（5）收敛.

习题 11.2

1. （1）发散；　（2）收敛；

　（3）收敛；　（4）收敛；

　（5）$a>1$ 时收敛，$a\leqslant 1$ 时发散.

2. （1）收敛；　（2）发散；

　（3）收敛；　（4）发散.

3. （1）收敛；　（2）收敛；　（3）发散.

习题 11.3

1. （1）绝对收敛；　（2）条件收敛；

　（3）发散；　（4）条件收敛.

2. 略.

3. 略.

习题 11.4

1. （1）$(-1,1)$；　（2）$(-3,3)$；

　（3）仅在 $x=0$ 处收敛；　（4）$[4,6)$；

（5）$\left[-\frac{4}{3},-\frac{2}{3}\right)$；　　（6）$[-1,1]$；

（7）$\left[-\frac{1}{2},\frac{1}{2}\right]$.

2.（1）$S(x)=\frac{1}{(1-x)^2}$ （$-1<x<1$）；

（2）$S(x)=-\ln(1-x)$ （$-1\leqslant x<1$）；

（3）$S(x)=\frac{2}{(1-x)^3}$ （$-1<x<1$）.

习题 11.5

1.（1）$a^x=\sum_{n=0}^{\infty}\frac{(x\ln a)^n}{n!}$，$x\in(-\infty,+\infty)$；

（2）$\cos^2 x=1+\sum_{n=1}^{\infty}\frac{(-1)^n 2^{2n}}{2(2n)!}x^{2n}$，$x\in(-\infty,+\infty)$；

（3）$\sin\left(x+\frac{\pi}{4}\right)=\frac{\sqrt{2}}{2}\sum_{n=0}^{\infty}(-1)^n\left[\frac{1}{(2n)!}x^{2n}+\frac{1}{(2n+1)!}x^{2n+1}\right]$，$x\in(-\infty,+\infty)$；

（4）$\ln\sqrt{\frac{1+x}{1-x}}=\sum_{n=0}^{\infty}\frac{x^{2n+1}}{2n+1}$，$x\in(-1,1)$；

（5）$(1+x)\ln(1+x)=x+\sum_{n=2}^{\infty}\frac{(-1)^n x^n}{n(n-1)}$，$x\in(-1,1]$.

2. $\frac{1}{2+x}=\sum_{n=0}^{\infty}(-1)^n\frac{(x-1)^n}{3^{n+1}}$，$-2<x<4$.

3. $\ln\frac{1}{2+2x+x^2}=-\sum_{n=0}^{\infty}\frac{(-1)^n}{n+1}(x+1)^{2n+2}$，$-2\leqslant x<0$.

4. $\cos x=\frac{1}{2}\sum_{n=0}^{\infty}(-1)^n\left[\frac{\left(x+\frac{\pi}{3}\right)^{2n}}{(2n)!}+\sqrt{3}\frac{\left(x+\frac{\pi}{3}\right)^{2n+1}}{(2n+1)!}\right]$，$x\in(-\infty,+\infty)$.

习题 11.6

1.（1）$x^3=2\sum_{n=1}^{\infty}(-1)^{n+1}\left(\frac{\pi^2}{n}-\frac{6}{n^3}\right)\sin nx$ （$x\neq(2n+1)\pi$，$n=0,\pm1,\pm2,\cdots$）；

（2）$2\sin\frac{x}{3}=\frac{18\sqrt{3}}{\pi}\sum_{n=1}^{\infty}(-1)^{n-1}\frac{n}{9n^2-1}\sin nx$ （$x\neq(2n+1)\pi, n=0,\pm1,\pm2,\cdots$）.

2.（1）$e^{x}+1=\frac{1}{2\pi}(e^{\pi}-e^{-\pi}+2\pi)+\frac{e^{\pi}-e^{-\pi}}{\pi}\sum_{n=1}^{\infty}\frac{(-1)^{n}}{n^{2}+1}(\cos nx-n\sin nx)$（$-\pi<x<\pi$）；

（2）$f(x)=\frac{3}{4}\pi-\frac{6}{\pi}\sum_{n=0}^{\infty}\frac{\cos(2n+1)x}{(2n+1)^{2}}+\sum_{n=1}^{\infty}(-1)^{n-1}\frac{\sin nx}{n}$（$-\pi<x<\pi$）；

（3）

$$f(x)=\frac{1+\pi-e^{-\pi}}{2\pi}+\frac{1}{\pi}\sum_{n=1}^{\infty}\left\{\frac{1+(-1)^{n+1}e^{-\pi}}{n^{2}+1}\cos nx+\left[\frac{-n+(-1)^{n}ne^{-\pi}}{n^{2}+1}+\frac{1-(-1)^{n}}{n}\right]\sin nx\right\}$$

（$-\pi<x<\pi$）.

3.　$-\sin\frac{x}{2}+1=\frac{1}{\pi}\sum_{n=1}^{\infty}\left\{\frac{(-1)^{n}2}{4n^{2}-1}-\frac{2}{n}\left[(-1)^{n}-1\right]\right\}\sin nx$，　$0<x\leqslant\pi$.

4. $f(x)=1+\frac{3}{8}\pi+\frac{2}{\pi}\sum_{n=1}^{\infty}\left\{\frac{1}{n^{2}}\left[(-1)^{n}-\cos\frac{n\pi}{2}\right]-\frac{\pi}{2n}\sin\frac{n\pi}{2}\right\}\cos nx$，$x\in\left[0,\frac{\pi}{2}\right)\cup\left(\frac{\pi}{2},\pi\right]$.

5.　$f(x)=\frac{3}{2}+\frac{2}{\pi}\sum_{n=1}^{\infty}\frac{3\left[1-(-1)^{n}\right]}{n\pi}\sin\frac{n\pi x}{5}$，　$x\in(-5,0)\cup(0,5)$.

复习题 11

1.（1）C；　　（2）D；　　（3）B.

2.（1）收敛；　　（2）发散；

（3）收敛；　　（4）发散.

3.（1）条件收敛；　　（2）条件收敛；

（3）绝对收敛；　　（4）条件收敛.

4.（1）$\left(-\frac{1}{2},\frac{1}{2}\right]$；　　（2）仅在 $x=0$ 处收敛；

（3）$(-\sqrt{3},\sqrt{3})$；　　（4）$[0,2]$.

5.　$S(x)=(2x^{2}+1)e^{x^{2}}$，　$x\in(-\infty,+\infty)$，　$\sum_{n=0}^{\infty}\frac{2n+1}{n!}=3e-1$.

6.（1）　$xe^{-x^{2}}=\sum_{n=0}^{\infty}(-1)^{n}\frac{x^{2n+1}}{n!}$，　$x\in(-\infty,+\infty)$；

（2）$\ln\left(x+\sqrt{x^{2}+1}\right)=x+\sum_{n=1}^{\infty}(-1)^{n}\frac{(2n-1)!!}{(2n)!!}\cdot\frac{x^{2n+1}}{2n+1}$，　$x\in[-1,1]$.

7.　$\frac{1}{x^{2}}=\sum_{n=1}^{\infty}(-1)^{n+1}\frac{n}{3^{n+1}}(x-3)^{n-1}$，　$x\in(0,6)$.

8．$f(x)=\dfrac{\pi}{4}-\dfrac{2}{\pi}\sum_{n=1}^{\infty}\dfrac{1}{(2n-1)^2}\cos(2n-1)x+3\sum_{n=1}^{\infty}(-1)^{n+1}\dfrac{\sin nx}{n}$，$-\pi<x\leqslant\pi$．

9．$f(x)=\dfrac{2}{\pi}\sum_{n=1}^{\infty}\dfrac{1-\cos nh}{n}\sin nx$，$x\in[0,h)\cup(h,\pi]$；

$f(x)=\dfrac{h}{\pi}+\dfrac{2}{\pi}\sum_{n=1}^{\infty}\dfrac{\sin nh}{n}\cos nx$，$x\in[0,h)\cup(h,\pi]$．